普通高等教育农业部“十二五”规划教材

全国高等农林院校“十二五”规划教材

温室建筑与结构

邹志荣　周长吉　主编

中国农业出版社

“设施农业科学与工程”本科系列教材
编写委员会

本书编审人员

主　编　邹志荣　周长吉

副主编　王宏丽　梁宗敏

编　者　（按姓名笔画排列）

王　健（南京农业大学）

王宏丽（西北农林科技大学）

何　斌（西北农林科技大学）

邹志荣（西北农林科技大学）

张　勇（西北农林科技大学）

陈红武（西北农林科技大学）

周长吉（农业部规划设计研究院）

宫彬彬（河北农业大学）

梁宗敏（中国农业大学）

审　稿　马承伟（中国农业大学）

总　序

设施农业是在相对可控的环境条件下，利用必要的设施和设备，实现集约化高效可持续发展的现代农业生产方式。随着现代设施设备和信息技术的不断更新，设施农业成为现代农业发展的典型代表。世界各国竞相投入，大力发展设施农业，提高本国的农业发展水平。我国目前的设施农业面积超过 250 万 hm^2，成为全球设施农业大国之一。但要成为设施农业强国，不断缩小与农业发达国家在农业技术装备水平和农产品国际竞争力方面的差距，仍需投入大量的人力物力，特别是要突破设施农业人才短缺对我国设施农业发展的瓶颈制约，开展以培养一大批优秀的设施农业专门人才和高素质劳动者的设施农业高等教育，势在必行。

2002 年，教育部颁布了新的专业目录，本科增加了“设施农业科学与工程”专业，培养学生掌握生物学、园艺学、农业工程的基本知识，对学生进行设施设计与建造、设施环境调控、设施设备开发与应用、设施农业生产经营与管理等方面的基本训练，使他们具有从事设施农业的技术推广与开发、工程设计、经营管理、教学与科研的基本素质和能力。设施农业学科迎来了发展的契机。

但由于设施农业学科属于新兴交叉学科，为了做好该学科的人才培养工作，还需开展大量的基础性学科建设工作，教材建设是其中之一。根据这种需要，中国农业出版社组织全国同行专家召开了教材建设研讨会，组建了“设施农业科学与工程”本科系列教材编写委员会。经讨论达成共识，本专业核心课程应包括设施农业栽培、设施农业工程和设施环境控制三部分内容。这套教材以实施素质教育、培养学生的实践能力和创新能力为出发点，根据设施农业是一个包含生物、工程、环境三方面内容的新兴交叉学科的特点组织素材，在教材中，新知识和新方法相互渗透，相互融合，浑然一体。这套教材的出版，标志着设施农业学科的理论体系基本得以确立，也反映出该学科的最新发展水平。

这套教材的出版在国内外尚属首创，解决了新专业教学急需。教材的编写是根据各院校和编者的优势安排的，但由于缺乏可以借鉴的经验，错误和纰漏在所难免，恳请广大读者和同行专家批评指正。

邹志荣

2006年10月于西北农林科技大学

前　言

本教材是根据设施农业科学与工程本科专业新修订的教学计划和普通高等教育农业部“十二五”规划教材的编写要求编写的。由于设施农业科学与工程本科专业在我国的发展历史不长，而设施农业工程实践近年来却发展异常迅猛，该专业的新技术和新工艺不断涌现，这不仅要求设施农业科学与工程学科要尽快成长和完善起来，以适应日新月异的现代农业建设需要，而且要加强该专业学生工程方面的理论知识学习。基于以上要求，西北农林科技大学邹志荣教授和农业部规划设计研究院周长吉研究员共同组织和策划，邀请西北农林科技大学、中国农业大学、南京农业大学、河北农业大学和农业部规划设计研究院等单位的具有温室研究、设计和施工经验的专家们共同编写了本教材，以期达到系统整合相近教学内容，汲取和反映设施行业最新技术和理论知识的目的。

本教材的主要内容包括温室建筑设计、温室荷载、温室结构内力计算、温室结构强度与稳定性计算、典型温室结构计算、温室工程施工、温室施工组织设计与管理等。本教材在编写过程中，注重前瞻性与实用性的结合，力求做到深入浅出和图文并茂，力争用少而精的篇幅来突出温室建筑、结构、施工和管理方面的核心内容。为便于学生复习和把握课程重点内容，每章还编写了复习思考题。

本教材由邹志荣教授和周长吉研究员担任主编，王宏丽和梁宗敏担任副主编。编写分工：第一章由邹志荣编写；第二章由陈红武编写；第三章由周长吉编写；第四章由王健编写；第五章由梁宗敏编写；第六章由张勇编写；第七章由王宏丽和何斌编写；第八章由官彬彬和何斌编写。全书由邹志荣教授和周长吉研究员统稿，马承伟教授担任主审。

由于编者的水平所限，书中错误和不当之处，恳请读者和同行专家不吝指正。

编　者

2012年2月

目　录

第一章 绪 论

设施园艺是在一定的设施所提供的优于外界自然气候的相对可控制条件下，采用工业化生产模式，进行园艺作物集约化高效生产的现代农业。设施园艺是现代农业工程、环境控制工程、农业生产和管理等技术的高度集成，依靠设施设备有效调控环境因素，摆脱自然束缚，节约资源，提高生产效率，达到周年生产的现代农业方式。所以，设施园艺具有高科技、高价值、高效率等特点，是现代农业的重要标志和发展方向。

设施园艺产业不仅是现代农业的典型代表，而且具有现实的经济性，促进了农民增收。我国设施园艺正处于发展阶段。本章主要介绍国内外设施园艺发展的历史变革与现状，以及新技术与新方法，比较各国设施园艺的差异与建筑结构的特点，为学习温室结构开阔思路。

第一节 我国设施园艺的现状及发展趋势

一、生产规模与分布

据农业部统计，1999 年各类设施园艺面积已经突破 140 万 hm^2，按其结构类型来分，中小棚面积为 57 万 hm^2，塑料大棚面积为 46 万 hm^2，日光温室面积为 37 万 hm^2；至 2009 年 10 月，全国设施面积已经突破 414 万 hm^2，为 1999 年的 2.96 倍。

从全国来看，各地都有较快的发展，已超过各地菜田面积的 20%以上，而且近几年来不断增长，特别是在东南沿海经济发达地区、东北和西北地区发展迅速（表 1-1）。

表 1-1 全国各地区设施园艺生产面积（万 hm^2）

省（自治区、直辖市）	面积	省（自治区、直辖市）	面积
山东	86.7	河北	52.7
广西	46.0	辽宁	43.5
河南	26.1	江苏	19.7
安徽	15.7	浙江	11.3
四川	10.0	陕西	10.5
山西	7.8	湖北	7.3
甘肃	7.0	湖南	5.7
吉林	5.0	内蒙古	4.9
宁夏	4.9	云南	4.0
福建	3.0	天津	2.9

（续）

省（自治区、直辖市）	面积	省（自治区、直辖市）	面积
新疆	4.0	北京	1.5
广东	1.8	海南	0.8
重庆	1.3	贵州	0.4
上海	0.7	西藏	0.2
青海	0.3	合计	388
黑龙江	2.3		

注：统计到2009年10月。

我国现有的园艺设施主要用于蔬菜、西（甜）瓜、花卉和果树生产。目前，初步形成了符合我国国情的、以节能为中心的设施园艺生产体系。北方广大地区大力推广高效节能型日光温室，冬季不用加温可生产喜温蔬菜，基本解决了蔬菜冬春淡季供应问题；南方大力推广塑料小拱棚和遮阳网，降温防雨，克服了夏季蔬菜育苗的难题，解决了蔬菜夏淡季供应问题。

二、温室工程及配套产品

1. 温室工程建设及配套产品生产企业数量快速增长 20世纪80年代中后期，我国温室工程技术体系初步形成，建成了从事玻璃温室、塑料薄膜连栋温室、热浸镀锌钢管骨架装配式塑料大棚和日光温室等生产的温室企业。

进入20世纪90年代，受新一轮温室引进、建设热潮的带动和国家经济形势的影响，温室产业进入一个高速发展期，在不足10年的时间里，各种规模的温室企业由原来的十几家迅速发展到200多家，年产值达几十亿元人民币，极大地促进了我国温室产业的发展。

然而，在这一发展过程中，产业内部分化、整合、消长异常剧烈，内部格局不断变化，产业成员的发展水平越来越不平衡，并集中体现在企业规模、市场份额、竞争能力和产品质量等各个方面。随着竞争的加剧，这种差异越来越多地影响到整个行业的生存状态，并最终体现在温室质量的较大差异上。

2. 温室及配套设备国产化趋势明显 受市场价格、业内竞争和技术进步等因素的影响，温室及配套设备的“本土化”趋势明显，从温室主体结构到覆盖材料，从降温设备到计算机控制设备，几乎所有温室设备均在国内建立了生产基地，其中也不乏国际知名品牌。这种趋势反映了产业内部对温室市场需求的信心和预期。虽然某些方面还处于探索阶段，但这种趋势的良性发展势必会为我国形成一个配套完整、分工合理的温室内部产业链打下基础，为我国温室产品实现高水平的国产化创造条件。

3. 国产产品的质量有待提高 在温室产业链的发展中，虽然形势和速度喜人，但受产业规模、市场需求、企业国际化水平和我国基础工业水平等多方面因素制约，我国自主研发和仿制的产品在质量稳定性、功能可靠性以及技术指标的精准性等方面问题突出，与进口产品的质量差距较大，高端产品仍然依赖进口。我国温室产品标准不完备和监督乏力的现状，客观上也为这种状况的存在提供了土壤，制约了高品质产品的生存发展，成为行业健康发展的一大障碍。

三、温室及配套设备研究方向

（一）研究开发现代化温室构型和材料

从我国国情与产业发展来看，我国温室构型是以日光温室和塑料大棚等经济实用的产品为主流，大型温室主要适用花卉生产与观光农业。

研究开发现代化温室构型和材料要坚持尽可能降低造价、轻型耐用、易于组装、环境要素可调控的原则。例如，北方节能日光温室现代化开发研究的内容是按照第二代节能日光温室的设计原理，根据不同地区生态气候条件，适当加大高度和跨度，缓冲环境要素变化；增设内保温装置和热风炉辅助加温装置，改进外保温覆盖；采用异质复合多功能的保温围护结构与材料；开发温室小气候环境的单因子自控系统和多因子综合智能调控系统等。

（二）研制开发具有高保温、高透光、无滴、长寿的多功能薄膜

我国农膜树脂原料用量每年在 80 万 t 以上，居世界之首，其中功能性薄膜产量仅占30%～40%，其他 60%～70%仍为使用期仅为 4～6 个月的无特殊功能的普通膜，作为树脂原料——石油这一有限资源的浪费十分严重。如果设施栽培和先进国家一样全部采用多功能、高性能农膜覆盖，其覆盖期应大于 3 年，透光率在使用 3 年后应大于 60%，较目前应用期延长 3～4 倍，不仅会使覆盖材料费用降低 1/3～1/2，而且每年可节省 20 万 t 树脂原料，可节省大量资源、能源。

（三）研制开发调控环境的配套设备

1. 保温材料与装备 保温被具有防寒、保温、易折叠、防雨等特点，是当前日光温室选用的重要装备。现在主要致力于研发材料来源广、保温性好、价格低的保温被。尽管现在已有利用各种布料和棉料来制作的多种产品，但是质量与价格差距较大，难以达到要求。所以，保温被作为温室防寒保温的重点装备，需要重点突破。另外，开发了适于日光温室蓄热保温的相变材料，形成的新产品应用于生产中，取得了较好的效果。

2. 人工补光设备 温室冬、春栽培光照度过弱，导致秧苗徒长倒伏，为此，在温室内张挂聚酯反光膜，可以提高光照度。据测定，垂直直射光照度可提高到 1～1.5 倍，并能提高近地面气温和土壤温度。当光照度过弱或需延长光照时间时，可用人工光源补充，常用高压汞灯、高压钠灯或日光灯改善光照条件。新型的 LED 光源补光效果不错，但价格较高。普通灯泡价格低，但光效较低。现在需要研究开发的是成本低、性能好的人工光源照明设备。另外，太阳能薄膜增添了补光的功能，开拓了太阳能在温室的应用途径。

3. 加温设备 当室外气温降至－20 ℃以下或阴雪天气时，常需进行临时加温。可安装热风炉、热水供暖等采暖设备，以备应用。目前，地源热泵用于温室供暖具有节能减排的明显效果，但成本较高。开发节能节本的加温设备是一项十分重要的工作。

4. 降温设备 夏季高温季节，为防止光照过强、温度过高，或为了栽培喜阴作物，如食用菌、某些喜阴花卉等，应覆盖遮阳网或不织布来遮光、降温，防止高温危害。大型温室采用湿帘或喷雾降温设备，并配置通风设备，可以有效抑制温室内的高温。

5. 机械设备 用于调控环境的机械设备主要包括温室内的耕作机械和温室外的人工卷

帘（卷被）设备。利用机械卷帘，方便省力，而且每天增加近 2 h 光照时间，提高了温室蓄热、保温和光照性能。利用小型多功能机械进行翻地、整垄、铺膜、喷药、采摘等操作，可以大大减轻劳动强度，提高劳动效率，增加生产效益。所以，加强机械设备的开发和应用是温室今后发展的方向之一。

第二节　温室发展的历史与变革

一、我国温室发展的历史与变革

我国是温室栽培起源最早的国家，利用保护设施栽培蔬菜有着悠久的历史。《论语》中就有“不时不食”的记载，此为“不时”栽培的语源。西汉年间，据《汉书·循吏传》记载，“太官园种冬生葱韭菜茹，覆以屋庑，昼夜燃蕴火，待温气乃生，信臣以为此皆不时之物”，说明我国在 2 000 多年前已能利用保护设施（温室的雏形）栽培多种蔬菜。唐朝诗人王建在《宫前早春》诗中写道：“酒幔高楼一百家，宫前杨柳寺前花，内苑分得温汤水，二月中旬已进瓜”，说明 1 200 多年前已利用天然温泉的热水进行瓜类栽培。又据元朝《王祯农书》记载：“至冬，移根藏以地屋荫中，培以马粪，暖而即长”，又说：“就旧畦内，冬以马粪覆之，于向阳处，随畦用蜀篱障之，遮北风，至春，疏芽早出”，“十月将稻草灰盖三寸，又以薄土覆之，灰不被风吹，立春后，芽生灰内，即可取食”，说明 600 多年前已有阳畦、风障韭菜栽培。明朝王世懋在《学圃杂疏》中写道：“王瓜，出燕京者最佳，其地人种之火室中，逼生花叶，二月初，即结小实，中官取以上供。”说明 400 多年前北京就利用温室进行黄瓜的促成栽培，已享誉中华。

我国温室发展有不同的变革时期。20 世纪 50～60 年代，属于初级阶段。开始对北京传统的阳畦、北京改良温室的结构性能和蔬菜栽培技术进行了系统的调查研究和总结，形成了以风障、阳畦、北京改良温室为主的保护地设施栽培体系，对改善北方人民冬春蔬菜供应作出了贡献。随后从日本引进塑料薄膜，出现了塑料拱棚结构。20 世纪 50 年代末，在华北地区曾建造过屋脊式大型玻璃温室，到 60 年代初，在东北建成 1 hm^2 的大型玻璃温室，其骨架为钢筋混凝土结构，构件粗大笨重，遮光面大，玻璃镶嵌也不规范，基本没有什么配套设备，没有形成有效利用。1965 年吉林省长春市建立了我国第一座竹木骨架的塑料薄膜大棚，占地 667 m^2，生产春黄瓜取得成功。

20 世纪 70～80 年代，温室发展属于中期阶段。我国第一栋大型连栋温室于 1977 年在北京市玉渊潭公社建成，占地 1.9 hm^2，由我国自行设计建造。温室骨架为全钢结构，涂防锈漆防锈，镶嵌钢化玻璃覆盖，电动开窗，燃油（后改为燃煤）锅炉热水加温，内部配有喷灌装置，主要用于栽培黄瓜、番茄等果菜。由于结构性能差，且又大面积连片，缺乏有效的通风降温装置，夏季室内温度过高，无法进行生产；冬季运行时由于密封、保温等性能不佳，导致能耗较大。此后，在兰州、牡丹江等地也分别建造了占地 1 hm^2 的大型玻璃温室，其建造的质量和温室的性能均不及玉渊潭的温室，几年后就停止了使用。

1982 年，上海市农业局组织在上海市嘉定县长征大队等处建成我国第一批装配式现代温室，共 4 座，总面积为 4 644 m^2。这批温室参考了日本现代温室的结构形式，骨架采用门式钢架结构，热浸镀锌钢结构件，现场组装；玻璃与玻璃钢覆盖，铝合金门窗框架，橡胶条密封。其中在长征大队建造的温室，面积为2 880 m²，跨度6 m，开间3 m；10连跨，16个开间，全长60 m，总宽48 m；柱高2.2 m，屋脊高3.8 m，屋面角26.5°；屋脊窗占屋面面积的30%，侧窗为推拉窗，占侧墙面积的60.6%；设计风荷载0.29 kN/m²，雪荷载0.30 kN/m²，恒荷载0.30 kN/m²；内部设施配有温度控制自动开窗机构、土壤加温电热线、喷灌装置和电动保温幕系统。

上海温室除内部设施设备还不够完善外，其主体结构、覆盖材料及其镶嵌、制作工艺等都已与国外现代温室基本相同，其加工质量和整体性能都能得到保证，是实际意义上我国自行设计建造的第一批现代温室。

1981—1985年，中国农业工程研究设计院研制了装配式热镀锌钢管塑料大棚系列产品，并制定了国家标准，为全国大面积推广塑料大棚奠定了基础。

1979—1987年，我国处于改革开放初期，先后从保加利亚、荷兰、罗马尼亚、美国、日本、意大利6国引进现代化温室24座，共19.3 hm²，分别建造在北京、黑龙江、广东、江苏、上海、新疆6个省（自治区、直辖市），其中60%用于蔬菜生产，40%用于花卉生产。引进温室均为大型连栋温室，其结构形式有6.0 m和8.0 m跨度的单屋脊双坡屋面型、6.4 m跨度的双屋脊双坡屋面型、12.8 m跨度的三屋脊双坡屋面型、6 m跨度的锯齿形单坡屋面型和8～12 m跨度的拱顶型；骨架构件为热镀锌型钢，铝合金门窗框架；覆盖材料有玻璃和玻璃钢（聚丙烯树脂纤维波纹板），橡胶条密封；内部配套设备较齐全。这次较大规模地引进温室，各地都重视了温室本身，却忽视了对我国气候的适应性和配套的栽培技术，在运行中存在着冬季能耗高、夏季降温困难等问题，经济效益普遍不佳。但从另一个角度分析，引进的温室基本代表了现代温室的类型和先进水平，对我国现代温室的发展起到推动作用。

1988年中国航天建筑设计研究院参考北京琅山苗圃引进的美国温室，试制了一座1 200 m²的拱形温室，包括温室主体结构和加温、降温、自动控制等系统及栽培床，用做林木育苗，建造在北琅山苗圃，与引进的美国温室进行对比运转试验，1989年进行了技术鉴定。

1989年我国经过结构优化的节能日光温室得到全面推广，特别是在我国“三北”地区研发出的不同类型与结构的节能型日光温室，实现了严冬在不加温或临时加温的条件下进行喜温果蔬的生产，取得了节能与增效方面的显著成效。

20世纪90年代以后属于现代温室快速发展阶段。大型现代化温室、日光温室和塑料大棚等不同结构的设施类型均形成了有自主知识产权的产品，并得到迅速应用，也建立了上海都市、北京京鹏、河北九天、胖龙等一批温室公司，已形成了我国温室产业发展的本土技术力量。

二、世界各国的温室发展历史与特点

（一）世界各国温室的发展历史

国外温室栽培的起源，以罗马帝国最早。罗马哲学家塞内卡（Seneca，前3—公元69）记载了应用云母片作覆盖物生产早熟黄瓜。又据罗马农学家科拉姆莱（Columella）和诗人马泰阿（Martial）记载，公元14—37年，为了能周年生产黄瓜，冬季用木箱装土，上面覆盖云母片，直接利用太阳光进行生产。到了16～17世纪，欧洲其他国家和地区保护地设施栽培才有所发展。

法国在17世纪初，采用木箱种植早熟豌豆。亨利四世（1590—1629）时期，为了使豌豆更早熟，在法国的北部建造向阳的拱形房屋进行早熟栽培。路易十四（1640—1710）时期，最早利用玻璃窗覆盖的温床种植蔬菜，并建成了有简单玻璃屋顶的简易温室。

德国最早的温室是1619年用木板组装成85.34 m×9.75 m的临时性双屋面温室。

据英国博物学者贝氏（Bay，1627—1705）记载，伦敦西南部阿波赛卡利斯（Apothecaries）园内开始建造与德国甜橙温室相似的玻璃温室。1717年，把温室全部装上玻璃，成为英国最早的玻璃温室。1815年，英国开始建成半圆形弯曲屋面的温室。19世纪开始，英国相关学者大量研究温室屋面的坡度对进光量的影响以及温室加温设备问题。

荷兰有关温室的记载，始于1750年法国博物学家Adanson的著作中，在威廉一世初期，Miller用栎木建造加温温室，在其中种植柑橘和凤梨。1832年荷兰各地利用木框温床和温室进行甜瓜、葡萄早熟和促成栽培，产品运往伦敦、巴黎出售。1903年荷兰建成第一栋玻璃温室，用于生产蔬菜。1967年，荷兰国立工学研究所的Germing首创Venlo型连栋玻璃温室。由于该温室结构简洁、坚固、透光量大，操作空间大，环境调控能力强，管理方便，造价相对合理，应用效果良好，此后几经改进、完善、提高，并派生出不同型号，至今在全世界仍为连栋玻璃温室的主流类型。

美国是个移民国家，其温室也是随着欧洲移民的到来而引入的。18世纪初始有文字记载：安德鲁（Andrew）、范尤尔（Faneuil）以观赏为目的，在波士顿开始建造温室。1764年，由詹姆斯·毕克曼（Cames Beekman）在纽约建成比当时欧洲还要简单而粗糙的温室。19世纪初期，美国各地推广改进温室，1806年，M. 麦亨建成屋面有1/3玻璃的温室，这是美国最早的半玻璃屋面的温室。1836年，Thomas在芝加哥市建造了屋面有3/4玻璃的温室。19世纪中期，美国各地成立了温室建筑业。1872年，建成圆屋顶式温室，作观赏陈列室，各地亦有推广。其后，又在芝加哥市建成钢结构温室，它是美国西部最早出现的钢结构温室。美国的温室在西部发展最快，当时已有8 hm^2的连栋温室，俄亥俄州最大的连栋温室达到12 hm^2。

日本在江户时代庆长年间（1596—1615），于静冈县采用草框油纸窗温室，早春育苗，进行瓜果类蔬菜早熟栽培。1868年在东京的青山、麻布等地引入欧美的果树、蔬菜、花卉栽培的玻璃温室。1889年，日本富羽逸人在庭院里建成小型温室，1890年又在新宿的植物御园内建成玻璃窗框的温床栽培蔬菜，1892年在植物御园内建造了栽培甜瓜的温室。

（二）世界各国现代温室特点与水平

从全世界现代设施园艺发展情况来看，特别是发达国家，现代温室大都以大型连栋温室为主，其中塑料薄膜温室约130万hm^2，主要分布在亚洲，我国日光温室和塑料大棚分别达到33万hm^2和67万hm^2；玻璃温室约4万hm^2，主要分布在欧美；新型覆盖材料聚碳酸酯板（PC板）温室近几年来有较快发展，目前有1万hm^2之多，零星分布于世界各国。

荷兰是土地资源非常紧缺的国家，靠围海、围湖造田等手段扩大耕地，人均耕地仅0.12 hm^2，但却能依靠现代农业，成为仅次于美国、法国的世界第三农业出口大国。荷兰是设施园艺最发达的国家，目前有现代温室 1.7 万 hm^2，全部为玻璃温室，占全世界玻璃温室的 1/3，主要用于种植蔬菜和花卉。荷兰温室的特点是实现全自动化管理，高效率生产。荷兰温室内生产的蔬菜，占本国蔬菜总产值的 3/4，绝大部分销往世界各地；荷兰的花卉产业十分发达，主要靠温室栽培，是世界第一大花卉出口国，成为世界花卉贸易中心。荷兰的现代温室，无论面积、规模、水平都居世界前列，却没有一家专门生产制造温室的企业，虽然也有一些配件专业生产厂家，但温室及配套设施的生产完全靠一种高社会化、专业化、国际化的市场体系。荷兰温室的覆盖、保温材料等均从比利时、瑞典等国进口。温室建造的运作主要靠温室工程公司，具有国际输出能力的温室工程公司有 7～8家，其主要作用是集成组装而不是制造，通过市场调查获得需求信息，按用户使用要求进行温室设计、工程预算、材料购买、工程发包等，完全体现了温室工程建造的特点。荷兰的温室工程公司已从为荷兰、欧洲地区提供工程服务，向世界各地特别是发展中国家拓展合作业务。

日本是个岛国，人均耕地资源低于我国。20 世纪 60 年代开始，迅速发展现代设施园艺业，温室由单栋向连栋大型化、结构金属化发展，到 70 年代为高速发展期，政府向农户提供发展大型现代化温室的费用资助，其中国家资助 50%，其他资助 30%～40%，农户自付资金仅占 10%～20%，大大推动了设施园艺业的发展，进入世界先进行列。日本到 1995 年有现代温室 4.88 万 hm^2，主要是塑料薄膜温室；日本的玻璃温室多为门式框架双屋面大屋顶连栋温室。日本温室生产的特点是实用性强，属于低成本、高效率生产模式。近几年植物工厂发展很快，代表了现代科学技术的集成与应用水平。

韩国在 20 世纪 80 年代后，经济迅速发展，设施园艺也随之高速发展，到 1997 年温室面积已达 4.75 万 hm^2，主要是塑料薄膜温室，总体水平略低。

美国是个大国，指导思想是搞适地栽培。由于国土横跨几个气候带，有条件搞适地栽培，通过发达的公路运输和航空运输解决均衡上市。但由于其经济高度发达，人们生活质量较高，对农产品，特别是蔬菜、水果、花卉等提出了更高的要求，因此设施园艺也有较快的发展。美国的温室面积约有 1.9 万 hm^2，多数是玻璃温室，少数是双层充气塑料薄膜温室，近几年来也建造了少量的聚碳酸酯（PC）板温室。美国的温室主要用来种植花卉，约占温室面积的 2/3。美国的温室设施先进，生产水平世界一流，而且社会化服务十分周到，对尖端技术的研究十分重视。

以色列的现代设施园艺发展很快，至 1994 年约有现代温室 0.21 万 hm^2。采用大型塑料薄膜连栋温室，充分利用其光热资源的优势和先进的节水灌溉技术，主要生产花卉和高档蔬菜，产品主要销往西欧市场，年产鲜切花 15.8 亿支（1998 年），花卉出口额居世界第三位。由于光热资源的优势，温室内产品品质上乘，所以西欧人戏称："我们西欧人花高价，买了以色列的太阳。"

另外，地中海沿岸由于气候条件较好，设施园艺业也有较快的发展。如意大利有温室 1.54 万 hm^2（1996 年），法国 0.55 万 hm^2（1996 年），西班牙 1.21 万 hm^2（1996 年），葡萄牙 0.20 万 hm^2（1996 年），主要是大型连栋塑料薄膜温室。东欧一些国家，如匈牙利有温室 0.23 万 hm^2（1996 年），捷克 0.36 万 hm^2（1996 年），罗马尼亚 0.12 万 hm^2（1996 年），主要是玻璃温室，多为 Venlo 型结构，主体骨架、配套设备、控制等总体水平低于荷兰。北欧有温室 1.67 万 hm^2（1995 年），主要是玻璃温室。美洲有温室 3.45 万 hm^2。

第三节　温室建筑与结构课程的内容及特色

一、温室建筑与结构课程的内容

温室建筑与结构是农业生物与农业工程技术相交叉产生的学科，是农业建筑学的一个分支，其涉及的内容包括建筑材料与结构类型、建筑结构内力计算与模型、温室施工与安装、温室施工管理等方面设施工程技术知识。这些知识又建立在工程力学、材料学以及建筑学等基础学科上，同时又涉及农业工程、设施园艺学及管理学等农业方面的相关知识，所以，涉及学科领域较多，综合性强。

温室建筑与结构课程主要包括温室建筑设计、温室荷载、温室结构内力与强度计算以及温室施工与管理四大部分，是由从建筑类型到结构设计、从内力分析到强度计算、从施工工艺到组织管理一系列内容编写而成，是当前温室建筑结构设计与施工的比较完整的教材。

二、温室建筑与结构课程的特色

1. 温室建筑与结构课程和农业建筑学课程的区别　温室建筑与结构和农业建筑学既有联系又有区别，两者在建筑结构、功能及设计原理、材料与设备利用和施工技术、施工组织管理上是一致的，但其涉及的知识深浅程度有差异。农业建筑学偏重于初步设计与施工图设计，是属于基础知识内容；而温室建筑与结构偏重于温室建筑范围内的设计与施工，是更具体、更细致的知识内容。

2. 温室建筑与结构课程和农业设施设计与建造课程的区别　这两门课程更是紧密联系的内容，两者在建筑结构类型、材料选择与施工管理方面是相同的，但在农业设施类型及应用范围方面有差异。农业设施设计与建造包括了园艺设施、畜禽养殖和农产品贮藏与保鲜等3类设施，而温室建筑与结构只涉及园艺设施一种类型，而且讲述的内容更集中、更专一，有利于深化温室建筑设计与施工的内容。

三、温室建筑与结构课程的学习目标和研究方法

温室建筑与结构课程的培养目标包括：了解温室建筑设计的一般原理，具备温室设计的基本知识，正确理解设计意图；掌握温室建筑构造的基本原理，了解建筑物各组成部分的要求，弄清各不同构造的理论基础；能够根据温室的使用要求、材料供应情况及施工技术条件选择合理的构造方案，进行构造设计，熟练地识读施工图，开展施工与工程管理。

通过本课程的教学，要求学生对温室建筑有一个比较完整的认识，树立正确的建筑观，培养学生动手能力。温室建筑构造原理本身并不难理解，但由于各种构造的使用要求不同，材料的性能不同，以及气候、地域、环境等各种影响因素的差异而千变万化。这种多样性往往造成学生对构造原理理解上的困难，因此，本课程的学习要培养学生理论和实践相结合的能力。

鉴于此，要学好该课，应从以下几方面下功夫：首先，认真听讲，课后多做练习，尤其

要重视温室建筑基础理论和温室各种构造详图的研读，认真完成课后的作业和课程设计；其次，要密切联系实际，观察周围已建温室，有条件的可参观附近在建和完成的温室工程，增加感性认识，更重要的是亲自参加温室建造与施工，这对理解和巩固所学知识非常有帮助；最后，要学会阅读专业期刊，这不仅可以了解学科最新知识，还可以扩大视野，提高创新意识。

近几年来，温室建筑科学发展非常迅速，科学研究工作也取得了很大的成果。所以，要结合调查研究开展新材料和新结构的开发与对比分析，寻找出最佳的数据和方案，以提出合理的建筑方案。

复习思考题

1. 试述不同时期我国设施园艺建筑结构的特点与差异。
2. 比较世界各国温室结构发展的特征与差异。
3. 我国温室建筑结构与配套设备发展的趋势是什么？
4. 谈一谈学习温室建筑与结构课程的方法。

第二章　温室建筑设计

温室（greenhouse）又名暖房、温棚，是一种以玻璃或塑料薄膜等透光材料作为屋面，用土、砖做成围墙，或者全部以透光覆盖材料作围护结构，具有充分采光、防寒保温能力，可供冬季或其他不适宜栽培植物的寒冷季节栽培植物的房屋。一般的温室都可设置一些加热、降温、补光、遮光的设备，可以较灵活地调节控制室内光照、温度、湿度、二氧化碳浓度等环境因子，让其最大限度地满足作物生长所需要的最适宜的室内生长环境条件，以达到高产出、高效益的生产目的。对于那种在室内不加温，即使在最寒冷的季节，也只依靠太阳光来维持室内一定的温度水平，以满足作物生长需要的温室称为日光温室。在我国习惯上把用塑料薄膜覆盖、无采暖设备的温室称为塑料大棚。

第一节　温室分类

温室的分类方法有多种，比如，按照屋顶形状划分，温室可以分为单屋面、双屋面和圆拱形温室。我国现有的温室大多是按其结构特点与覆盖材料的不同进行划分的，可分为连栋温室、单栋温室、塑料大棚和日光温室。下面从温室的用途、建筑形式、覆盖材料、骨架材料、室内环境温度等具体的讨论温室的分类。

一、根据用途分类

根据温室的用途可以将温室分为生产温室、展览温室、科研温室和商用温室 4 类。

1. 生产温室　生产温室是指以生产为主要目的的温室，根据其生产内容和功能可以分为不同类型。

（1）*育苗温室*　育苗温室主要为蔬菜、花卉、果树等作物培育幼苗的温室。育苗温室一般都设采暖设备，生产的幼苗供销售，移至栽培温室、大棚以及露地栽培。

（2）*栽培温室*　栽培温室用于蔬菜、花卉、果树等作物栽培生产。一般情况下，有些育苗温室在育苗季节结束后，又可用来作栽培温室用。

（3）*水产及畜禽养殖温室*　这是利用现代温室可以调节小环境气候的特点，因势利导创造适宜畜禽生长的环境，从而用于鱼虾等水产养殖和养鸡、养牛、养猪等用途的温室。温室设计、环境控制可以按照养殖对光照、温度、湿度等需求来确定。

（4）*特殊用途温室*　如用于给沼气池保温、海水淡化等生产的温室属于特殊用途温室。

2. 展览温室　展览温室是指以展示温室内种植的植物、养殖的动物或其他项目为主要目的的温室。展览温室包括观赏温室和陈列温室，一般建于植物园、公园、农业观光园或其他展览馆等公共场所，用来展览各种植物展品和陈列各种品种的植物，主要供人们观赏和进行植物学知识普及及宣传之用。也有一些展览温室内主要养殖一些动物来供游客参观和普及宣传动物学的基础知识。展览温室一般在外形上要求较高，要求其外观与功能协调，与周围环境谐调，同时内部空间也要便于日常的管理、操作和栽培养护。

3. 科研温室

（1）人工气候室　人工气候室是用于对植物在严格的生长环境条件下进行研究试验的温室。它除具有一般现代温室的透光、保温、采暖、通风、降温、二氧化碳补充、灌水等环境性能及设备条件外，还可进行人工补光、加湿除湿，模拟风、霜、冰冻等，可根据试验研究的需要对上述各种环境因子进行单因子或多因子的各种程度的控制调节。

（2）普通试验温室　普通试验温室主要供科学研究部门、各类学校等进行各种栽培试验、工程设备设施试验以及教学试验。这种温室规模较小，要求有光照、采暖、通风、降温、灌水等基本设备，为了适应不同的试验要求，设计时应能使其平面与空间的分隔有较大的灵活性，环境因子的调节能适应使用的要求。

（3）杂交育种温室　杂交育种温室主要供科学研究部门、各类学校等进行各种植物的栽培试验、各种工程设备设施以及教学试验。这种温室要求设置双重门并加纱门，通风换气的进风口和天窗、侧窗均需加设纱窗，以防昆虫飞入干扰试验的杂交因子。

（4）检验检疫温室　检验检疫温室是为了隔离试种对象，提供相应的光照、水分、温度、湿度、压力等环境条件的一种安全温室。温室主要用于对可能潜伏危险病虫害的种子、苗木及其他繁殖材料进行隔离试种、繁育及各种检疫实验，并对出口植物进行检疫消毒。同时该温室也可用于植物遗传基因研究等科研领域及一些对环境要求极为苛刻的植物种植。

4. 商用温室　商用温室是指结合商用运营需要而建、为进行商业活动提供场所的温室。一般多用于园艺植物销售展示、温室结构和材料的展示和销售等。近年来发展起来的温室餐厅也是商用温室的典型。这类温室一般根据商用的类型、场地的要求灵活设计温室的结构和大小，且对环境的控制上也以满足具体的商用为目的，跟生产温室有一定的差别。

二、根据建筑形式分类

根据温室建筑形式的差异可将温室划分为单栋温室、塑料大棚和连栋温室。单栋温室按立面造型的不同又可分为单坡屋面温室和双坡屋面温室两种。

1. 单栋温室　单栋温室又称单跨温室、单屋脊温室。一般单栋温室的规模小，常用于小规模的生产和试验研究。单栋温室采光面比较大，便于进行自然通风和人工操作管理。其缺点是保温性较差，室外气温对室内气温的影响较大；单位建筑面积的土建造价较高。

（1）单坡屋面温室　单坡屋面温室是坐北朝南的一面坡温室。单坡屋面朝南，为透光材料覆盖。背墙采用砖墙、土墙或复合墙体挡风、保温，并用其内墙面吸收和反射一部分光能，强化保温、增温的功能。在屋面上设苇、蒲等保温苫帘或保温被，用于夜间和阴冷天的保温覆盖，其采光性能、保温性能、防风性能都较好。温室内也可以安装加热设备，如暖风炉、散热器、炉灶火炕等，用于温度过低不适合室内种植、养殖时加温。我国北方在土温室基础上兴起的塑料日光温室（图 2-1）经过生产实践证明具有明显的高效、节能、低成本的特点，是近年来大力推广的生产温室类型，有利于发展高产、优质、高效农业。

图 2-1　日光温室

（2）*双坡屋面温室*　双坡屋面温室指温室本身包括两个坡屋面的温室类型。按照温室屋面形式不同又可以分为人字形对称双坡屋面温室、不对称双坡屋面温室、拱形屋面温室等。温室用地面积与采光面投影面积之比为保温比，保温比越小，温室的保温性能越差，但温室内的光照越均匀，一年四季温室内的固定阴影区越小。双坡屋面温室比单坡屋面温室保温比小，采光量较大，温室内光照均匀，且单位面积平均土建造价较低，总占地面积较少；而且由于侧墙直立或角度较大，室内栽培管理、耕作方便。但双坡面温室的保温比小，散热面积多，冬季运行采暖负荷大，在冬季严寒地区运行成本高。当采用玻璃作覆盖材料时，常采用人字形双坡屋面，当采用塑料薄膜作覆盖材料时，常采用拱形屋面，而玻璃钢屋面可适用于各种形状的屋面。双坡屋面温室在世界各国应用较普遍。

2. 塑料大棚　塑料大棚是指以塑料薄膜作为透光覆盖材料的单栋拱棚，一般跨度为 6.0～12.0 m，脊高 2.4～3.5 m，长度为 30～100 m，棚内无加温设备，保温性能较差（图 2-2）。在北方多用于春提前、秋延后栽培，一般比露地生产可提早或延后 1 个月左右，但由于其保温性能较差，在北方地区一般不用它做越冬生产；在南方则用于越冬或防雨栽培。由于大棚有结构简单、拆建方便、投资省、土地利用率高等优点，所以从东北到华南都广为应用。

图 2-2　塑料大棚

现在生产中应用较多的塑料大棚从结构和建造材料上可分为简易竹木结构大棚、钢筋焊接骨架塑料大棚、镀锌钢管装配式大棚等几种。

简易竹木结构大棚的一般跨度为 6～12 m，长 30～60 m，肩高 1～1.5 m，脊高 1.8～2.5 m；沿大棚跨度方向每相隔 2.0 m 设一立柱，立柱和拱架相连，拱架用竹片（竿）制成，固定在立柱顶端；拱架间距 1.0 m，并用纵拉杆连接，形成整体；拱架上覆盖薄膜，拉紧后膜的端头埋在四周的土里，拱架间用压膜线压紧薄膜。竹木结构大棚的优点是造价较低，取材方便，施工容易；其缺点是抗风雪荷载性能差，棚内多柱，遮光率高，作业不方便。

钢筋焊接骨架塑料大棚的一般跨度为 8.0～20.0 m，脊高 2.6～3.0 m，长 30.0～80.0 m。沿温室长度方向所有拱架间用水平或斜交式钢筋（或钢管）连接固定形成整体。拱架是用钢筋、钢管或两种结合焊接而成的，上弦用 ϕ16 mm 钢筋或 ϕ20 mm 钢管，下弦用 ϕ12 mm 钢筋，纵拉杆用 ϕ9～12 mm 钢筋。钢筋焊接骨架塑料大棚，拱架结构坚固，棚内空间大，作业方便，大棚透光性好，使用寿命可达 6～7 年。

镀锌钢管装配式大棚的跨度一般为 6.0～12.0 m，肩高 1.0～1.8 m，脊高 2.5～3.2 m，长 50～80 m，拱架间距为 1.0～1.2 m，纵向用纵拉杆（管）连接固定成整体。镀锌钢管装配式大棚可用卷膜机卷膜通风，用保温幕保温，用遮阳幕遮阳和降温。镀锌钢管装配式大棚结构的骨架，其拱杆、纵向拉杆、端头立柱均为薄壁钢管，并用专用卡具连接形成整体，所有杆件和卡具均采用热镀锌防锈处理，是工厂化生产的工业产品，已形成标准、规范的系列产品。镀锌钢管装配式大棚为组装式结构，耗钢量为 3.75～4.50 kg/m^2，建造方便，并可拆卸迁移，棚内空间大，遮光少，作业方便；有利作物生长；构件抗腐蚀，整体强度高，承受风雪能力强，使用寿命可达 15 年以上，它是目前世界上采用最为广泛的一种塑料大棚形式。

3. 连栋温室 连栋温室是相对于单栋温室而言的，为了加大温室的规模，适应大面积、甚至工厂化生产植物产品的需要，将两栋以上的单栋温室在屋檐处连接起来，去掉连接处的侧墙，加上檐沟（或称天沟），就构成了连栋温室（图 2-3）。连栋温室又称为连跨温室、连脊温室。

图 2-3 连栋温室

连栋温室的建筑面积与外围护结构面积的比值比单栋的大，因此，其保温性好；单位面积的土建造价低，占地面积少，利用系数高，因此，有利于降低造价，节省能源。但是，其单位建筑面积上的采光面积小于单栋温室；栋间加设天沟后，极易造成冬季集中堆雪，排雪困难，给结构带来较大的负载，而且其宽度造成结构遮光；随着栋数的增多，采用开门窗进行自然通风换气困难，从而不得不采用机械强制通风，增设二氧化碳发生器、降温设备以及补光设备等。

连栋温室一般都采用性能优良的结构材料和覆盖材料，其结构经优化设计，具有良好的透光性和结构可靠性。连栋温室一般都配备智能环境控制设备，例如，为了达到良好的冬季保温节能性，连栋温室内部设置缀铝膜保温幕，以及采用地中热交换系统贮存太阳能以用于夜间加温的技术与设施等。连栋温室设有自然通风与强制通风以及湿帘降温与遮阴幕系统，保证温室达到良好的通风条件，夏季有效降低室内气温，满足温室周年生产的需要。依靠温室计算机环境数据采集与自动控制系统，实时采集、显示和存储室内外环境参数，对室内环境实时自动控制。

常见的连栋温室类型有 Venlo 型温室、锯齿形连栋温室、圆拱形连栋温室和三角形大屋面连栋温室等。除此之外，还有坡屋面温室、折线形屋面温室、哥特式尖顶屋面温室、平屋面温室等。按透光材料不同可划分为玻璃温室、双层充气温室、双层结构的塑料膜温室、聚碳酸酯板（PC 板）温室和 PET 温室等。其配套的设备有遮阳、通风降温、加温、保温、自动化控制系统，喷滴灌和自走式喷灌、自走式采摘车、自动化穴盘育苗、水培设备等先进的设备。

三、根据透光覆盖材料分类

温室的透光覆盖材料主要指其透光面材料，根据其材料的不同可以把温室划分为玻璃温室、硬质板塑料温室、塑料薄膜温室和其他覆盖材料温室等。

1. 玻璃温室 玻璃温室是以玻璃为主要透光覆盖材料的温室，有单层玻璃温室和双层中空玻璃温室。

用在温室上的玻璃要求具有良好的透光性、保温性以及抗风、抗雪压、抗冲击等力学性能，其他一些特殊用途温室还要求具有吸热、隔热性能、颜色以及安全等性能。作为温室覆盖的玻璃主要为 5 mm 厚或 4 mm 厚的平板玻璃，其保温性能介于塑料薄膜和 PC 板之间，透光性较好。玻璃温室所需要的材料和配件价格较高，而且玻璃质量大，对温室骨架负荷要求高，骨架的用量也就相应增加，所以总体温室的造价较高。

2. 硬质板塑料温室 硬质板塑料温室是以硬质板塑料为透光覆盖材料的温室。硬质板材料包括聚碳酸酯中空板（PC 板）、聚氯乙烯板（PVC 板）、玻璃纤维增强塑料板（FRP）和玻璃纤维增强丙烯酸树脂板等。硬质板塑料质量轻、强度高，便于运输、安装和维护，是目前采用较为广泛的一种材料。

3. 塑料薄膜温室 用塑料薄膜为覆盖材料的温室称为塑料薄膜温室。塑料薄膜为软质轻型材料，塑料温室的承重结构、固膜系统、安装要求等比较简单。

塑料薄膜温室根据体型大小又可以分为塑料中小拱棚、塑料大棚和大型塑料薄膜温室。为增强塑料薄膜温室的保温性能，也采用双层塑料薄膜覆盖，根据覆盖的层数可以分为单层塑料薄膜温室和双层塑料薄膜温室。常用的塑料薄膜有聚乙烯薄膜（PE）、聚氯乙烯薄膜（PVC）、聚乙烯无滴长寿膜、聚氯乙烯无滴长寿膜、彩色薄膜等。

4. 其他覆盖材料温室 从温室发展的历史和现代科技的飞速发展，除以上透光覆盖材料外，也有以其他材料作为透光覆盖的温室，如以 PET 为透光覆盖材料的温室。

四、根据骨架材料分类

不同的温室、不同的地区往往在骨架材料选择上会有区别，根据温室承力结构的骨架材料可以将温室分为竹木结构温室、钢筋混凝土结构温室、钢结构温室、铝合金结构温室和其他材料结构的温室。

1. 竹木结构温室　温室的屋面梁、柱等承力结构部分以竹片、圆木等材料为主，这类温室为竹木结构温室。

2. 钢筋混凝土结构温室　以钢筋混凝土构件作为温室的承力结构的温室为钢筋混凝土结构温室。

3. 钢结构温室　以钢材为温室主体承力结构的温室为钢结构温室。常用的钢材有钢管、钢筋、型钢等。

4. 铝合金结构温室　以铝合金材料为温室主体承力结构的温室是铝合金结构温室。

5. 其他材料结构的温室　新型材料的出现，温室的承力结构也会相应地出现不同的材料，如玻璃纤维增强水泥结构温室等。

第二节　温室规格

一、日光温室规格

1. 日光温室采光屋面角　日光温室温度的提升主要靠采光屋面的太阳光照，所以屋面太阳直射光的透过率对日光温室的性能影响极大。

阳光射到透光面时，一部分被透光材料吸收，一部分被反射，最后一部分投射进温室内部。吸收、反射与透过的光线强度与入射光线强度的比，分别称为吸收率、反射率和透过率。三者的关系为：吸收率＋反射率＋透过率＝100%。如图2－4所示，γ为太阳高度角，α为温室采光屋面角，β为光线入射角。入射角为太阳光线与屋面法线的夹角。当入射光线垂直于透光面时，即入射角为0°时，温室光照的透过率最高，此时的温室屋面角（α）称为理想屋面角。入射角在0°～40°范围内，随入射角的增大，透过率减小，但变化不明显，入射角大于60°时，透过率会急剧下降。0°为理想屋面角，按0°设计，采光屋面角势必很大，温室非常陡峭，没有实用性，设计时，一般以冬至日的太阳高度角和40°入射角为依据进行设计。结合图2－4得出以下公式：

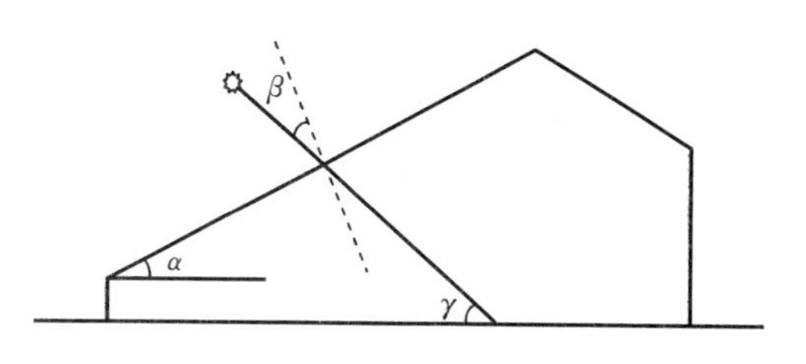

图2－4　采光屋面示意图

$$\alpha \geqslant 90° - \beta - \gamma$$

因β应小于40°，故有：

$$\alpha \geqslant 90° - 40° - \gamma = 50° - \gamma$$

式中　α——采光屋面角；

β——光线入射角；

γ——太阳高度角。

这样计算出来的角度一般不会很大，但如果只按正午时刻计算，午前午后入射角将大于

40°，达不到合理的采光状态。张真和提出按要求中午前后 4 h 内采光屋面角都小于或等于 40°计算，对北纬 32°～43°地区应在计算出来的角度上增加 9.1°～9.28°。

2. 日光温室后屋角 日光温室后屋角一般按冬至日正午太阳高度角加 5°～7°计算。后屋仰角受后墙高度、后屋面水平投影制约，与受光和作业也有关系，角度过小受光不好，过大则后面陡峭不便于管理。

3. 日光温室的长度 日光温室一般长度以 50～100 m 为宜。长度小于 30 m，东西山墙在日出和日落前遮阴面积比例过大，不利于增温；同时容积小，影响热量的吸收和释放，不能保证夜间有足够的室温。温室过长，内部空间过大，给温度的调控带来困难；过长的温室也影响坚固度。

4. 日光温室的跨度 跨度是指温室后墙内侧至采光面底脚间的距离。日光温室的跨度影响着光能的截获、温室的总体尺寸和土地利用率。

适当的跨度使屋面有较大的采光角度和作物有较大的生长空间，便于覆盖、保温和选择建筑材料。跨度在设计时受到屋面角和高度的制约。在温室高度一定的情况下，温室跨度大，其采光面的角度势必减小，因而不利于白天采光增温，同时又增加了散热面积，不利于夜间保温；跨度小，土地利用率低。因此应兼顾上述几个方面来确定。一般来说，首先要满足采光和保温的要求，根据当地室外的最低温度来确定温室的跨度。我国部分城市日光温室室外最低温度可参照表 2-1。

表 2-1 我国部分城市日光温室室外最低温度

地名	北纬	温度（℃）	地名	北纬	温度（℃）
哈尔滨	46°	−29	北京	40°	−12
吉林	44°	−29	石家庄	38°	−12
沈阳	42°	−21	天津	39°	−11
锦州	41.5°	−17	连云港	35.5°	−10
银川	39.8°	−18	青岛	36.5°	−9
西安	34°	−8	徐州	34°	−8
乌鲁木齐	43°	−26	郑州	34.5°	−7
兰州	36°	−13	洛阳	34.5°	−7
呼和浩特	41.5°	−21	太原	37.5°	−14
克拉玛依	46°	−24	济南	36.5°	−10

经过多年的园艺栽培实践证明，当室外设定温度为−12 ℃时，选择跨度为 8.0～10.0 m；当室外设定温度为−15～−18 ℃时，选择跨度为 7.0～9.0 m；当室外设定温度为−18 ℃以下时，选择跨度为 6～8 m。目前一般认为日光温室的跨度以 6.0～8.0 m 为宜，若生产喜温的园艺作物，北纬 40°以北地区温室跨度选择 8.0～10.0 m，北纬 40°以南地区温室跨度选择 10.0 m 为宜。

5. 日光温室的脊高 日光温室的跨度和脊高与温室截获光能的多少有关，在跨度不变的情况下，温室空间采光点的位置成为决定温室截获光能多少的决定性因素，加大高可使屋面角增大，有利于截获更多的光能。但如果脊高过高则温室过高，会增加建造温室的成本，而且还会因散热面积过大而影响保温。温室脊高过低则屋面角小，减少太阳辐射的入射量，同时温室脊高过低则造成室内空间小，不利于作物生长和室内农事作业。一般温室的跨度和脊高有一个合适的比例，如鞍山Ⅱ型、改进型一斜一立式、辽沈Ⅰ型日光温室的跨度分别为6.0 m、7.2 m和7.5 m，其相对应的脊高为2.8 m、3.0 m和3.2～3.4 m。

二、连栋温室规格

温室聚建筑特性和机械产品特性于一体，目前缺乏统一的模数与标准。在温室发展过程中出现了各种尺寸和规格，虽已形成了一些较多采用的尺寸和规格，但至今还没有统一的标准。现在一般采用温室的单元尺寸与总体尺寸两个方面来描述温室的建筑尺寸。

1. 温室单元尺寸　温室单元尺寸的主要参数有跨度、开间、檐高、脊高、屋面角等。

（1）*跨度*　跨度是指垂直于天沟方向、温室最终承力构架在支点之间的距离。现在温室的跨度一般有6.00 m、6.40 m、7.00 m、7.20 m、8.00 m、9.00 m、9.6 m、10.00 m、10.80 m、12.00 m、12.80 m等。

（2）*开间*　开间是指平行于天沟方向温室最终承力构架之间的距离。通常温室的开间为3.00 m、4.00 m、5.00 m，具体可根据需求选择合适开间。

（3）*檐高（肩高）*　檐高是指温室柱底到温室屋架与柱轴线交点之间的距离。通常温室的檐高为3.00 m、3.50 m、4.00 m、4.50 m等。

（4）*脊高*　脊高是指温室柱底到温室屋架最高点之间的距离。脊高是檐高和屋盖高度的和，屋盖高度受屋面坡度的影响。

（5）*屋面角（或屋面倾角）*　屋面角是指温室屋面与水平面的夹角。温室屋面角的选择受采光、结构受力和保温性能的影响和制约。

2. 温室的总体尺寸　温室的总体尺寸包括温室的长、宽和高3个方面的尺寸。

（1）*温室长度*　温室长度是指温室整体尺寸较大方向的尺寸。

（2）*温室宽度*　温室宽度是指温室整体尺寸较小方向的尺寸。

（3）*温室高度*　温室高度是指温室柱底到温室最高处之间距离。

一般来讲，温室总体尺寸越大，其室内气候稳定性越好，单位面积所占外围护结构的比例降低，但总投资增加。因此，对温室总体尺寸的确定难以作出定论，而只能从生产需求、场地条件和投资规模等因素来综合考虑。若单从温室通风的角度考虑，则自然通风的温室在通风方向的尺寸不宜大于40 m，单栋建筑面积宜为1 000～3 000 m^2；机械通风温室进排气口的距离宜小于60 m，单栋建筑面积宜为3 000～5 000 m^2。如果需要温室面积大于以上数字，可以分为若干单体，采用廊道相连。陈列和观赏温室还需从内部空间需求和外形要求来考虑，规模可以更大。

第三节　温室选型

由于用途不同、地区差异、投资差别等原因，全世界应用的温室形式多种多样，到目前为止还没有万能温室是所谓的最佳温室，建造温室时就必须结合地区特点、功能要求、管理模式、投资力度等多方面因素合理选择适合的类型。

一、温室选型的主要内容

1. 温室的结构形式要满足功能的需求 结合建设温室的用途，在经济的基础上，以满足生产或其他功能需要为前提，合理选择温室形式。温室的结构形式和内部配套设施影响温室内部环境的控制，如果是冬季生产以提高温度为主要目的的温室，就应该考虑采光屋面角度、温室的保温能力、温室加热设备等。

2. 温室的结构形式要与所在地的气候条件相适应 不同的气候条件对温室的形式选择有一定的影响。温室的结构应该最大限度地适应当地气候条件，以达到受力合理、用材经济的目的。

3. 温室的结构形式、内部配套设施要与投资力度配套 在同一地区选择温室及其内部设备与投资力度有密切的关系，温室结构形式、内部配套设备对整个温室项目的造价影响很大，而且材料、设备的价格差异又比较大，因此温室建设应该在满足功能的基础上充分考虑项目的固定投资、运营成本、投资的回收期等问题，力求投资适度，选型和配套合理。

4. 确定温室的主体材料 主体材料即温室主要承载力结构件所采用的材料，根据当地气候条件、投资力度合理选择主体材料。

5. 确定温室的覆盖材料 覆盖材料一般包括玻璃、塑料薄膜和PC板等。

6. 确定温室的基本尺寸 温室的基本尺寸有跨度、开间、檐高、脊高、屋面角度、连栋数、开间数、总体长宽等。

二、温室选型的原则

温室形式多样，有材料上的差别，有控制内部温度上的差别，有用途的差别，而且同一型号的温室可能在不同的地区可以应用，也可能适合不同的用途；当然同一项目或同一用途也可以选择不同类型的温室，如何选择合适的温室是投资设施生产必须考虑的问题。一般选择温室类型应坚持以下原则。

1. 功能性原则 温室必须满足功能的要求，这是最基本的要求。温室是为生产、观赏、科研等目的或功能创造条件，其内部环境应该满足这些基本功能，功能性是选择温室类型的最基本的原则。

2. 经济性原则 温室类型的选择尽量体现经济的原则，在满足基本功能要求的基础上尽可能地减少投资。

3. 简洁性原则 温室的形式力求简洁、实用，方便以后的管理和维护。

4. 美观性原则 休闲农业园温室在满足内部生产需求的基础上外形尽可能美观大方，甚至在关键部位可以采用异形温室。

三、温室选型的依据及方法

1. 充分分析当地的气候特点和气候条件，选择满足当地条件的温室类型 外界气候条件对温室内部环境、温室结构均会产生一定的影响。温室在保温节能、通风降温、抗风、防雨等方面都会因为采用不同的结构形式而产生不同的效果。因此充分分析当地气候条件，如温度、光照、风、雪、雨以及小气候等，从而选择合理的温室结构。

2. 结合温室功能要求、管理条件和经营模式，选择适应的温室类型　温室功能往往决定温室的结构和类型。如果是以温室果树促成生产为主的温室应该选择高度较高、有一定保温能力的温室；北方用于冬季生产蔬菜的温室应该选择保温性能好、采光好的温室，如日光温室等。

在土地及劳力缺乏的地区，要选择节约土地、管理消耗劳力少的温室结构，如选择覆盖条件好的连栋温室就比较合适，连栋温室既节约土地又方便机械操作，满足当地的管理要求。相对在土地资源充足、劳力资源过剩、且资金不足的地区，可选择投资少、劳动力密集而运营费用较低的温室形式。

对于对产品品质要求不高、市场效益较低的产品生产的经营者，温室可选择投资小、运营成本低的温室形式。对于高价值农产品生产为主的经营者，应尽量采用环境调控能力强的温室形式，以提高温室产品的产量、质量，追求更好的产品效益。

对于以观赏、展示功能为主的温室，往往不重点考虑生产功能，更多的是从温室的外形、温室的内部空间等方面考虑温室的选型，其投资成本往往较大。

3. 结合投资力度、运营经费情况，并考虑当地或场地资源，选择合适的类型，尽量降低投资和运营成本　投资成本和运营成本直接影响温室生产、观光的经济效益，当然投资小、运营成本低的温室是首选，但实际生产中往往有以下三种形式可以选择。

（1）*投资小，运营成本低*　如果既考虑减少投资，也要降低运营成本，这样可选的温室类型就比较少，而且这些低成本、低投资的温室环境控制也较差，生产效益不高。如北方单坡面温室、钢骨架和水泥骨架温室，它们的建设成本低，运行也比较经济；但其土地利用率低，操作不方便，且使用寿命短。南方的拱形单层塑料温室也是一种经济的温室模式，冬季覆盖塑料薄膜保温，夏季变成具有防雨能力的遮阳棚；但温室内部环境控制能力差，管理烦琐，比较费劳力。

（2）*投资小，运营成本高*　这种温室往往在初期投资力度较小，但后期运营可以和其他工业、农业生产有机衔接，运营的成本一部分可以在有其他方面补充的情况下选用。如北方采用的塑料大棚，其建设投资小，但保温性能较差，加热成本就较高。这种温室适用于结合工业园区有热能排放或地热资源丰富的地区，温室的加温可以充分利用工业或其他生产的过剩热能或成本较低的热源来运行。

（3）*投资大，运营成本低*　这种温室往往是在初期投资力度较大的情况下采用。如双层充气膜温室、多层中空 PC 板温室、双层中空玻璃温室，及配备了良好的采暖、通风、控制设备的温室，它们的保温性能、降温性能、通风能力和人工控制能力都比较好，必然会减少运营中的燃料、电力的消耗及管理成本，劳力使用也相对节约，运营成本相对较低。

第四节　温室工艺布局与平面设计

各类温室存在结构功能等差异，在温室群的布局安排和温室内部平面布局都要按照一定的方位、间距和尺度进行安排，以满足其功能的需要。如图 2－5 就是一农业观光园温室群的布局图。

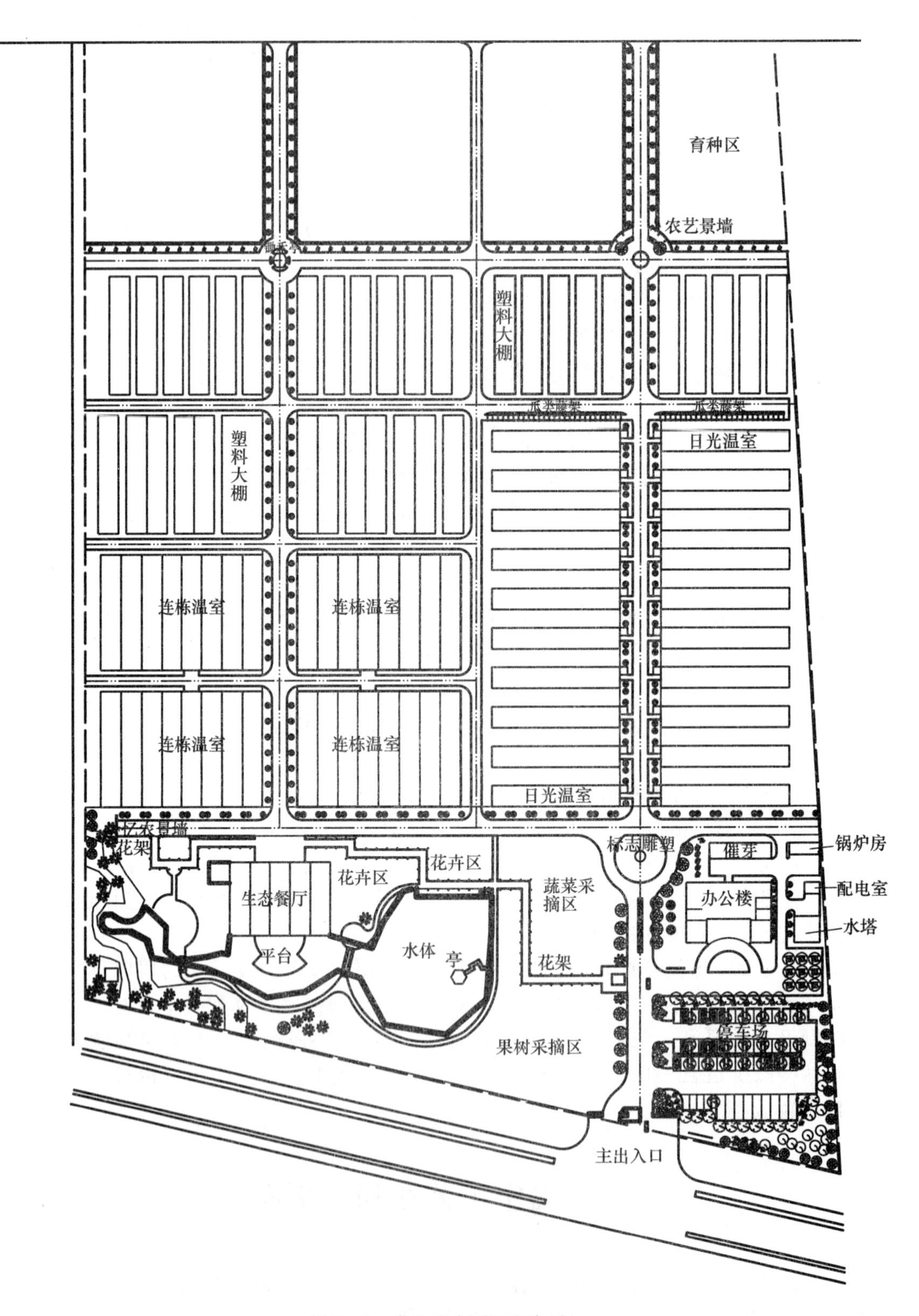

图 2-5　农业观光园温室布局

一、日光温室的平面设计

（一）日光温室的方位

在温室群总平面布置中，合理选择温室的建筑方位也是很重要的，它同温室形成的光照环境的优劣以及总的经济效益都有非常密切的关系。所谓日光温室的建筑方位是指日光温室的屋脊走向，一般日光温室都是南向或南适度偏西或偏东，其方位为东西方位。

采光是否良好往往影响日光温室的生产与管理。为保证日光温室的充分采光，一般温室布局均为坐北朝南，但对高纬度（北纬 40°以北）地区和晨雾大、气温低的地区，冬季日光温室不能日出即揭帘受光，这样，方位可适当偏西，以便更多地利用下午的弱光。相反，对那些冬季并不寒冷且大雾不多的地区，温室方位可适当偏东，以充分利用上午的弱光，提高光合效率，因为上午的光质比下午好，上午作物的光合作用能力也比下午强，尽早"抢阳"更有利于光合物质的形成和积累。偏离角应根据当地的地理纬度和揭帘时间来确定，一般偏离角在南偏西或南偏东 5°左右，最多不超过 10°。此外，温室方位的确定尚应考虑当地冬季主导风向，避免强风吹袭前屋面。用罗盘仪指示的是磁南磁北而不是正南正北，因而要按不同地区的磁偏角加以修正，表 2-2 列出了我国部分城市的磁偏角。

表 2-2 我国部分城市的磁偏角

城 市	磁偏角	城 市	磁偏角
齐齐哈尔	9°23′（西）	呼和浩特	4°36′（西）
哈尔滨	9°23′（西）	西安	2°11′（西）
长春	8°42′（西）	太原	3°51′（西）
沈阳	7°56′（西）	包头	3°46′（西）
大连	6°15′（西）	兰州	1°44′（西）
北京	5°57′（西）	玉门	0°01′（西）
天津	5°09′（西）	郑州	3°50′（西）
济南	4°47′（西）	银川	2°53′（西）
徐州	4°12′（西）	保定	4°43′（西）

（二）日光温室的间距

温室的间距指南面温室后墙到北面温室前沿的距离。温室的间距影响温室的采光和土地的利用率。

温室群中每栋温室前后间距的确定应以前栋温室不影响后栋温室采光为基本原则。丘陵地区可采用阶梯式建造，以缩短温室间距；平原地区也应保证种植季节上午 10 时到下午 4 时的阳光能照射到温室的前沿。也就是说，温室在光照最弱的时候至少要保证 6 h 以上的连续有效光照。

前栋温室屋脊至后栋温室前沿之间的水平距离计算公式如下：

$$L=\frac{H}{\tan h}$$

图 2-6 表示了公式中的各个字母的含义。具体如下：

H——温室屋脊卷帘到室外地面的距离；

H_0——温室屋脊到室外地面的距离；

L_0——前后两栋温室之间的水平净距离；

L——前栋温室屋脊至后栋温室前沿之间的水平距离；

L_1——温室前沿至温室后墙外侧的水平距离；

h——冬至日某一时刻太阳高度角。

根据计算，不同纬度地区一般保证作物冬至日最少获得日照 4 h 的温室间距可参考表 2 - 3。

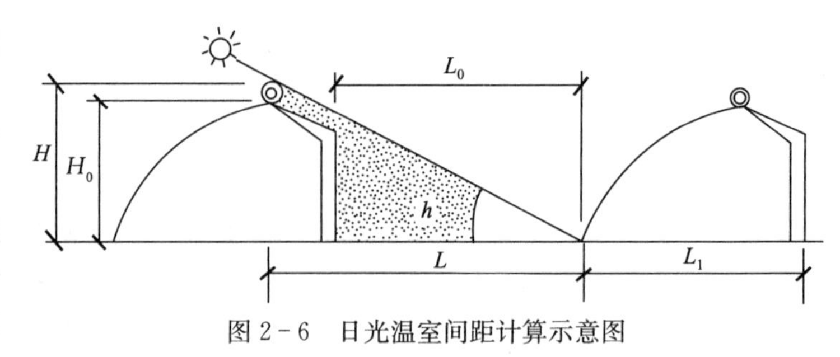

图 2 - 6　日光温室间距计算示意图

表 2 - 3　保证作物冬至日光照最少 4 h 的温室间距（m）

纬度（北纬）N	日光温室屋脊高度（m）							
	2.5	2.6	2.7	2.8	2.9	3.0	3.1	3.2
30°	3.79	3.94	4.10	4.25	4.40	4.55	4.70	4.85
31°	3.94	4.10	4.26	4.41	4.57	4.73	4.89	5.04
32°	4.10	4.26	4.42	4.59	4.75	4.92	5.08	5.24
33°	4.26	4.43	4.60	4.77	4.94	5.11	5.28	5.46
34°	4.44	4.62	4.79	4.97	5.15	5.33	5.50	5.68
35°	4.62	4.81	4.99	5.18	5.36	5.55	5.73	5.92
36°	4.82	5.02	5.21	5.40	5.60	5.79	5.98	6.17
37°	5.04	5.24	5.44	5.64	5.84	6.04	6.25	6.45
38°	5.26	5.48	5.69	5.90	6.11	6.32	6.53	6.74
39°	5.51	5.73	5.95	6.17	6.39	6.62	6.82	7.06
40°	5.78	6.01	6.24	6.47	6.70	6.93	7.17	7.40
41°	6.07	6.31	6.55	6.80	7.04	7.28	7.52	7.77
42°	6.38	6.64	6.89	7.15	7.40	7.66	7.91	8.17
43°	6.72	6.99	7.26	7.53	7.80	8.07	8.34	8.61

注：1. 表中温室间距指前栋温室屋脊至后栋温室前沿之间的距离。

2. 表中数据是以冬至日（12 月 21 日）上午 10 时的太阳高度为依据计算的。

不同纬度地区在不同温室屋脊高度下的温室间距也不尽相同。如果某些作物对光照时间要求更高，如至少要保证 5～6 h 的光照时间，冬至日光照可能无法满足要求，说明这些作物需人工补光，否则不可能越冬生产，对这些作物的栽培就要越过冬季光照时间最短的时间后再定植。对这些栽培作物的温室，其温室之间的间距也可依照上述方法依据实际生产要求来确定。

一般来说，温室脊高在 3.1 m 时，前后两排温室间距（前排温室后墙皮到后排温室的底脚）应不少于 4 m。若两排温室间设立拱棚，则距离应增加到 8～10 m。东西两栋温室之间也应有 4～6 m 的公用通道。

（三）日光温室的平面布局

日光温室的内部空间往往是带状空间，以生产为主的日光温室的跨度多为 6.0～10.0 m，长度为 50～100 m。从高度而言，温室往往是南低北高，甚至南部不能满足人直立操作。

目前日光温室以生产为主，有些园区的日光温室或一些大型的日光温室也用于展览。

由于日光温室空间较小，一般室内面积多为 300～800 m²，所以生产中往往不进行空间的二次分割，生产的种类也相对单一，生产形式在一栋温室内也往往是相同的。这样温室内种植作物的布局也相对简单，对于地栽或采用地面种植槽的作物，考虑到采光的影响，往往采用南北行的方式种植。盆栽种植相对灵活，如果在地面摆放，采用南北行排放，有利于采光。在种植多种花卉植物时，低矮的应摆放在南部，相对高的靠后墙摆放。也采用悬挂的方法和采用种植台生产，从采光的角度考虑，种植台可采用南低北高台阶式布局，与屋面走势一致，也可以在温室后部不影响下部植物采光的部位高处悬挂一些盆花，增加作物的采光，可充分利用光能，同时种植台下也可以用于养殖耐阴的花卉，增加温室空间的利用率。如图 2-7 为生产盆花的日光温室的实景。

图 2-7　生产盆花的日光温室内部实景

日光温室内部的道路布局比较简单。应用于生产的日光温室主要通道多在光照最弱的靠近后墙处，自然为东西走向，通道尺寸以满足单人通过为主，即宽 60～70 cm，如图 2-7 所示实景，其道路在后墙处，宽约 60 cm。大型日光温室在宽度较大时，为了便于生产操作和管理，一般通道多留在温室中部左右，方向也为东西走向，且通道相应较宽，可以为 70～150 cm，如图 2-8 所示，其实景道路位于温室中部东西走向。用于展示、观赏为主的日光温室，其布局相当灵活。尺度小的也以靠近北墙位置为主，尺度大的可以结合观赏需要安排，道路可以形成环形、梳状等。

图 2-8　大型日光温室内部实景

温室内的水、电等管网往往也结合道路进行布局。

二、连栋温室的平面设计

（一）连栋温室的方位

连栋温室的方位是指温室屋脊的走向，主要有东西（E-W）和南北（S-N）两种方位，或在此基础上适度向东或向西偏斜。温室的方位与造价、土地利用率关系不大，但方位影响温室内的光环境，与生产有着密切的关系。

一般东西（E-W）方位连栋温室的日平均透光率比南北（S-N）方位的连栋温室平均透光率高。研究表明，中高纬度地区东西（E-W）走向连栋温室直射光日总量平均透过率较南北（S-N）走向连栋温室高 5%～20%，纬度越高，差异越显著。但东西（E-W）走向温室屋脊、天沟等主要水平结构在温室内会造成阴影弱光带，最大透光率和最小透光率之差可能超过 40%；南北（S-N）走向连栋温室，其中央部位透光率高，东西两侧墙附近与中央部位相比低 10%。

以北京地区（北纬40°）为例，东西（E－W）方位的玻璃温室的日平均透光率比南北（S－N）方位高7%左右，但南北（S－N）方位的温室清晨、傍晚的透光率却高于东西（E－W)方位的；北京地区东西（E－W）方位的玻璃温室室内光照不够均匀，屋架、天沟、管线形成相对固定阴影，南北（S－N）方位的温室无相对固定阴影带，光照比较均匀。

根据研究得出如下结论：对于以冬季生产为主的连栋玻璃温室（直射光为主），以北纬40°为界，大于40°地区，以东西（E－W）方位建造为佳；相反，在纬度低于40°地区则一般以南北（S－N）方位建造为宜。对东西（E－W）方位的玻璃温室，为了增加上午的光照，建议将朝向略向东偏转5°～10°为宜。

我国根据对玻璃温室的初步研究成果，提出玻璃或PC板温室的建造建议（表2－4）。

表2－4　我国不同纬度地区的玻璃温室建筑方位的建议

地　区	纬度（北纬）	主要冬季用温室	主要春季用温室
黑　河	50°	E－W	E－W
哈尔滨	46°	E－W	E－W
北　京	40°	S－N，E－W	S－N
兰　州	36°	E－W	S－N
上　海	31°	S－N	S－N

（二）连栋温室的平面布局

连栋温室一般面积较大，长宽尺度差异不太大，内部空间布局相对余地较大，针对不同的功能可以做不同的布局。

生产用温室一般在单栋温室内生产一种或几种习性接近的植物为最佳，其管理统一，布局一致。在实际生产中也有一栋温室内生产不同类型、不同习性的植物，因此，在同一栋温室内一般可以用活动的或临时的墙或网来分隔，这样温室空间的格局可以随着生产类型的转变而调整。温室内道路一般成日字形布局，即有结合出入口位置南北走向的主道，也有在温室的南北两头方便生产的次道。

对于试验温室则应根据试验研究的需要，按环境条件、栽培方式以及管理条件的不同来进行临时性的单元划分，既满足需要又便于改造。

对于展览用温室，由于栽培陈列的植物种类繁多，各种植物对生态环境条件的要求又各不相同，还要考虑采用不同的栽培方式，因此，在平面设计时应结合观赏需求进行合理的单元划分以适应环境、设备、管理等方面的功能要求。具体划分时可以植物生态习性为基础划分单元，即根据植物的生态类型，把生态习性相同的植物划分在一个温室单元内，如热带雨林温室、亚热带植物温室、暖温带植物温室以及生产温室的套种、间种等单元。这种划分即方便观赏展示，也有利于植物的生长，有利于管理养护。当然也可以植物地理学为基础划分单元，把同一地区原产的植物划分在一个单元内，以表现植物的地理分布，如欧洲植物温室、非洲植物温室、美洲植物温室、大洋洲植物温室等；还可以植物资源为基础划分单元，即根据植物用途的不同，对植物园进行资源分类，把用途相近的经济作物划分在一个单元内，如药用植物温室、芳香植物温室、纤维植物温室、热带果树温室等。这些划分方式对观赏和突出主题有很大的好处，但由于植物对环境的需求有所差异，管理相对复杂。在观赏温室内，道路系统完全可以结合景观需要去安排，可以是自然式，可以是规则式，基本同户外园林的布局，也可以结合小桥流水创造形式优美、意境深邃的景观环境。图2－9为陕西杨凌一展览温室的内部布局。

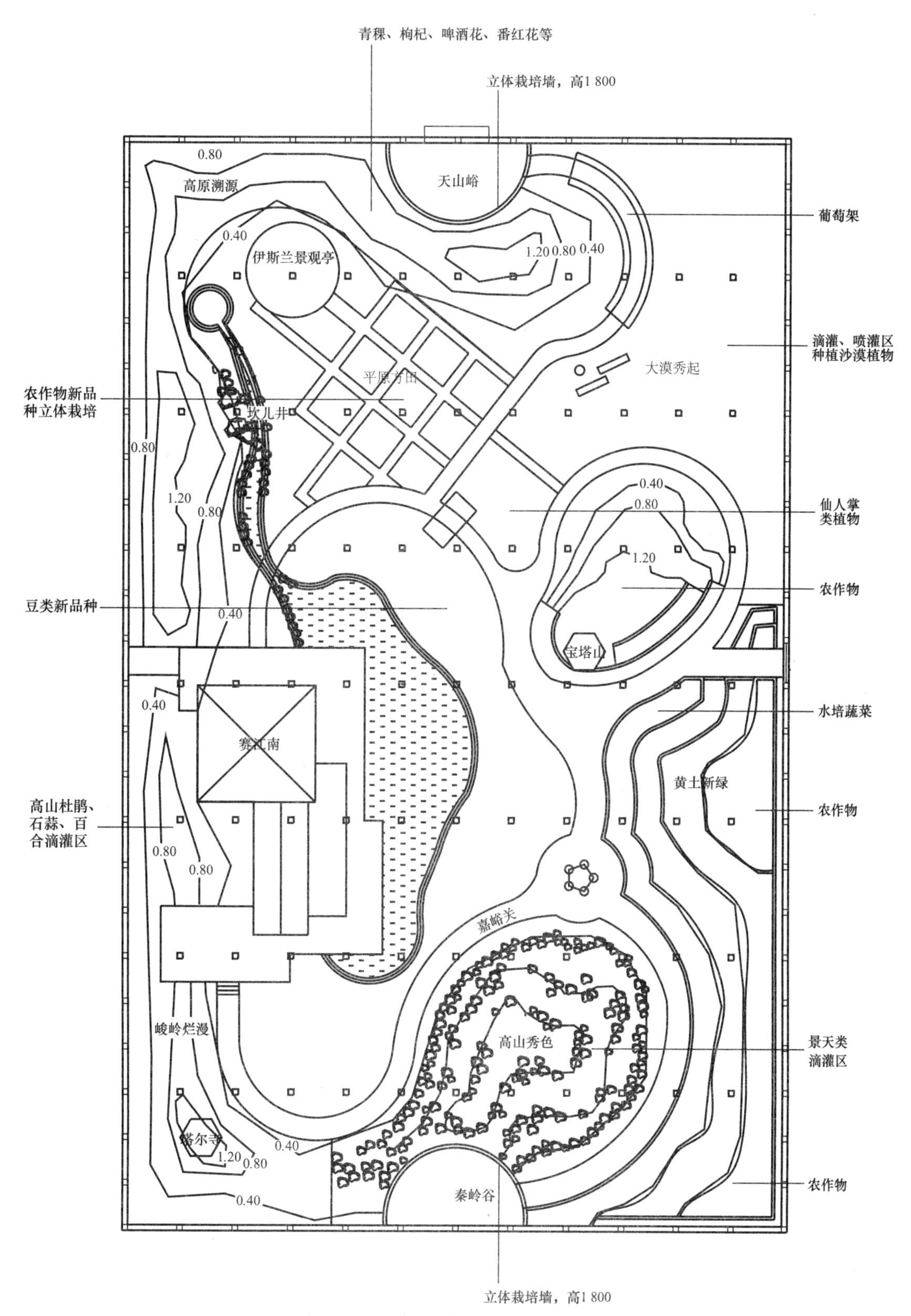

图 2－9　展览型连栋温室内部平面布局

第五节 温室立面与剖面设计

一、日光温室立面与剖面设计

（一）典型类型日光温室设计

日光温室采光屋面的断面形状多种多样，主要有半圆拱形、椭圆形、两折式（大小双斜面式和一斜一立式）和三折式4种形式，其中一立一斜式日光温室和拱圆形日光温室是数量最多的两种形式。按照日光温室后屋面的长短来分，可以分为长后屋面日光温室、短后屋面日光温室和无后屋面日光温室。日光温室的骨架材料有竹木结构、钢木结构、钢结构和GRC骨架等，后墙有土墙和砖墙等。下面对一立一斜式日光温室和拱圆形日光温室分别进行介绍。

1. 一立一斜式日光温室

（1）*玻璃覆盖材料一立一斜式日光温室* 高度为2.5～3.0 m，跨度为7.1 m左右，温室后墙高1.8～2.3 m，温室屋脊高2.8～3.1 m，前屋面采光角为23°左右。

（2）*琴弦式日光温室* 琴弦式日光温室形状尺寸与一立一斜式日光温室一样，用塑料薄膜作为透光覆盖材料。每间隔3 m设主骨架，在主骨架上横拉若干道8号铅丝，8号铅丝间距离为40 cm，呈琴弦状，在8号铅丝的上面，按60 cm的间距铺竹片作小骨架，在骨架的上面再覆盖塑料薄膜，在薄膜之上，再用细竹片对应骨架压若干道，用细铁丝穿透薄膜固定。

2. 拱圆形日光温室 拱圆形日光温室透光前屋面和后屋面承重骨架做成整体式桁架结构或用镀锌钢管通过连接纵梁和卡具组成受力整体半拱形刚架，后屋面承重段成直线或曲线，室内无柱。

图2－10所示为一典型拱圆形日光温室的剖面图。

（二）日光温室后墙、山墙设计

日光温室后墙高度一般为1.8～2.2 m，不宜低于1.6 m。后墙、山墙按建筑材料可分为泥垛、砖石两种。无论是用泥还是用砖，基础最好用砖或石头砌0.5 m高，这样可有效地抗伏天雨淋和水泡，延长温室的使用寿命。墙体若用砖砌，内层砖墙厚24 cm，中间保温夹层厚12 cm，外层砖墙厚12 cm，如图2－11所示。保温夹层可填充珍珠岩、炉灰渣等，不同

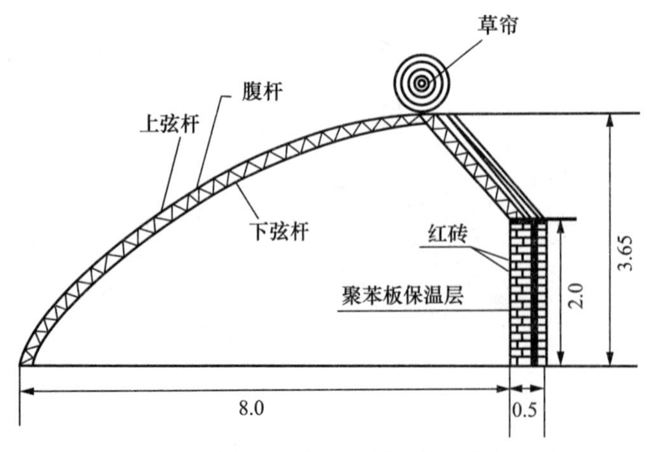

图2－10 拱圆形日光温室剖面图（单位：m）

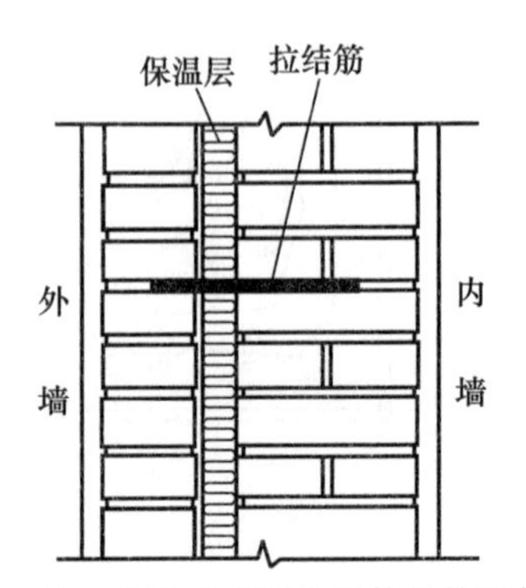

图2－11 日光温室复合墙体的构造做法

材料热阻见表 2-5。若用泥垛，要用扬脚泥垛，底宽 1 m，顶宽 0.8 m。后墙可培土，以便增强保温效果。

表 2-5　各种不同结构墙体的热阻

序号	墙体结构类型（由内到外）	热阻（$m^2 \cdot K/W$）
1	红砖 120 mm+干黏土 120 mm+红砖 240 mm	0.95
2	红砖 120 mm+炉渣 120 mm+红砖 240 mm	0.89
3	红砖 120 mm+膨胀珍珠岩 20 mm+红砖 240 mm	2.21
4	红砖 240 mm+干黏土 120 mm+红砖 240 mm	1.11
5	红砖 240 mm+炉渣 120 mm+红砖 240 mm	1.05
6	红砖 240 mm+膨胀珍珠岩 20 mm+红砖 240 mm	2.37

（三）日光温室后屋面设计

后屋面起隔热保温作用，其上摆放草苫，对于人工操作的，操作人员也是在后屋面上拉放草苫。后屋面主要由骨架、檩、椽子以及保温层、防水层等组成。也有些温室的后屋面是由钢筋水泥预制件组成。为使受力合理，前部可适当薄些，后部可适当厚些。图 2-12 为几种日光温室后屋面做法示意图。

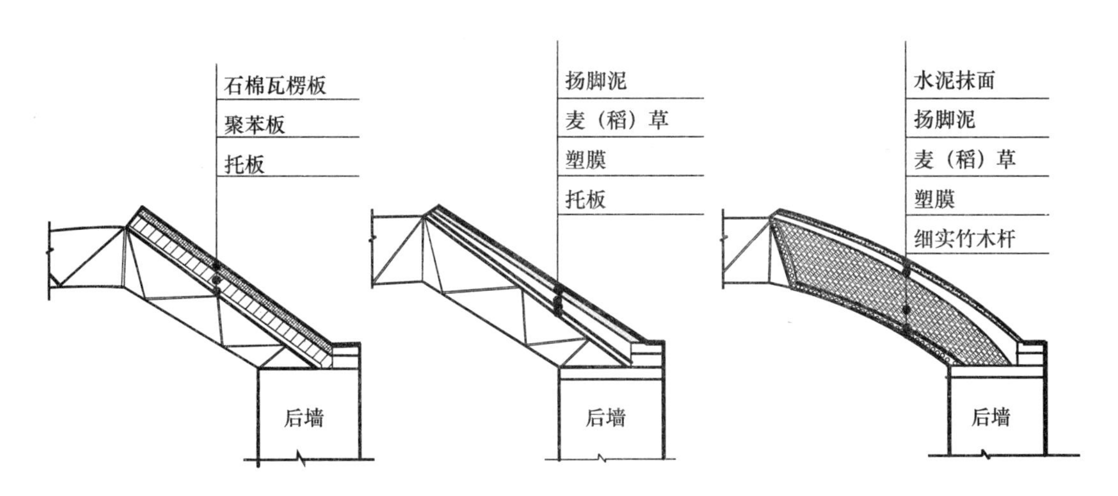

图 2-12　日光温室后屋面做法示意图

二、单栋塑料大棚立面与剖面设计

单栋塑料大棚又称单跨温室，指仅有一跨的温室，透光面为塑料薄膜。这种温室一般不加温，是一种简易的保护地栽培设施，由于其建造容易，使用方便，投资少，在国内应用较为广泛。

根据多年的生产经验和发展，从骨架材料上分类，单栋塑料大棚可以分为竹木结构大棚、钢筋结构大棚、钢筋混凝土骨架大棚、镀锌钢管骨架大棚和装配式涂塑钢管塑料大棚等。

1. 竹木结构大棚　该类大棚是在中小拱棚的基础上发展而来的。早期的塑料大棚主要以竹木结构为主，室内多柱，拱杆用竹竿或毛竹片，屋面纵向梁和室内柱用竹竿或圆木。其长度一般为 30～60 m，断面主要尺寸：跨度为 6～12 m，脊高 1.8～2.5 m。

该类温室最大的优点是取材方便，农村可以就地取材，所以投资低，建造易。但它的缺点也同样突出：内部多柱，空间较小，操作极不方便，机械化操作难度大；另外其结构抗风、抗雪压能力差，使用寿命短，维护麻烦，在经济发达地区基本不再采用。

2. 钢筋焊接结构大棚 为了解决竹木结构大棚操作不方便、抗风雪能力差问题，用钢筋（或钢筋和钢管）焊接成平面或空间桁架作为大棚的骨架，形成了钢筋大棚，如图 2-13 所示。这类大棚长度一般为 30～80 m，断面主要尺寸：跨度为 8～20 m，脊高 2.6～3.0 m，拱间距为 1.0～1.2 m。

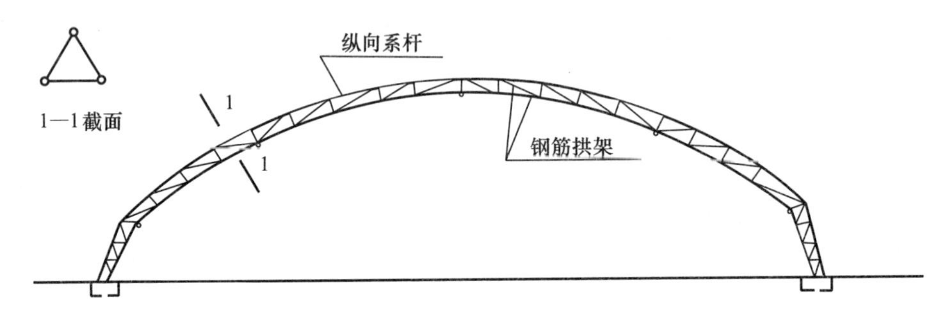

图 2-13 钢筋焊接骨架塑料大棚

这种大棚骨架强度高，室内无柱，空间较大，骨架遮盖小，室内采光较好，便于操作；但由于温室内的湿度较大，骨架几乎每年都要刷涂防腐，养护麻烦，使用寿命较短。

3. 钢筋混凝土骨架大棚 钢筋混凝土骨架大棚是在前两种温室的基础上发展而来的一种形式的温室。它克服了钢筋骨架耐腐蚀性差、造价高的缺点；相对竹木结构，其抗风雪能力强，使用寿命长。其骨架用钢筋混凝土预制，在生产地现场组装，构件质量稳定，安装比较方便。一般该类温室长度为 30～60 m，跨度为 6～8 m，脊高 2.0～2.5 m。

该类温室造价相对低，安装容易，使用寿命长。但骨架尺度不易把握，若太细，则在安装、运输过程中损坏率较高，尺度过大则遮阴率较高。在对采光要求较高的生产中使用较少。

4. 镀锌钢管骨架大棚 镀锌钢管骨架大棚，其拱杆、纵向拉杆、短头立柱均为薄壁钢管，并用专用卡具连接形成整体。该温室塑料薄膜用卡膜槽和弹簧卡固定。骨架所有杆件和卡具均采用热镀防腐处理，是工厂化生产的工业产品，已形成标准规范的 20 多种系列产品。该大棚的主要参数如下：长度为 50～80 m，跨度为 6.0～12.0 m，脊高为2.5～3.2 m，拱距为 0.5～1.2 m。

该类大棚为组装结构，建造方便，可以拆卸搬迁；材料强度高，承载能力强，温室整体性较好；温室内部空间大，操作方便，且骨架截面小，遮阴率低，利于作物生产。由于以上优点，加之寿命可以长达 15 年，目前使用较为广泛。

5. 装配式涂塑钢管塑料大棚 装配式涂塑钢管塑料大棚骨架与装配式热镀锌管骨架相比，具有强度相当、价格低廉、耐腐蚀等特点，是面向大众、替代竹木结构大棚的理想塑料大棚形式。涂塑钢管大棚在结构上参照中国农业工程研究设计院镀锌棚架标准进行优化设计。其主要参数如下：跨度为 6 m、8 m、10 m，脊高为 2.8 m、3.0 m，肩高为 1.2 m，拱间距为 0.8 m。

涂塑钢管大棚安装方便，为单拱卡接装配式结构，顶部插管，铆钉对接，拱杆与纵向拉杆卡接，两侧可以安装卡槽，设 5 道纵向拉杆，大棚整体稳健性良好。

三、连栋温室立面与剖面设计

（一）连栋大棚的剖面设计

1. 室内地坪标高　室内地坪标高一般根据生产需要，结合当地的气候条件来选择。在冬季气温不太低、温室体积较大的生产温室、展览温室，为了防止外部水流进室内，一般室内的地坪都高于室外地坪 150 mm 左右。在严寒地区的小型温室，为了增加保温，特别是为了保持较高地温的生产温室，室内地坪可以适当低于室外地坪，甚至采用半地下结构。室内地坪低时要做好两方面的工作：一是在室外围绕温室建立排水沟，可以结合防寒沟进行，保证外水不倒灌；二是做好室内外交通衔接，条件允许的话最好采用坡度，以方便小型器械进入，台阶也是常采用的方法。

2. 跨度设计　温室跨度的合理确定比较复杂，它与温室的结构形式、结构安全、平面布局、材料选择等有着直接的关系。其设计的基本原则是在保证结构安全的前提下，既要满足功能的要求，又要价格低廉，而且重点考虑作物栽培、机械操作和后期管理方面的问题。目前国际国内均没有统一的规格或规范，常采用的跨度尺寸有 6.0 m、6.4 m、7.0 m、7.2 m、8.0 m、9.0 m、9.6 m、10.0 m、10.8 m、12.0 m、12.8 m 等。

3. 开间设计　温室开间常用的尺寸有 3.0 m、4.0 m、5.0 m 等。

4. 檐高　檐高可根据温室生产或观赏等功能需要选择。一般生产型温室根据作物高度和生产方式来选择，檐高选择 3.5 m 左右，当然适当提高檐高有利于通风和降温，但会带来造价上的提高，而且安全问题也就比较突出。作为观赏性温室，特别是大型温室，其檐高可以选择较大的尺寸，以保证室内空间在长宽高上有一定的比例，便于安排展示内容，让人们有相对舒适的感受，檐高可采用 4.0 m、4.5 m，甚至更大尺寸。

5. 屋面坡度　屋面坡度与温室的透过率有关系。一般根据当地冬至日正午太阳高度角来确定。如 Venlo 型连栋温室屋面坡度常用的角度有 22°、23°、26.5°三种，具体应用可根据纬度、作物种类、覆盖材料来选择，玻璃温室常采用 22°和 23°，PC 板温室采用 26.5°较多。

（二）典型连栋温室设计

1. Venlo 型温室基本参数　结构单元跨度为 6.4 m、9.6 m、12.8 m 等，屋面单元跨度为 3.2 m，屋面标准高度为 0.8 m，常用温室檐高为 3.0 m、3.5 m、4.0 m、4.5 m、6.0 m等。

图 2－14(a) 为一种 Venlo 型温室剖面图，图 2－14(b) 为杨凌某 Venlo 型温室外景。

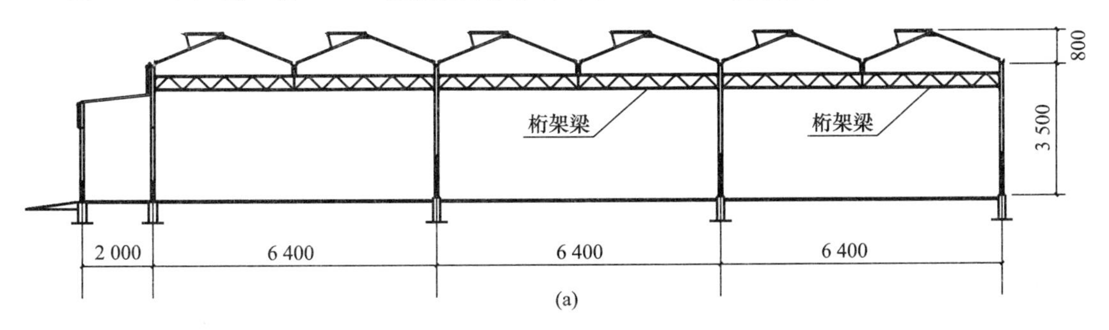

(a)

(b)

图 2-14　Venlo 型温室（单位：mm）

2. 几种常见连栋温室的立面设计

（1）圆拱形连栋塑料温室　其立面图如图 2-15 所示。

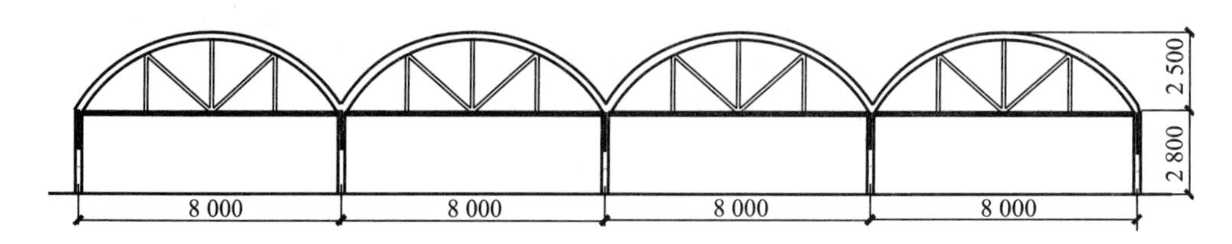

图 2-15　圆拱形连栋塑料温室立面设计（单位：mm）

（2）锯齿形连栋塑料温室　其立面图如图 2-16 所示。

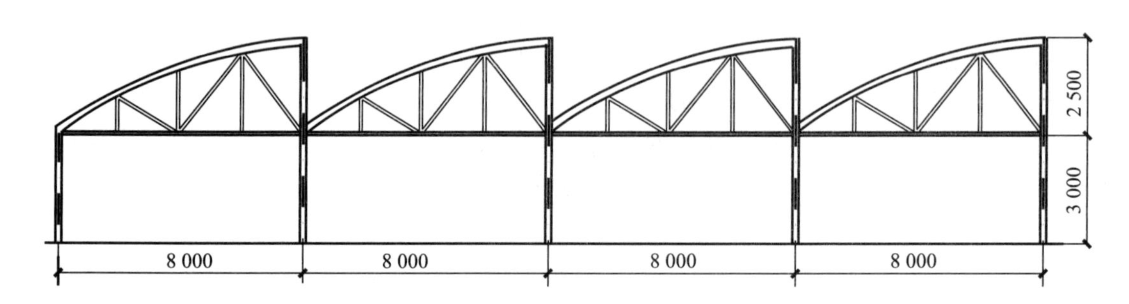

图 2-16　锯齿形连栋塑料温室立面设计（单位：mm）

（3）三角形连栋塑料温室　其立面图如图 2-17 所示。

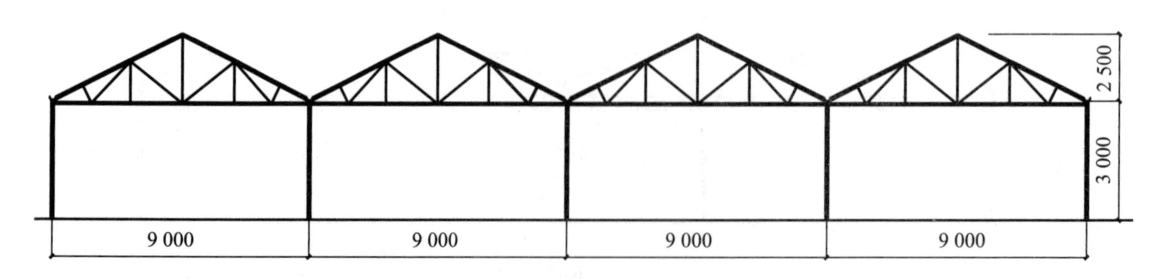

图 2-17　三角形连栋塑料温室立面设计（单位：mm）

第六节　温室工程总平面设计

一、设计原则

温室工程或以温室为主的农业基地进行总体布局时应坚持以下基本原则。

1. 合理布局功能区的原则　温室工程在布局时会涉及多个功能区，根据园区特色和各个功能的特点，明确园区定位、合理布局各个功能区是园区设计的基本原则之一。

2. 节约土地的原则　温室单体的尺度、温室的间距都影响到土地的利用率。温室设计时在满足采光需要的前提下，科学安排温室间距，尽量节约土地，提高土地利用率。温室之间有较大的空间，在不影响温室正常生产的情况下也可以结合露地生产或景观综合利用。

3. 道路通畅的原则　道路通畅是园区生产、参观的基本交通需求。温室群的布局一般多采用规则式，温室出入口安排要统一，出入口必须与整体道路网相联系，满足基本的生产需求。

4. 相对集中的原则　在一工程项目中可能有多种类型的温室，在平面布局时尽量采用相对集中的原则，以保证供水、供电、供暖等管网尽量集中缩短，提高效益，节约成本。相对集中也有利于温室的生产和展示。

5. 美观的原则　温室建筑在满足生产的基本要求下，温室的布局尽量按一定的秩序和节奏安排，表达出一定的秩序美。特别是一些配套的建筑物、构筑物，如日光温室的缓冲间、管理建筑、配电房、水塔等在平面形式上可以灵活变化，增加平面布局的活力。

6. 防护的原则　条件允许的情况下，一般都要求在场地的北侧、西侧设置防护林。防护林不仅不影响温室的采光，而且可以遮挡冬季寒风，还可以形成整个园区的背景，增加园区的立面层次，美化环境。

7. 持续发展的原则　园区布局应考虑近期建设，也要考虑长期的发展，在空间建筑设计上要为以后的扩建、发展留有余地。

二、场地选择

温室场地的选择包括多个方面，总体上包括气候条件、场地位置条件、场地自然条件等方面。

1. 气候条件

（1）气温　气温影响着温室的选型，影响生产的运用成本，甚至影响生产的产品类型。良好的局部温度条件可降低温室的采暖费用和采暖、保温设施的投资。气温应重点考虑冬季和夏季两个季节，夏季高温和冬季低温涉及降温和增温的设备配置和能源消耗。无气温变化过程资料时，要着重对其纬度、海拔以及周围的海洋、山川、森林等影响气温的主要因素进行综合分析评价。

（2）光照　光照度和光照时数对温室内植物的光合作用及室内温度状况有着很重要的影响。光照度随地理位置、海拔高度和坡向的不同而不同。光照度随纬度的增加而减弱，纬度越低，太阳高度角越大（太阳高度角指的是太阳的直射光与地平面的夹角），光照度越强；反之，纬度越高，光照度越弱。坡向对光照度也有影响，在北半球的温带地区，太阳位置偏南，故南坡向太阳入射角大，光照度强；反之，北坡向太阳入射角小，光照度弱。光照时数由地理位置决定，纬度越高，阳光穿过大气层的厚度就越大，光照强度越弱。

(3) 风　风速、风向及风带的分布在选址时也必须加以考虑。合适的风向有利于温室的降温与通风。适度地避风防风有利于温室增温保温。所以，对于主要用于冬季生产的温室或寒冷地区的温室应选择天然地形、林带或大型建筑做背景的背风向阳的地带建造温室；全年生产的温室还应注意选择夏季主导风方向开阔的地区，利用夏季的主导风向进行自然通风换气。尽量避免在冬季寒风地带建造温室，避免在过强的风速的分布区，如近海、山口、台风带等局部风压变化较大的地区建造温室。

(4) 降水　降水包括雨、雪、雹等。降水量多少会影响温室储水设备的建造和灌溉方式。从结构上讲，雪压是温室这种轻型结构的主要荷载，特别是对排雪困难的大中型连栋温室，要避免在豪雪地区和地带建造。冰雹影响温室的安全，在局部多冰雹的地区不宜建造温室，尤其是普通玻璃温室。

(5) 空气质量　空气的质量主要取决于大气的污染程度。主要来源于燃料燃烧和大规模的工矿企业，包括颗粒物、硫氧化物、碳的氧化物、氮氧化物、碳氢化合物和其他有害物质等。其中颗粒物对温室的影响最大，其飘落到温室的透光屋面影响温室的采光，寒冷天气火力发电厂上空的水汽云雾也会造成局部遮光。在空气污染严重的地区不宜建设温室。

2. 场地位置条件

(1) 区位　设施生产是高投入的生产模式，必然要求高产出、高质量、高效益作为其持续发展的保障条件，所以场地的区位条件很重要。场地相对城市的地理位置、区域经济的发展情况、区位市场情况、对外的贸易交流等都影响温室生产的产品定位、生产形式和经济效益。

(2) 对外交通　一般要求场地最好直接与一定级别的道路相联系，方便生产资料和产品的运输。在交通特别困难的地区要考虑在对外交通上的投资。

(3) 水源　农业生产离不开水。场地外部是否有充足、合格的水源，对将来的生产影响很大。特别是在场地内部没有自然水源的条件下，外部给水就成为决定是否建园的关键条件了。只有在水源保证的条件下，才可以考虑项目的营建。

(4) 电源　现代温室生产，电力是必须具备的条件之一，特别是采暖、降温、人工补光、营养液循环、智能化管理等，都要求有可靠、稳定的电源。

3. 场地自然条件

(1) 地形与地质　平坦的地形便于节省造价和便于管理，同时，同一栋温室内坡度过大会影响室内温度的均匀性，从而加大热能耗量和带来操作管理的不便；但过小的地面坡度又会使温室的排水不畅，一般认为地面应有不大于1%的坡度为宜。要尽量避免在向北面倾斜的斜坡上建造温室群，以避免造成遮挡朝夕的阳光和加大占地面积。对于建造玻璃温室，有必要对场址进行地质调查和勘探，以避免因局部软弱带、不同承载能力地基等原因导致不均匀沉降。

(2) 土壤　对于进行有土栽培的温室，室内长期高密度种植，对土壤的要求很高。土壤是决定场区栽培适应状况、灌溉、排水等基本条件的重要因素。对于现代高密度种植作物而言，需要精确而又迅速地达到施肥效果，选用沙土则比较适合。在现代多数温室，为了防止连作障碍和土传病，均采用基质无土栽培，则可充分利用土质恶劣的土地。

（3）水源　场地内水源包括地表水系和地下水两种形式。充足且满足生产需求的水源是温室生产的必需条件，同时也要考虑场地内排水能力。

三、总体布局

总体布局涉及园区的各个组建要素，要合理组合，精密搭配，使整个园区形成一个有机的整体。

1. 分区规划　分区规划是农业园区规划的重要部分，其目的是对园区的各个项目进行合理布局，满足不同生产功能和降低投资，也可以科学地组织游人在园区内开展各项活动。同时，根据园区所在地的自然条件尽可能因地、因时、因物而制宜，结合各功能分区本身的特殊要求，以及各区之间的相互关系，农业园区与周围环境之间的关系来进行分区规划。

综合性的农业园区可分为6个区，即生产区、引种示范区、销售区、加工储藏区、观光休闲区、管理服务区，各区布局方案见表2－6。

表2－6　典型的分区和布局方案

分区	用地要求	构成系统	功能导向
生产区	土壤、气候条件较好，有灌溉、排水设施	果树、蔬菜、花卉、茶生产、各类农业作物生产；林业、园林苗木生产区；渔业生产区	以农业生产为主，生产高品质农产品；可以作为农业生产观赏区
引种示范区	土壤、气候条件较好，有灌溉、排水设施	良种引进、实验；农业科技示范；科普示范	园区的可持续发展基地；农业展示区
销售区	临园区主干道或出入口区	采摘、直销；民间工艺作坊	直接销售；游客参与区
加工储藏区	土地平整，位于园区边缘或边角，可设专用出入口	农产品加工车间，贮藏库	园区内部区域，加工车间可部分对游客开放
观光休闲区	以丰富的地形、地貌地段为佳	观赏型农田、瓜果园；珍稀动物饲养；花卉苗圃；乡村住宅及活动场地	农业科技展示、农业观光、营造游人深入其中的乡村生活空间，参与体验，实现交流
管理服务区	位于园区中央或主出入口	园区日常事务管理，对外宣传服务	服务园区的日常事务，接待游客

图2－18为一农业园区的分区规划图。该园区以设施为主体，包括六大功能区，即工厂化育苗区、设施农业高新技术展示区、新优品种展示区、品种选育创新区、休闲体验餐饮区和园区管理服务中心。

2. 管理及配套件建筑的布局　一定规模的温室生产，除了温室建筑以外，还包括一些辅助建筑和辅助设施。这些建筑一般包括管理区建筑、生产辅助建筑和设施两大类。管理区建筑往往由办公用房、员工生活用房、食堂、培训用房等构成，是园区管理人员办公、休息、交流的场所。生产辅助建筑和设施包括水电暖的设施与建筑、加工包装场地和建筑、仓库、控制室、消毒室、催芽室等。

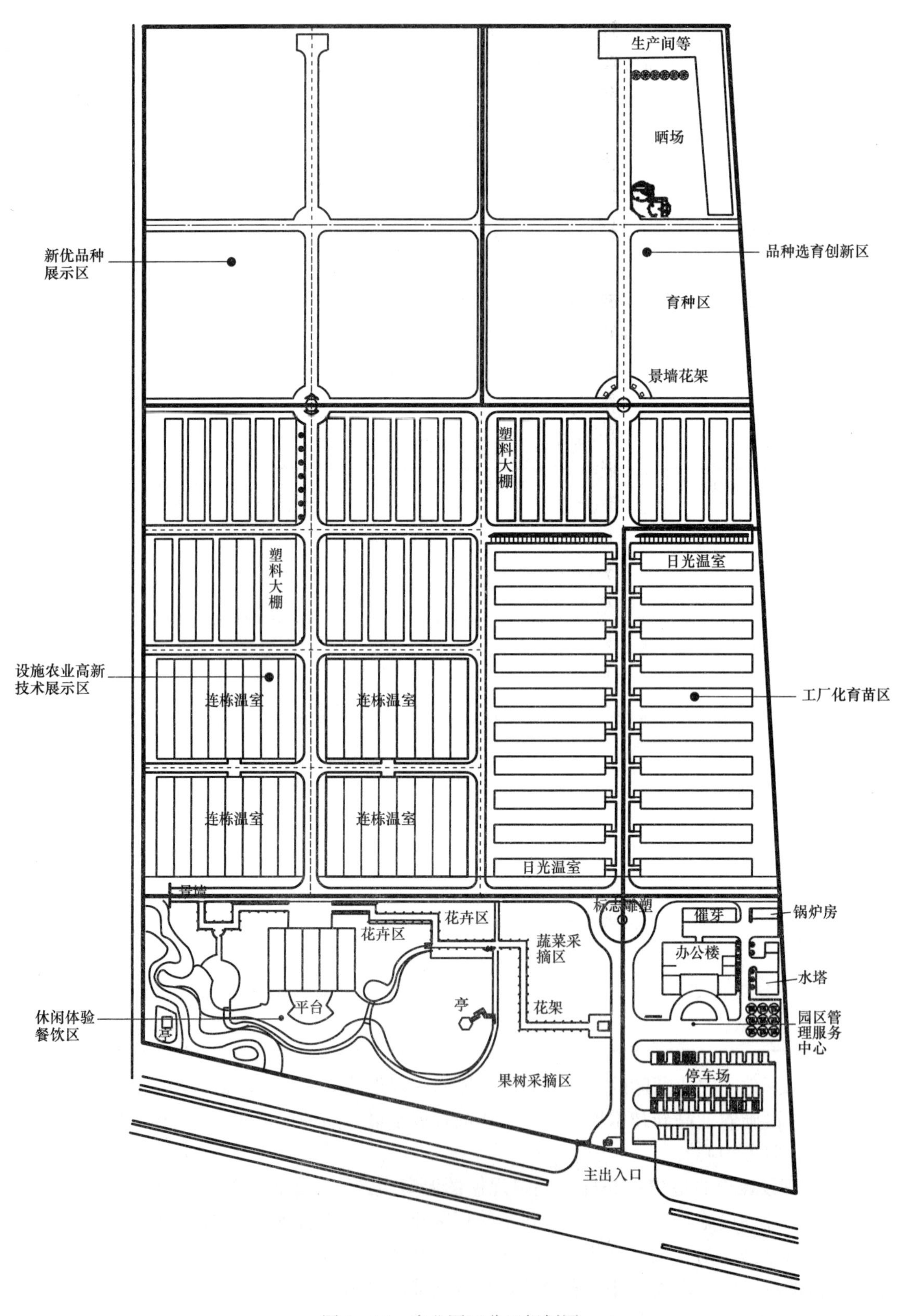

图 2-18　农业园区分区规划图

这部分建筑应结合总体规划统一安排，其位置的选择尽量方便生产和管理，但又要相对集中，节约土地，减少对温室布局的影响。管理区一般尽量安排在场地的中部或结合主出入口处，位于园区的中部可以减小其服务半径，方便和各个生产区的联系；位于主出入口处方便对外交流和联系，但对大型园区则管理不方便。

3. 温室尺寸　各类温室都有相对的尺度，其长、宽、高都影响温室的总体布局。反过来，场地的总体布局，尤其是道路网的规划也制约和影响着温室的尺寸。往往温室布局时受到场地大小、现状道路的影响，温室的尺寸只能结合场地进行调整，但其尺寸应该在有利于生产的合理范围内变化。

4. 温室方位及间距　温室方位一般按照当地条件尽量选择合理走向，其走向影响着整体场地的交通、管网布局。温室的间距也是以满足生产为主和节约土地的原则进行安排。

5. 场地竖向规划　竖向规划的目的是结合现状拟定场地的竖向布局方案，从而有效地组织排水，初步确定土方量，确定各部分的设计标高。

竖向规划在设施农业园区内主要解决排水问题。排水分两种，一种是通过地下管线，一种是自然排水。通过地下管线根据基地周边的排水管线情况确定排水的最不利点，要保证这一点的排水管的最小覆土，通过这些初步确定室外地坪的最低标高。自然排水一般主要依靠园区内道路排水，首先道路的标高点设计要满足道路规范的最大和最小纵坡的要求，其次要保证基地内道路的排水可以通过自流的方式流出。

对于地势变化较大的园区，还要注意标高对温室间距的影响。

6. 场地道路广场规划　园路联系着不同的分区、建筑、活动设施，有组织交通、引导游览的功能。园路按其功能、宽度可分为主干道、次干道、小道、专用道等。

（1）主干道　主干道是园区的一级道路，连接主出入口，通往园区各个功能区、主要活动建筑设施。设计时要求方便生产和参观，能快速到达各大功能区，并且尽可能形成环道，避免走回头路。道路宽 6～8 m，纵坡在 8%以下，横坡为 1%～4%。

（2）次干道　次干道是园区的二级道路，是各个功能区的主要道路。要求与主干道合理交接，过渡自然。道路宽 3～4 m，最大纵坡为 15%。

（3）小道　小道是园区的三级道路，是方便生产和为游人提供的散步道，宽 1.2～2 m。

（4）专用道　专用道是园区内的特殊道路，如通往管理区、农用场地、仓库等区的道路，一般根据作为车辆通行还是步行来设计路面铺装材料和宽度。

两条园路交叉或从一干道分出两条小路时，必须产生交叉口。两条主干道相交时，交叉口应作扩大处理，作正交方式，形成小广场，以方便行车、行人。小路应斜交，但不应交叉过多，两个交叉口不宜太近，要主次分明，相交角度不宜太小。丁字交叉口是视线的焦点，可点缀风景。在生产区和示范区的道路应尽可能采用正交，以便使因道路而划分的地块方方正正，有利于生产，同时正交的道路也有利于车辆交通。

道路设计必然与园区内的建筑和广场相连。从某种意义讲，广场就是道路的扩大部分，建筑就是道路的末端和终点。一般农业园区的广场包括出入口广场、园区内游憩广场、建筑前的疏散广场和一些交叉路口广场等。出入口广场和建筑前广场的主要功能是疏散人流，应满足进出人流的交汇、集散、逗留、等候、服务等功能要求的客观需要。园路主要目的是疏导游人，组织游人游赏览。而作为游园的重要目的不单在游线——园路上观赏，还要停下来，一是室内观赏，二是室外观赏。而游憩广场就是应游人静态的赏景要求而设置的。这类广场的设计一般较为丰富，可以设置一些园林建筑、园林小品，如水池、喷泉、假山、雕塑等，再进行合理的植物配置，组成开朗、优美、可聚集一定量游人、可开展游赏活动的广场。

7. 场地管网规划 设施农业园区设施生产涉及给排水、供暖、供电等一系列的管网，所以管网综合是场地布局的重要内容之一。管网规划就是协调各种室内外管线的敷设，合理进行场地管线综合布局，并具体确定各种管线的地上和地下走向、平行敷设顺序、管线间距、架设高度或埋设深度，避免相互干扰。

设施农业园区内管网的敷设一般多采用地下布置，并且与道路相伴，这样可以避免管线的机械损伤，安全可靠，有利于降低运营成本和能耗，有助于卫生和环保，使场地地面干净、整洁，便于形成良好的地上景观。管网的规划与道路、温室布局息息相关，合理的道路布局、同类温室相对集中式的布局都有利于缩短管网长度，减少能耗，节约生产成本。

8. 场地种植规划 种植规划是农业观光园区内的特色规划。根据我国植被的分类，栽培植物包括草本类型、木本类型和草本木本间作这三大类型。草本类型包括大田作物型（旱地作物与水田作物）和蔬菜作物型两类。木本类型包括经济林型、果园型和其他人工林型。草本木本间作类型包括农林间作型与农果间作型。

种植规划应坚持传统、科学的农业生产形式，结合园区赏景需求进行。在纯生产区，应以方便管理、有利于作物生产、有利于提高土地利用率的原则进行规划，一般多为田字形布局；在以示范、观光为目的的作物区应考虑游客欣赏的需要，道路可以多样性，曲线、直线型均可，而且道路系统的密度可适当大些，保证游客能看到园区内所展示的植物；在生态林区植物的种植安排可以以自然式为主，模仿生态群落来设计种植，其间道路应以小道、曲道为主，道路系统应合理安排，占地比例应小，不影响植物群落的发展。

复习思考题

1. 温室的分类方法很多，结合生产实践，生产中常用的温室分类有哪些？这些类型各有何特点？
2. 什么是温室？它的基本功能有哪些？
3. 日光温室和连栋温室的规格包括哪些方面？其常用参数有哪些？
4. 温室选型的基本原则是什么？
5. 日光温室的间距、朝向如何选择？日光温室内部空间特点与布局有什么关联？
6. 连栋温室的朝向、间距如何选择？结合生产内容，内部如何布局？
7. 温室的立面、剖面设计能反映温室的哪些特点？其基本参数有哪些？
8. 以温室为主的农业园区的总体布局包括哪些方面？各个方面在规划时应注意哪些问题？
9. Venlo 型温室有哪些基本参数？

第三章　温室荷载

荷载是作用在温室结构上的所有外力，是温室结构强度和稳定性计算的前提。荷载包括永久荷载、可变荷载和偶然荷载。与民用建筑不同，温室建筑基本不考虑楼面活荷载和屋面积灰荷载，但存在作物吊重等特殊荷载，而且温室建筑对风雪荷载比较敏感，局部的阵风作用将有可能造成温室结构的破坏。由于温室的围护材料为透光覆盖材料，材料的热阻小，导热能力强，因此，温室屋面一般不会堆积陈雪，一次性降雪也可能由于温室的加温而部分融化，事实上减轻了温室的雪荷载。由于温室建筑的破坏对人身安全和财产损失造成的影响较小，所以，温室建筑设计中基本不考虑爆炸、地震等偶然荷载。充分理解和掌握温室荷载的特点，对合理选取和确定温室设计荷载具有重要意义。

第一节　荷载分类与取值

一、荷载的概念

荷载是指施加在建筑结构上的各种作用。结构上的作用是指能使结构产生效应（结构或构件的内力、应力、应变、位移、裂缝等）的各种原因的总称。由于常见的能使结构产生效应的原因，多数可归结为直接作用在结构上的力集（包括集中力和分布力），因此习惯上都将结构上的各种作用统称为荷载（也有称为载荷或负荷）。但如温度变化、材料的收缩和徐变、地基变形、地面运动等作用不是直接以力集的形式出现，而习惯上也以“荷载”一词来概括，称之为温度荷载、地震荷载等，这就混淆了两种不同性质的作用。为了区别这两种不同性质的作用，根据《建筑结构设计统一标准》中的术语，将这两类作用分别称为直接作用和间接作用。这里讲的荷载仅等同于直接作用。在温室结构设计中，除了考虑直接作用外，也要根据实际可能出现的情况考虑间接作用。

二、温室结构上作用荷载的分类

1. 按荷载性质分类　按荷载的性质分，直接作用在温室结构上的荷载分为永久荷载、可变荷载和偶然荷载 3 类。

（1）*永久荷载*　永久荷载又称恒载，是指结构使用期间，其值不随时间变化，或其变化与平均值相比可忽略不计，或其变化是单调的并能趋于极限的荷载，如温室、大棚结构的自重，温室透光覆盖材料的自重，温室结构上安装的各种附属设备（包括加热、降温、遮阳、灌溉、通风、补光等永久性设备）的自重，土压力，水压力，预应力等。

（2）*可变荷载*　可变荷载又称活载，是指结构使用期间，其值随时间变化且其变化与平均值相比不可忽略的荷载，主要有风荷载、雪荷载、作物荷载、楼面活荷载、屋面活荷载和积灰荷载、竖向集中荷载（工作人员维修荷载）、可变设备荷载（室内吊车、屋面清洗设备等）。

（3）*偶然荷载*　偶然荷载是指结构使用期间不一定出现，一旦出现，其值很大且持续时间很短的荷载，如爆炸力、撞击力、地震力等。

土压力和预应力作为永久荷载是因其均随时间单调变化且能趋于极限，其标准值为其可能出现的最大值。对于水压力，水位不变时为永久荷载，水位变化时为可变荷载。

温室建筑多为单层建筑，本身不产生积灰，规划中也不应安排在产生大量粉尘的工业建筑附近，所以，楼面活荷载和屋面积灰荷载基本不出现。

2. 按荷载作用的方式分类 荷载作用的方式包括荷载作用的方向、荷载的分布状况等。

（1）*按荷载作用方向分类* 荷载分为垂直荷载和平行荷载。垂直荷载是指垂直作用在结构表面上的荷载，如风荷载等；平行荷载是指平行作用在结构表面上的荷载，如吊车刹车荷载等。

在结构计算中，经常将作用在结构上不同方向的荷载分解，转换为垂直和平行于地球表面的荷载，前者称为竖直荷载，后者称为水平荷载。

（2）*按荷载分布状况分类* 荷载分为集中荷载和分布荷载。

① 集中荷载：当作用荷载在结构构件上分布范围远小于构件的长度时，便可简化为作用于一点的集中力，这个集中力称为集中荷载，如悬挂在温室屋架下弦杆上的环流风机对下弦杆形成的作用力、检修人员在温室天沟上行走时对天沟的作用力等。集中荷载常用 P 表示，单位为 kN。

② 分布荷载：是沿结构构件的长度或部分长度连续分布的荷载。分布荷载的大小和分布方式，以作用在构件单位长度上的荷载值，即荷载集度来表示，按荷载集度在构件长度上的分布是否等于常量而分别称为均布荷载和非均布荷载。温室结构设计中常见的非均布荷载主要有三角形分布荷载和梯形分布荷载。均布荷载一般用 q 表示，单位为 kN/m^2 或 kN/m。对于作用在屋面、墙面等作用面上的面荷载，在结构计算时，一般按结构构件承载面积转化为作用在构件长度上的线分布荷载。

结构设计时，构件上经常有不连续分布的实际荷载，而且又不满足集中荷载的条件，这种情况下，一般采用等效均布荷载代替。所谓等效均布荷载系指在结构上所得的荷载效应与实际的荷载效应保持一致的均布荷载。

三、荷载取值方法

荷载大小是结构设计的基本依据。取值过大则结构粗大，浪费材料，还增加阴影，影响作物采光；取值过小，经不起风雪袭击，而发生损坏倒塌，对生产和人身安全造成严重后果。因此，确定设计荷载是一项慎重而周密的工作。

（一）荷载取值的基准期

确定荷载的大小是一件复杂的工作，因为设计采用荷载的大小与实际建设和运行中所产生的荷载具有很强的不一致性。例如，对于结构自重等永久荷载，虽可事先根据结构的设计尺寸和材料密度得出其自重，但由于施工时的尺寸偏差、材料重力密度变化等原因，以致实际自重并不完全与计算结果相吻合。至于可变荷载，其中的不确定因素就更多了。实际结构设计中，荷载取值如果偏大，结构的安全性保证了，但经济性却降低了，也就是建造的成本加大了。安全性和经济性是矛盾统一体的两个方面，协调这一矛盾又与国家的经济实力、建筑结构对人身安全的影响程度以及建筑物运行期间所产生的经济效益等诸多因素关联。我国《建筑结构荷载规范》，2002 年 3 月之前的风、雪荷载按 30 年一遇取值，2002 年 3 月之后按 50 年一遇取值，重要建筑物按 100 年一遇取值。这种变化首先就是我国国力不断强大的一种体现，具有强制性。

这里讲的“多少年一遇”，即为荷载取值的设计基准期，又称为荷载重现期。设计基准期是针对可变荷载而提出的，永久荷载由于在结构整个使用期内没有变化或趋于稳定，所以不存在设计基准期的问题。

荷载的设计基准期和温室结构的设计使用期限（或寿命）是两个不同的概念，前者是仅为确定可变荷载设计值而规定的荷载出现的概率统计期限；而后者则是包括承载能力之内的各种影响安全的因素综合作用的结果。一般荷载取值的设计基准期要大于温室结构设计使用寿命（年限）。

我国工业与民用建筑设计采用的《建筑结构荷载规范》对风、雪荷载给出了10年、50年和100年设计基准期的取值，同时也给出了任意设计基准期内荷载的换算方法，但没有明确荷载取值的设计基准期与建筑结构的使用寿命之间的关系。这是因为工业与民用建筑的结构类型繁多，使用功能也差异很大，决定使用寿命的因素很多，不能也不可能用荷载取值的设计基准期去规定建筑结构的使用寿命。

温室是一种特殊类型的建筑结构，风雪荷载基本主导着结构的安全性。所以探讨荷载取值的设计基准期与温室结构的标准使用年限之间的关系就很有意义。在这方面日本设施园艺协会制定的《园艺设施结构安全标准》给出了明确的答案。该标准规定结构设计采用风荷载、雪荷载，由标准使用年限及安全系数界定荷载统计的基准年限，然后根据该基准年限来决定基本风压和基本雪压。其中基准期、安全度和标准使用年限存在下式的关系：

$$T=(1-q^{1/R})^{-1} \tag{3-1}$$

式中　T——风荷载或雪荷载的设计基准期（年）；

q——安全度（保证率，%）；

R——标准使用年限（年）。

若取标准使用年限为15年，安全度为50%（小规模），则风、雪荷载的设计基准期为22年；同样是使用年限为15年，安全度若为70%（大规模），则风、雪荷载的设计基准期为43年。这说明日本的园艺设施在结构设计中，不仅考虑了使用年限的因素，而且考虑了温室规模的因素，这就提醒人们在温室设计时，应考虑温室的规模和使用年限等因素，不能一概而论地都取30年或20年同一基准期。表3-1和表3-2列出了不同温室形式标准使用年限、安全度与重现期之间的关系。

表3-1　标准使用年限与安全度的关系

温室类型	标准使用年限（年）	安全度（%）		温室类型	标准使用年限（年）	安全度（%）	
		小规模	大规模			小规模	大规模
玻璃温室	20	50	70	塑料简易温室	10	50	70
塑料节能温室	15	50	70	塑料拱棚	5	50	50

表3-2　安全度、标准使用年限与重现期的关系

安全度（%）	标准使用年限（年）			
	5	10	15	20
50	8	15	22	30
70	15	30	43	57

（二）温室设计荷载取值方法

确定设计荷载的基本方法是调查研究和必要的数理统计，经过整理、分析、归纳，确定出一个合理的取值。《建筑结构荷载规范》（GB 50009—2001）中对工业与民用建筑中常见的荷载都给出了具体的取值。但由于目前我国尚无针对温室结构设计的荷载规范，而温室建筑又确有一些特殊的荷载在一般工业与民用建筑中不会出现，因而在 GB 50009—2001 中没有规定，如作物荷载、拉幕荷载等，温室结构设计应在尽可能尊重和使用 GB 50009—2001 的基础上，利用其荷载取值方法，确定温室结构设计中的特殊荷载；对一些类同的荷载，应结合实际情况和已有设计经验，对 GB 50009—2001 中的给定值进行必要的修正或折减后再使用。

GB 50009—2001 中规定，在结构设计中，对不同荷载应采用不同的代表值。所谓荷载代表值就是在结构设计中用以验算极限状态所采用的荷载量值，荷载代表值有标准值、组合值、频遇值和准永久值 4 种。同时规定，永久荷载应采用标准值作为代表值；可变荷载应根据设计要求采用标准值、组合值、频遇值或准永久值作为代表值；偶然荷载应按建筑结构使用的特点确定其代表值。荷载设计值是荷载代表值与荷载分项系数的乘积。

1. 荷载标准值 荷载标准值是荷载的基本代表值，为设计基准期内最大荷载统计的特征值（例如均值、众值、中值或某个分位值），即建筑结构在使用期间的正常使用条件下，所允许采用的和可能出现的最大荷载值，或使用和生产中的控制荷载。由于荷载本身的随机性，因而使用期间的最大荷载也是随机变量，原则上也可用它的统计分布来描述。我国《建筑结构可靠度设计统一标准》（GB 50068—2001）规定，荷载标准值统一由设计基准期最大荷载概率分布的某个分位值来确定。因此，对某类荷载，当有足够资料而有可能对其统计分布作出合理估计时，可在其设计基准期最大荷载的分布上，根据协议的百分位，取其分位值作为该荷载的代表值，原则上可取分布的特征值（例如均值、众值或中值）。

永久荷载的标准值，对结构自重，可按结构构件的设计尺寸和材料单位体积的密度计算确定。对于密度变异较大的材料和构件（如现场制作的保温材料、混凝土薄壁构件等），自重的标准值应根据对结构的不利状态，取上限值或下限值。可变荷载的标准值根据可变荷载的性质分别确定。

2. 荷载组合值 荷载组合值是对可变荷载而言的，使组合后的荷载效用在设计基准期内的超越概率，能与该荷载单独出现时的相应概率趋于一致的荷载值；或使组合后的结构具有统一规定的可靠指标的荷载值。可变荷载的组合值是当结构承受两种以上可变荷载时，按承载能力极限状态基本组合及正常使用极限状态短期效应组合设计采用的荷载代表值。这是考虑到两种或两种以上可变荷载在结构上同时作用时，由于所有荷载同时达到其单独出现的最大值的可能性极小，因此取小于其标准值的组合值为荷载的代表值。可变荷载的组合值应为可变荷载标准值乘以荷载组合系数。

3. 荷载频遇值 荷载频遇值是对可变荷载而言的，在设计基准期内，其超越的总时间为规定的较小比率或超越频率为规定频率的荷载值。

4. 荷载准永久值 荷载准永久值是对可变荷载而言的，在设计基准期内，其超越的总时间约为设计基准期一半的荷载值。

5. 荷载分项系数 荷载分项系数是在荷载标准值已给定的前提下，使按极限状态设计表达式设计所得的各类结构构件的可靠指标，与规定的目标可靠指标之间，在总体上误差最小为原则，经优化后确定的。荷载分项系数应根据荷载不同的变异系数和荷载的具体组合情况（包括不同荷载的效应比），以及与抗力有关的分项系数的取值水平等因素确定，以使在不同设计情况下的结构可靠度能趋于一致。

GB 50009—2001 规定，可变荷载的分项系数一般取 1.4；永久荷载的分项系数按下述规定选取：

当其效应对结构不利时：对由可变荷载效应控制的组合，取 1.2；对由永久荷载效应控制的组合，取 1.35。

当其效应对结构有利时：一般情况下，取 1.0；对结构的倾覆、滑移或漂浮验算时，取 0.9。

第二节　永久荷载

永久荷载指温室永久性结构或非结构元件的自重，包括墙体、屋架、覆盖材料和所有的固定设备。对温室结构材料的重量，可用永久荷载的标准值乘以分项系数获得。对于设备的重量，可按其设备运行期间的实际重量计算。永久荷载包括建筑结构或非结构元件自重、永久设备荷载等。

一、结构或非结构构件自重

1. 建筑结构自重　建筑结构自重根据用材种类和选取的构件截面面积乘以材料密度计算，表 3－3 列出了部分温室结构建筑材料的密度。

表 3－3　温室常用建筑结构材料重力密度

名称	钢材	铝合金	水泥砂浆	钢筋混凝土	水泥空心砖	焦渣空心砖	蒸压粉煤灰砖
重力密度（kN/m³）	78.5	28	20	24～25	10.3	10	14.0～16.0
名称	矿渣砖	焦渣砖	烟灰砖	加气混凝土	泡沫混凝土	机制普通砖	聚苯乙烯泡沫塑料
重力密度（kN/m³）	18.5	12～14	14～15	5.5～7.5	4～6	190	0.5
名称	水	木材	卵石	灰砂砖	煤渣砖	石棉板	聚氯乙烯板（管）
重力密度（kN/m³）	10	5～7	16～18	18	17～18	13	13.6～16
名称	彩色钢板夹聚苯乙烯保温板			GRC 增强水泥聚苯复合保温板			彩色钢板岩棉夹心板
重力密度（kN/m³）	0.12～0.15			1.13			0.24

2. 透光覆盖材料自重　根据覆盖材料种类及其相应的自重计算。表 3－4 列出了部分温室透光覆盖材料的自重。

表 3－4　温室常用透光覆盖材料自重

材料名称	玻璃			PC 板			塑料薄膜
	5 mm 单层	4 mm 单层	双层中空	8 mm 中空	10 mm 中空	1 mm 浪板	0. 2 mm 厚
自重（N/m²）	125	100	250	15	17	12	2

二、作物荷载

作物荷载指悬挂在温室结构上的作物自重对温室结构所产生的荷载。由于温室内经常种植一些攀缘植物，需要用绳子或钢丝等柔性材料将其悬挂到温室屋面或屋架结构等部位；也有一些育苗或花卉生产温室经常将盆花直接悬挂在温室的结构上。不论采用什么样的悬挂方式，植物的自重都将对温室结构产生荷载。

1. 作物荷载的大小 作物荷载的大小与所栽培的作物品种、作物的生长时期、吊挂方式等有关。由于种植的作物种类不同，果实的数量、大小、植物茎蔓的长度有很大区别，从而使需吊挂植物的重量也不同。作物在生长初期由于没有结果，因而重量比较轻，随着植物的生长和果实的出现、生长，植物吊重不断增大，一般在作物生育高峰期或收获前达到最大值。因此，作物吊重荷载与其生长时期有关。作物吊重荷载还与作物吊挂方式有关，有些温室中采用将悬挂绳直接吊挂在屋架构件上，有些温室中将一个方向中的所有植物均吊在一根绳上，再挂到温室端部墙面，由此引起作物荷载的作用位置和作用大小都不相同。温室作物吊重荷载还与吊挂点的设置有关，吊挂点的布置不同，每个吊绳所承受的荷载也不同，吊挂点对温室的组合荷载也不同。所以，不同的吊挂方式将影响到温室结构的受力，在设计悬挂方式时，应考虑结构安全因素，使结构设计更合理。

作物荷载是温室的特有荷载。若悬挂在温室结构上的作物荷载持续时间超过 30 d，则作物荷载应按照永久荷载考虑，表 3-5 列出了不同品种作物的吊挂荷载。结构计算中应明确作物荷载的吊挂位置和荷载作用的杆件。

表 3-5 作物荷载标准值

作物种类	番茄、黄瓜	轻质容器中的作物	重质容器中的作物
荷载标准值（kN/m^2）	0.15	0.30	1.00

2. 作物荷载在结构上的作用方式与作用位置

(1) 盆栽作物独立吊挂 花卉生产温室或育苗温室中，经常在温室的下弦杆上吊挂花盆等盆栽植物。如果是吊挂轻质容器，可以将作物荷载转化为线荷载均匀分布在温室的下弦杆上；如果是重质容器，则应将荷载转化为集中荷载，作用在下弦杆或设计吊挂点上，必要时应对吊挂点进行加强设计。

(2) 垄栽作物吊线悬挂 番茄、黄瓜等垄栽作物在温室中生产时，经常采用水平吊线悬挂。对南北走向连栋温室采用南北走向垄栽时，一般将水平吊线的两端固定在两侧山墙的水平横梁上，对于长度较长或作物荷载较大的温室，为了避免两侧山墙上水平横梁承受过大的拉力引起横梁甚至整个山墙产生过大的变形，往往在两侧山墙上单独设计作物吊挂梁。采用水平线吊挂时，在水平线的固定处将发生张力（图 3-1）。所以，设计时除考虑竖直荷载外，还应考虑悬挂线两端固定处的水平集中荷载。其中，集中荷载按下式计算：

$$T=\frac{ql^2}{8d^2}\sqrt{1+\frac{16d^2}{l^2}} \tag{3-2}$$

$$H=\frac{ql^2}{8d} \tag{3-3}$$

$$N=\frac{ql}{2} \tag{3-4}$$

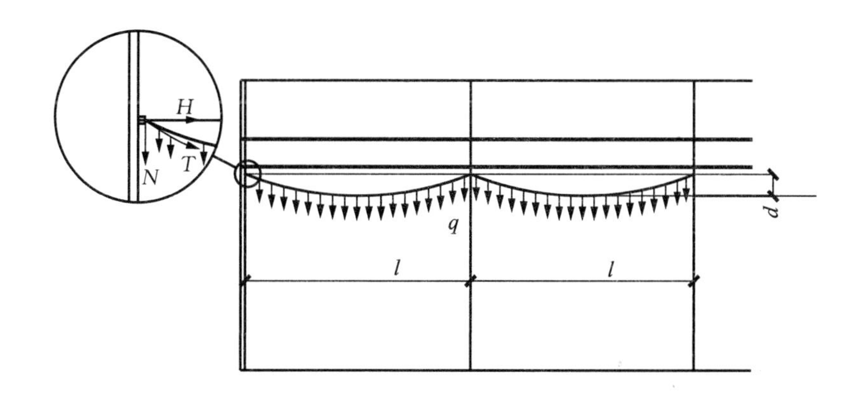

图 3-1 水平吊线上的张力

式中 T——吊挂线所受张力（kN）；

H——水平方向分力（kN）；

N——竖直方向分力（kN）；

q——单位长度吊挂线上的作物荷载（kN/m）；

l——吊挂线两吊点之间的距离（m）；

d——吊挂线设计水平下垂的距离（m）。

由式（3-3）可以看出，d 和 H 成反比，如果 d 减少一半，H 就要增加 2 倍，亦即随着吊线下垂度的减小，水平拉力将成倍增加，所以在设计中水平吊线不能拉得太紧。

（3）树式栽培作物荷载　近年来，在大型连栋温室形成的观光或科普教育温室中经常种植番茄树、黄瓜树等各种树式栽培作物，由于每株栽培作物占用面积较大，且荷载分布很不均匀，目前还没有统一的荷载取值方法，设计中应根据经验取值，并单独设计支撑体系，避免将其直接吊挂在温室主体结构上。

三、永久设备荷载

永久设备荷载指诸如采暖、通风、降温、补光、遮阳、灌溉等永久性设备的荷载。

1. 压力水管　采暖系统和灌溉系统中供回水主管如果悬挂于结构上时，其荷载标准值取水管装满水和不装水时的自重分别按不利荷载组合计算。

2. 遮阳保温系统　遮阳保温系统的荷载按材料自重计算竖直荷载，并按托/压幕线或驱动线数量按照公式（3-2）计算拉线张力，并分解为水平和竖直集中作用力，作用到拉幕梁上。材料的自重应按供货商提供的数据，一般室外遮阳网的重量为 0.25 N/m^2，室内遮阳幕的重量为 0.1 N/m^2，托幕线的重量为 0.1 N/m，如果室内采用无纺布作保温材料，其相应规格有 1.00 N/m^2、1.65 N/m^2、1.80 N/m^2、2.00 N/m^2 和 3.50 N/m^2。

在计算条件不充分的条件下，托/压幕线水平方向最小作用力按如下考虑：

托/压幕线：500 N/根；驱动线：1 000 N/根。

荷载计算中要考虑遮阳保温幕展开和收拢两种状态下的荷载组合。

3. 喷灌系统　喷灌系统采用水平钢丝绳悬挂时，除考虑供水管装满水和空管两种状态下的竖直荷载外，还应按公式（3－2）计算每根钢丝的张力对结构的作用力。在资料不充分时，水平方向最小作用力按 2 500 N 计算。当采用自行走式喷灌车灌溉时要考虑将荷载的作用点运动到结构承载最不利的位置。喷灌车的自重咨询供货商，资料不足时每台车按 2 kN 的竖向荷载计算。

4. 人工补光系统 补光系统设备的自重由供货商提供。400 W 农用钠灯（含镇流器和灯罩）的重量按 0.1 kN 计。

5. 通风降温系统 通风及降温系统设备自重由供货商提供。湿帘安装在温室骨架上时，按全部湿帘打湿考虑；风机安装在屋顶或由墙面构件承载时，除考虑静态荷载外，还要考虑风机启动时的振动荷载。

温室内永久设备荷载难以确定时，可以按照 70 N/m^2 的竖向均布荷载采用。

第三节　屋面可变荷载

一、屋面可变荷载

GB 50009—2001 规定，不上人屋面水平投影面上的屋面均布可变荷载为 0.5 kN/m^2，上人屋面为 2.0 kN/m^2。这一规定适合于日光温室的操作间和后屋面设计。

不上人屋面，当施工或维修荷载较大时，应按实际情况采用；对不同结构应按有关设计规范的规定，将标准值作 0.2 kN/m^2 的增减。上人的屋面，当兼作其他用途时，应按相应用途楼面可变荷载计算。对于因屋面排水不畅、堵塞等引起的积水荷载，应采用构造措施加以防止；必要时，应按积水的可能深度确定屋面可变荷载。

连栋温室的屋面，一般为不上人屋面，其屋面均布荷载是一种控制荷载，其水平投影面上的屋面均布可变荷载，可取 0.3 kN/m^2 的标准值。

二、施工和检修荷载

设计屋面板、檩条、天沟、钢筋混凝土挑檐、雨篷和预制小梁时，施工或检修荷载（人和小工具的自重）应取 1.0 kN，并应在最不利位置处进行验算。对于轻型构件，当施工荷载超过上述荷载时，应按实际情况验算，或采用加垫板、支撑等临时设施承受。

当计算挑檐、雨篷等结构的承载力时，应沿板宽每隔 1.0 m 取一个集中荷载；在验算挑檐、雨篷倾覆时，应沿板宽每隔 2.5～3.0 m 取一个集中荷载。

当采用荷载准永久组合时，可不考虑施工和检修荷载。

第四节　风 荷 载

一、风荷载的特点

风是一种无规律的突发和平息交替的气流，它与地面的摩擦及由于气流绕许多障碍物（树木、结构物等）流动而形成巨大的旋涡，因而风具有旋转性。对于建筑物，风并不是经常作用的，因而从统计学意义来讲，风荷载是偶然性的气象荷载，是随机变量。

对于建筑物的承载结构，是根据风压稳定情况下的静压作用这一假设来计算风荷载的。通常情况下，摩擦力影响很小，因此可以说空气静力主要是由于气流中的流线，为了绕越温室建筑而必须改变其速度和方向而引起的。风荷载计算中，没有附加考虑空气动力作用的影响，因为在大多数情况下其值很小，在温室结构设计中可忽略不计。

风荷载的大小还与温室周围地面的粗糙程度，包括自然地形、植被以及现有建筑物有关。气流掠过粗糙的地面时，地面的粗糙度越大，气流的动能消耗越大，风压与风速的削弱亦越明显。在温室周围空旷地面进行绿化后，不论种植乔木或灌木，对温室都有不同程度的避风作用，使得气流在地面的摩擦力以及树冠的摇动上消耗一部分动能，削弱了气流对温室的冲击力，降低了风压。在建筑物比较密集地区建造温室时，应该考虑周围建筑物的避风作用。

山区中由于地形的影响，风荷载的大小也有变化。山间盆地、谷地由于四面高山对大风有屏障作用，因此风荷载都有所减少。而谷口、山口由于两岸山比较高，气流由敞开区流入峡谷，流区产生压缩，因此风荷载会增大，这种情况在高大建筑群中设计温室时也会出现。

垂直于温室大棚等建筑物表面、单位面积上作用的风压力称为风荷载。风荷载与风速的平方成正比，与作用高度、建筑物的形状、尺寸有关。

二、风荷载标准值计算方法

垂直于建筑物表面的风荷载标准值，当计算主要承重结构时，按式（3－5）计算，当计算围护结构构件时，按式（3－6）计算。

$$W_k = \beta_z \mu_s \mu_z I^2 W_0 \tag{3-5}$$

$$W_k = \beta_{gz} \mu_s \mu_z I^2 W_0 \tag{3-6}$$

式中　W_k——风荷载标准值（kN/m^2）；

β_z——高度 z 处的风振系数；

β_{gz}——高度 z 处的阵风系数；

μ_s——风荷载体形系数；

μ_z——风压高度变化系数；

I——结构重要性系数；

W_0——基本风压（kN/m^2）。

1. 基本风压　一个地区的基本风压可以通过查询当地气象部门的气象数据，按照数理统计的方法求出，也可以根据温室建设用户对温室的抗风能力要求而求得。

（1）*查找气象数据法*　GB 50009—2001 给出了全国各气象台站在不考虑结构重要性系数条件下，重现期分别为 10 年、50 年和 100 年 10 m 高空处时距为 10 min 平均风速下的基本风压值，见表 3－6。温室设计中可根据温室的实际设计使用寿命，按式（3－7）换算出计算结构的设计基本风压。

$$x_R = x_{10} + (x_{100} - x_{10})\left(\frac{\ln R}{\ln 10} - 1\right) \tag{3-7}$$

式中　R——重现期（年）；

x_R、x_{10}、x_{100}——分别代表设计重现期为 R 年、10 年和 100 年的基本风压值。

表 3-6 结构设计基本风雪荷载数据表

城市	地理纬度			基本风压（kN/m^2）			基本雪压（kN/m^2）			雪荷载准永久值系数分区
	海拔高度	经度	纬度	$n=10$	$n=50$	$n=100$	$n=10$	$n=50$	$n=100$	
北京	54.0	116°09′	39°48′	0.30	0.45	0.50	0.25	0.40	0.45	Ⅱ
天津	3.3	117°04′	39°05′	0.30	0.50	0.60	0.25	0.40	0.45	Ⅱ
上海	2.8	121°48′	31°10′	0.40	0.55	0.60	0.10	0.20	0.25	Ⅲ
重庆	259.1	106°29′	29°31′	0.25	0.40	0.45				
石家庄	80.5	114°25′	38°02′	0.25	0.35	0.40	0.20	0.30	0.35	Ⅱ
太原	778.3	112°33′	37°47′	0.30	0.40	0.45	0.25	0.35	0.40	Ⅱ
呼和浩特	1 063.0	111°41′	40°49′	0.35	0.55	0.60	0.25	0.40	0.45	Ⅱ
沈阳	42.8	123°31′	41°44′	0.40	0.55	0.60	0.30	0.50	0.55	Ⅰ
吉林	183.4	126°28′	43°57′	0.40	0.50	0.55	0.30	0.45	0.50	Ⅰ
哈尔滨	142.3	126°46′	45°45′	0.35	0.55	0.65	0.30	0.45	0.50	Ⅰ
济南	51.6	117°03′	36°36′	0.30	0.45	0.50	0.20	0.30	0.35	Ⅱ
南京	8.9	118°48′	32°00′	0.25	0.40	0.45	0.40	0.65	0.75	Ⅱ
杭州	41.7	120°10′	30°14′	0.30	0.45	0.50	0.30	0.45	0.50	Ⅲ
合肥	27.9	117°18′	31°47′	0.25	0.35	0.40	0.40	0.60	0.70	Ⅱ
南昌	46.7	115°55′	28°36′	0.30	0.45	0.55	0.30	0.45	0.50	Ⅲ
福州	83.8	119°17′	26°05′	0.40	0.70	0.85				
西安	397.5	108°59′	34°18′	0.25	0.35	0.40	0.20	0.25	0.30	Ⅱ
兰州	1 517.2	103°53′	36°03′	0.20	0.30	0.35	0.10	0.15	0.20	Ⅱ
银川	1 111.4	106°13′	38°29′	0.40	0.65	0.75	0.15	0.20	0.25	Ⅱ
西宁	2 261.2	101°45′	36°43′	0.25	0.35	0.40	0.15	0.20	0.25	Ⅱ
乌鲁木齐	917.9	87°39′	43°47′	0.40	0.60	0.70	0.60	0.80	0.90	Ⅰ
郑州	110.4	113°39′	34°43′	0.30	0.45	0.50	0.25	0.40	0.45	Ⅱ
武汉	23.3	114°08′	30°37′	0.25	0.35	0.40	0.30	0.50	0.60	Ⅱ
长沙	44.9	113°05′	28°12′	0.25	0.35	0.40	0.30	0.45	0.50	Ⅲ
广州	6.6	113°20′	23°10′	0.20	0.50	0.60				
南宁	73.1	108°13′	22°38′	0.25	0.35	0.40				
海口	14.1	110°15′	20°00′	0.45	0.75	0.90				
成都	506.1	104°01′	30°40′	0.20	0.30	0.35	0.10	0.10	0.15	Ⅲ
贵阳	1 074.3	106°44′	26°35′	0.20	0.30	0.35	0.10	0.20	0.25	Ⅲ
昆明	1 891.4	102°39′	25°00′	0.20	0.30	0.35	0.20	0.30	0.35	Ⅲ
拉萨	3 658.0	91°08′	29°40′	0.20	0.30	0.35	0.10	0.15	0.20	Ⅲ

不同类型温室荷载设计的重现期可按其标准使用年限（表 3-7）结合安全度要求，按表 3-2 确定。

表 3-7　我国温室设计的标准使用年限

温室型式	塑料大棚	日光温室	塑料温室	玻璃温室	PC 板温室
标准使用年限（年）	5～10	15～20	15～20	25～30	25～30

温室属于轻型结构，特别是塑料连栋温室，覆盖材料抵抗屋面风吸力的能力较低，而且骨架的整体刚度一般不大，因此，对瞬时的最大风速比较敏感。实践证明，往往在数秒之内的大风就可以将温室覆盖材料破坏，显然用 10 min 平均风速对温室结构来讲是偏于不安全的。建议温室设计时，温室对风荷载敏感的部位，应把瞬时最大风速作为一个验算标准。由于瞬时风荷载作用是短暂的，而温室结构是弹性很高的钢结构，在瞬时风荷载卸除后，结构自身的残余变形很小（如果在材料的屈服点下卸载，残余变形约为 0.2%），因此，在验算风荷载敏感部位时，可取材料的屈服强度作为设计强度。

如果当地没有瞬时最大风速统计资料，可将 10 min 平均最大风速折算成瞬时最大风速，见表 3-8。

表 3-8　瞬时最大风速与 10 min 平均最大风速换算关系

地点	回归方程	30 m/s 风速比值	地点	回归方程	30 m/s 风速比值
京津塘沽	$v_{10}=0.65v_i+0.50$	1.500	福建	$v_{10}=0.63v_i+1.00$	1.508
云贵高原	$v_{10}=0.70v_i-1.66$	1.551	上海	$v_{10}=0.69v_i-1.38$	1.533
广东	$v_{10}=0.73v_i-2.80$	1.571	浙江	$v_{10}=0.70v_i-0.10$	1.435
四川	$v_{10}=0.66v_i+0.80$	1.456	渤海海面	$v_{10}=0.75v_i+1.00$	1.277

注：表中 v_{10} 为 10 min 平均最大风速；v_i 为瞬时最大风速。

（2）按照风速计算　给出建设地区的设计风速，按照公式（3-8）计算设计基本风压。

$$w_0=\frac{1}{2}\rho v_0^2 \tag{3-8}$$

式中　w_0——基本风压（kN/m^2）；

ρ——空气密度（t/m^3）；

v_0——风速（m/s）。

标准空气的密度为 1.25 kg/m^3，当采用风杯仪测量风速时，应考虑空气密度的变化，一般可近似按照海拔高度确定：

$$\rho=0.001\,25e^{-0.000\,1z} \tag{3-9}$$

式中　e——水汽压（kPa）；

z——海拔高度（m）。

当采用标准空气近似计算时，基本风压与风速的关系可表示为

$$w_0=\frac{v_0^2}{1\,600} \tag{3-10}$$

（3）根据风力级别计算　如果用户提出温室设计的抗风级别要求，查表 3-9 可得到对应的风速和设计基本风压。

表 3-9　根据风力级别计算风速和基本风压

风级	风名	相当风速（m/s）	相当基本风压（kN/m²）	地面上物体的象征
0	无风	0～0.2	0(0.00)	炊烟直上，树叶不动
1	软风	0.3～1.5	0(0.00)	风信不动，烟能表示方向
2	轻风	1.6～3.3	0(0.01)	脸感觉有微风，树叶微响，风信开始转动
3	微风	3.4～5.4	0(0.02)	树叶及微枝摇动不息，旌旗飘展
4	和风	5.5～7.9	0.05(0.04)	地面尘土及纸片飞扬，树的小枝摇动
5	清风	8.0～10.7	0.10(0.07)	小树摇动，水面起波
6	强风	10.8～13.8	0.15(0.12)	大树枝摇动，电线“呼呼”作响，举伞困难
7	疾风	13.9～17.1	0.20(0.18)	大树摇动，迎风步行感到阻力
8	大风	17.2～20.7	0.30(0.27)	可折断树枝，迎风步行感到阻力很大
9	烈风	20.8～24.4	0.40(0.37)	屋瓦吹落，稍有破坏
10	狂风	24.5～28.4	0.50(0.50)	树木连根拔起或摧毁建筑物，陆上少见
11	暴风	28.5～32.6	0.65(0.66)	有严重破坏力，陆上很少见
12	飓风	32.7～36.9	0.85(0.85)	摧毁力极大，陆上极少见
13	台风	37.0～41.4	1.10(1.07)	
14	强台风	41.5～46.0	1.35(1.33)	
15	强台风	46.1～50.9	1.65(1.62)	
16	超强台风	51.0 以上	1.65	

注：基本风压为根据公式（3-10）计算，并按照 0.05 的级差进行调整后的数据，（）内数据为按照公式（3-10）计算的实际结果。

2. 结构重要性系数　结构重要性系数主要反映温室在产生破坏的情况下对人身安全、经济损失和社会造成影响的程度，其取值参照表 3-10 确定，对沿海 160 km 以内的地区，可采用线性内插法。

表 3-10　温室结构风荷载计算重要性系数 I

温室类型	距海岸线 160 km 以上	沿海台风多发地区
允许公众进入的零售温室	1.00	1.05
其他温室	0.95	1.00

3. 风压高度变化系数　风压高度变化系数根据温室建设地区的地形条件和距离地面或海平面的位置确定。对于拱屋面或坡屋面温室，在主体结构强度计算中，屋面风压高度变化系数按“温室平均高度”计算，“温室平均高度”是指室外地面到温室屋面中点的高度，即温室檐高与屋面矢高一半的和；在计算围护结构构件强度时，风压高度变化系数墙面构件按屋檐高度计算，屋面构件按屋脊高度计算。

① 对于平坦或稍有起伏的地形，风压高度变化系数根据地面粗糙度类型按表 3-11 确定。地面粗糙度是风在到达建筑物以前吹越过 2 km 范围内的地面时，描述该地面上不规则障碍物分布状况的等级，分为 A、B、C、D 四类：A 类指近海海面和海岛、海岸、湖岸及沙漠地区；B 类指田野、乡村、丛林、丘陵以及房屋比较稀疏的乡镇和城市郊区；C 类指有密集建筑群的城市市区；D 类指有密集建筑群且房屋较高的城市市区。

表 3-11　风压高度变化系数

离地面或海平面高度（m）	地面粗糙度类别				离地面或海平面高度（m）	地面粗糙度类别			
	A	B	C	D		A	B	C	D
5	1.17	1.00	0.74	0.62	50	2.03	1.67	1.25	0.84
10	1.38	1.00	0.74	0.62	60	2.12	1.77	1.35	0.93
15	1.52	1.14	0.74	0.62	70	2.20	1.86	1.45	1.02
20	1.63	1.25	0.84	0.62	80	2.27	1.95	1.54	1.11
30	1.80	1.42	1.00	0.62	90	2.34	2.02	1.62	1.19
40	1.92	1.56	1.13	0.73	100	2.40	2.09	1.70	1.27

② 对于山区地形，如图 3-2，风压高度变化系数可在平坦地面粗糙度类别的基础上，考虑地形条件进行修正。

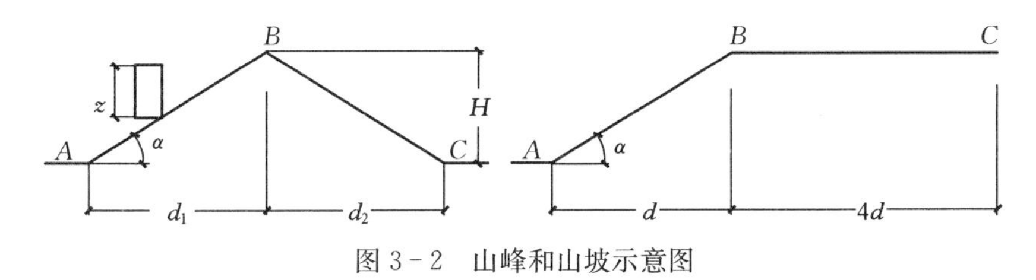

图 3-2　山峰和山坡示意图

山峰处（图 3-2 的 B 点）修正系数为

$$\eta_B=\left[1+k\tan\alpha\left(1-\frac{z}{2.5H}\right)\right]^2 \tag{3-11}$$

式中　α——山峰或山坡在迎风面一侧的坡度，当 $\tan\alpha>0.3$ 时，取 $\tan\alpha=0.3$；

k——系数，对山峰取 3.2，对山坡取 1.4；

H——山顶或山坡全高（m）；

z——温室结构风荷载计算位置离地面的高度（m）。

山峰或山坡的其他部位，A、C 两点修正系数 η 取 1，其他部位在 $A(C)$、B 间插值。

③ 对山间盆地、谷底等闭塞地形，风压高度变化系数为平坦地面粗糙度类别的基础上附加 0.75～0.85 的修正系数，而与风向一致的谷口或山口，附加修正系数取 1.20～1.50。

④ 对于建设在远海海面或海岛的温室，风压高度变化系数在平坦地面 A 类粗糙度的基础上，再附加海岛修正系数，见表 3-12。

表 3-12　远海海面或海岛温室风压高度变化系数的修正系数

距海岸距离（km）	<40	40～60	60～100
修正系数 η	1.0	1.0～1.1	1.1～1.2

4. 风荷载体形系数　温室主体结构强度和稳定性计算时，不同外形温室的风荷载体形系数按表 3-13。

计算围护结构构件及其连接件的强度时，按下列规定采用局部风压体形系数：外表面正压区按表 3-13，外表面负压区墙面 $\mu_s=-1.0$，墙角边 $\mu_s=-1.8$，屋面局部（周边和屋面坡度大于 10°的屋脊部位）$\mu_s=-2.2$，檐口、雨棚、遮阳板等突出构件 $\mu_s=-2.0$，屋面其他部位按表 3-13，墙角边和屋面局部的位置取 2 m 宽度，如图 3-3；温室内表面的风荷载体形系数根据外表面体形系数的正负情况按不利原则考虑，取 $\mu_s=\pm0.2$。

表 3-13　温室风荷载体形系数

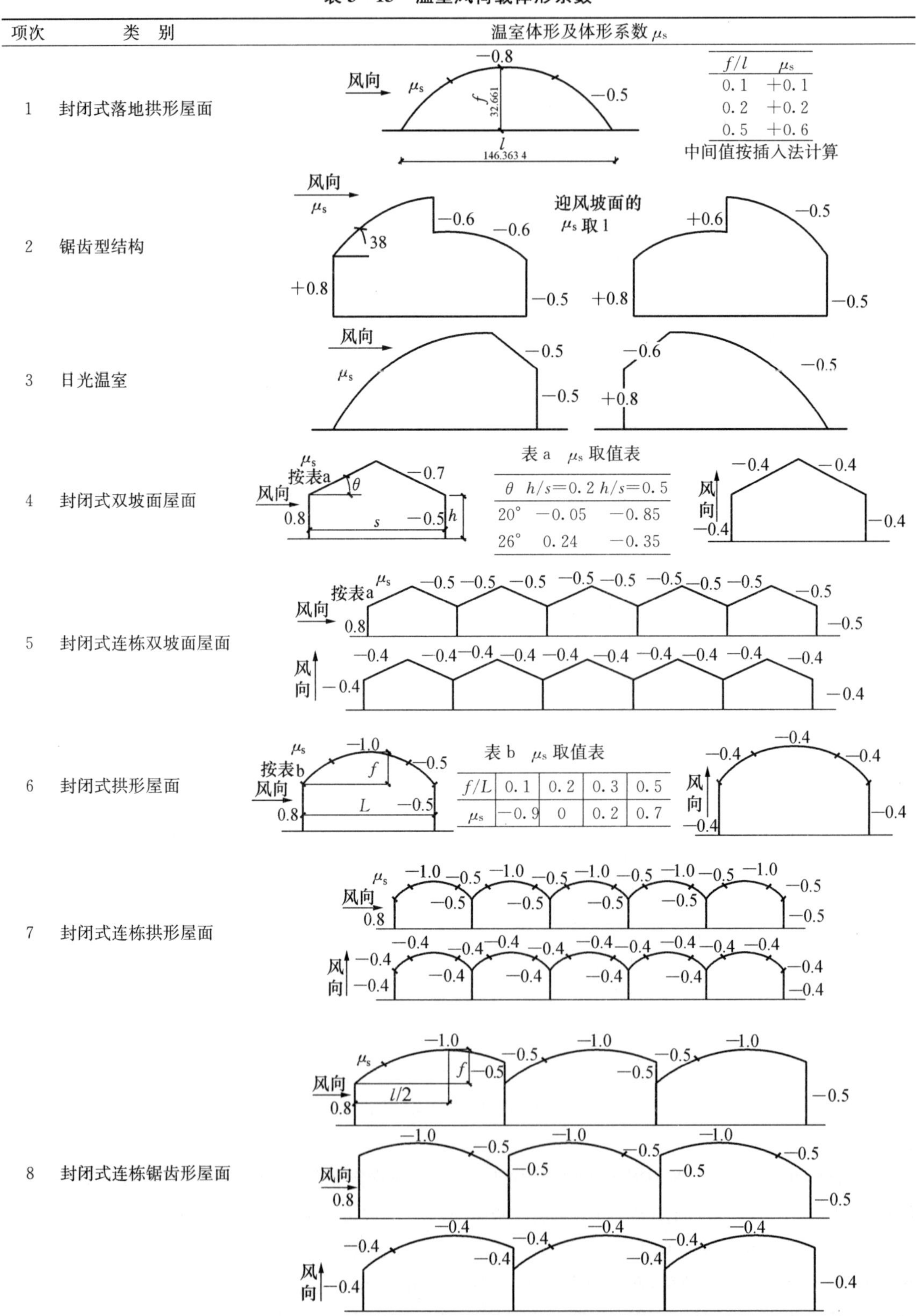

项次	类　别	温室体形及体形系数 μ_s
1	封闭式落地拱形屋面	
2	锯齿型结构	
3	日光温室	
4	封闭式双坡面屋面	
5	封闭式连栋双坡面屋面	
6	封闭式拱形屋面	
7	封闭式连栋拱形屋面	
8	封闭式连栋锯齿形屋面	

f/l	μ_s
0.1	+0.1
0.2	+0.2
0.5	+0.6

中间值按插入法计算

表 a　μ_s 取值表

θ	h/s=0.2	h/s=0.5
20°	-0.05	-0.85
26°	0.24	-0.35

表 b　μ_s 取值表

f/L	0.1	0.2	0.3	0.5
μ_s	-0.9	0	0.2	0.7

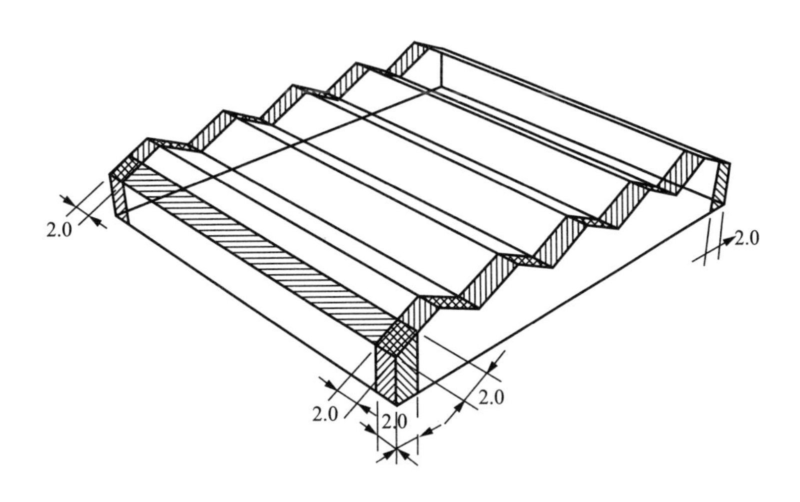

图 3-3　建筑物局部附加风载（单位：m）

5. 阵风系数　计算围护结构风荷载的阵风系数根据温室高度和地面粗糙度，按表 3-14 确定。

表 3-14　温室围护结构风荷载阵风系数

离地面或海平面高度（m）	地面粗糙度类别				离地面或海平面高度（m）	地面粗糙度类别			
	A	B	C	D		A	B	C	D
5	1.69	1.88	2.30	3.21	50	1.51	1.58	1.73	2.01
10	1.63	1.78	2.10	2.76	60	1.49	1.56	1.69	1.94
15	1.60	1.72	1.99	2.54	70	1.48	1.54	1.66	1.89
20	1.58	1.69	1.92	2.39	80	1.47	1.53	1.64	1.85
30	1.54	1.64	1.83	2.21	90	1.47	1.52	1.62	1.81
40	1.52	1.60	1.77	2.09	100	1.46	1.51	1.60	1.78

6. 风振系数　温室建筑一般高度小于 10 m，风振系数 β_z 取 1.0，即不考虑风振的影响。

第五节　雪 荷 载

一、雪荷载的特点

雪荷载的大小，主要取决于依据气象资料而得的各地区降雪量、屋面的几何尺寸等因素。我国大部分地区处在温带，一般地区降雪期不到 4 个月。积雪比较严重的包括东北、内蒙古、新疆、青海等地区，冬季严寒时间长，温度低，积雪厚；华北、西北地区冬季严寒时间较长，温度亦低，但水汽不足，降雪量并不大；长江中下游及淮海流域，冬季严寒时间虽不长，有时一冬无雪，但有时遇到寒流南下，温度较低，水汽充足时可降很大的雪；华南、东南两地区冬季很短，降雪很少，其中一大部分为无雪地区。因此，雪荷载的确定，应从各地区实际的气象条件出发，合理取值。

在确定温室的雪荷载时，应考虑已建成温室的设计与使用实践经验，查明与分析其他温室因积雪过多而坍塌或发生永久性变形过大的原因，实测各种情况下积雪量大小与积雪分布的情况，为确定基本雪荷载提供比较完整的资料。

温室建筑结构设计所需的是屋面雪荷载，而人们可以从气象部门得到的是地面雪压的资料，如何将地面雪压转换成屋面积雪是一个比较复杂的问题，因为屋面雪荷载受温室朝向、屋面形状、采暖条件、周围环境、地形地势、风速、风向、人工清雪等因素影响。建议在取得实际资料之前，屋面雪荷载暂按地面雪压减少10%处理。

温室屋面上的雪荷载除直接降落到温室自身屋面的积雪形成的屋面基本雪荷载外，还可能有高层屋面向温室低层屋面的飘移积雪和滑落积雪形成的局部附加雪荷载。

二、屋面基本雪荷载

屋面基本雪荷载就是作用在温室结构屋面水平投影面上的雪压，其标准值计算如下：

$$S_k = S_0 \times \mu_r \times C_t \tag{3-12}$$

式中 S_k——屋面基本雪压标准值（kN/m^2）；

S_0——地面基本雪压（kN/m^2）；

C_t——加热影响系数；

μ_r——屋面积雪分布系数。

1. 地面基本雪压 GB 50009—2001给出了全国各气象台站测定的10年、50年和100年一遇的地面基本雪压值（表3-6）。温室结构设计中应根据温室结构的标准使用年限（表3-7）结合安全度要求，确定设计重现期，再按公式（3-7）换算成相应重现期的设计用基本雪压值。

当建设地点的基本雪压在规范中没有给出时，可根据当地年最大降雪深度计算：

$$S_0 = \rho g h \tag{3-13}$$

式中 ρ——积雪密度（t/m^3）；

g——重力加速度，取值为9.8 m/s^2；

h——积雪深度，指从积雪表面到地面的垂直深度（m）。

我国各地积雪平均密度按下述取用：东北及新疆北部为0.15 t/m^3；华北及西北为0.13 t/m^3，其中青海为0.12 t/m^3；淮河、秦岭以南一般为0.15 t/m^3，其中江西、浙江为0.20 t/m^3。

当地没有积雪深度的气象资料时，可根据附近地区规定的基本雪压和长期资料，通过气象和地形条件的对比分析确定。山区的雪荷载应通过实际调查后确定，当无实测资料时，可按当地邻近空旷地面的雪荷载乘以系数1.2采用。

需要注意的是，上述计算方法中，基本雪压是考虑了整个冬季的积雪。对于加温温室，往往是一次降雪后即迅速融化，温室屋面上基本不存在积雪，因此，在温室设计基本雪压选取中，如果能够获得当地一次最大降雪量的可靠数据，可依此为基准，代替GB 50009—2001中规定的基本雪压值进行计算。但在进行这种代替时还要考虑积雪密度，因为新雪与陈雪的密度差值可从 0.10 t/m³ 以下到 0.50 t/m³ 以上，主要取决于积雪时间和气候条件。对室内温度长期保持在 4 ℃以上的加温温室，屋面积雪可按新雪考虑，积雪深度与积雪密度之间的关系按表 3-15 换算。

表 3-15 新雪积雪深度与密度的关系

积雪深（cm）	<50	100	200	400
密度（对水平面）[kg/（cm·m²）]	1.0	1.5	2.2	3.5

2. 加热影响系数 研究表明，热屋面上的雪荷载比冷屋面上的低。由于大量的传热使得降雪能够很快融化，连续加温温室的玻璃或塑料屋面很少遭受大的雪荷载。

加热影响系数是针对屋面结构热阻很小的温室建筑提出的，对其他类型的保温屋面 C_t 取 1。温室由于透光覆盖材料的热阻较小，当室内温度较高时，热量会很快从透光覆盖材料传出，促使屋面积雪融化，进而造成屋面积雪分布的不同和数值变化。因此，温室加温方式对屋面雪荷载的影响必须加以考虑，并且加温方式的选择应该能代表温室整个使用寿命期内的实际发生状况。如不能确认其整个寿命期内的加温方式，则需按间歇加温方式选择采用。表 3-16 列出了不同透光覆盖材料温室屋面的加温影响系数。

表 3-16 不同屋面覆盖材料的加热影响系数 C_t

屋面覆盖材料类型	加热影响系数 C_t		屋面覆盖材料类型	加热影响系数 C_t	
	加热温室	不加热温室		加热温室	不加热温室
单层玻璃	0.6	1.0	多层塑料板	0.7	1.0
双层密封玻璃板	0.7	1.0	单层塑料薄膜	0.6	1.0
单层塑料板	0.6	1.0	双层充气塑料薄膜	0.9	1.0

3. 积雪分布系数 积雪分布系数根据温室结构的屋面形状按表 3-17 选取。

对于单坡屋面，规定屋面坡度大于 50°时，屋面积雪分布系数为 0，表示全部积雪都将自由滑落脱离屋面；当屋面坡度小于 25°时，自由滑落停止，屋面积雪分布系数为 1.0；屋面坡度为 25°～50°时，采用线性内插的方法确定屋面积雪分布系数。对于圆拱形屋顶，积雪自由滑落的起始点也规定为屋面切线的坡度为 50°处，与单坡屋面一致，屋面积雪分布系数按圆拱屋面的总跨度和总矢高之比的 1/8 取值，在整个作用范围内为单一值，同时规定该值不得大于 1.0 或小于 0.4，如果超出该范围，则按照上限或下限取值。

对双坡面单跨温室，屋面积雪分布系数除考虑均布荷载外，还应考虑迎风面积雪会被吹到背风面而形成非均布荷载，这种雪荷载的迁移按总积雪荷载的 25%计算。

对连栋温室，除屋面均布荷载外，还要考虑屋面凹处范围内会出现局部滑落积雪而产生的非均布荷载。GB 50009—2001 规定，凹屋面全范围内的非均布荷载统一按 0.4 倍地面均布荷载考虑，即屋面积雪分布系数为 1.4；而美国和欧洲等国在处理该非均布荷载时采用了三角形分布荷载，并规定了天沟处的最大荷载为地面均布荷载的 1.6 倍，到屋脊处，非均布荷载消失。从雪荷载分布的实际情况看，欧美的标准更结合实际，所以在表 3-17 中给出了欧美标准中的非均匀积雪分布系数，供研讨。

表 3-17 屋面积雪分布系数

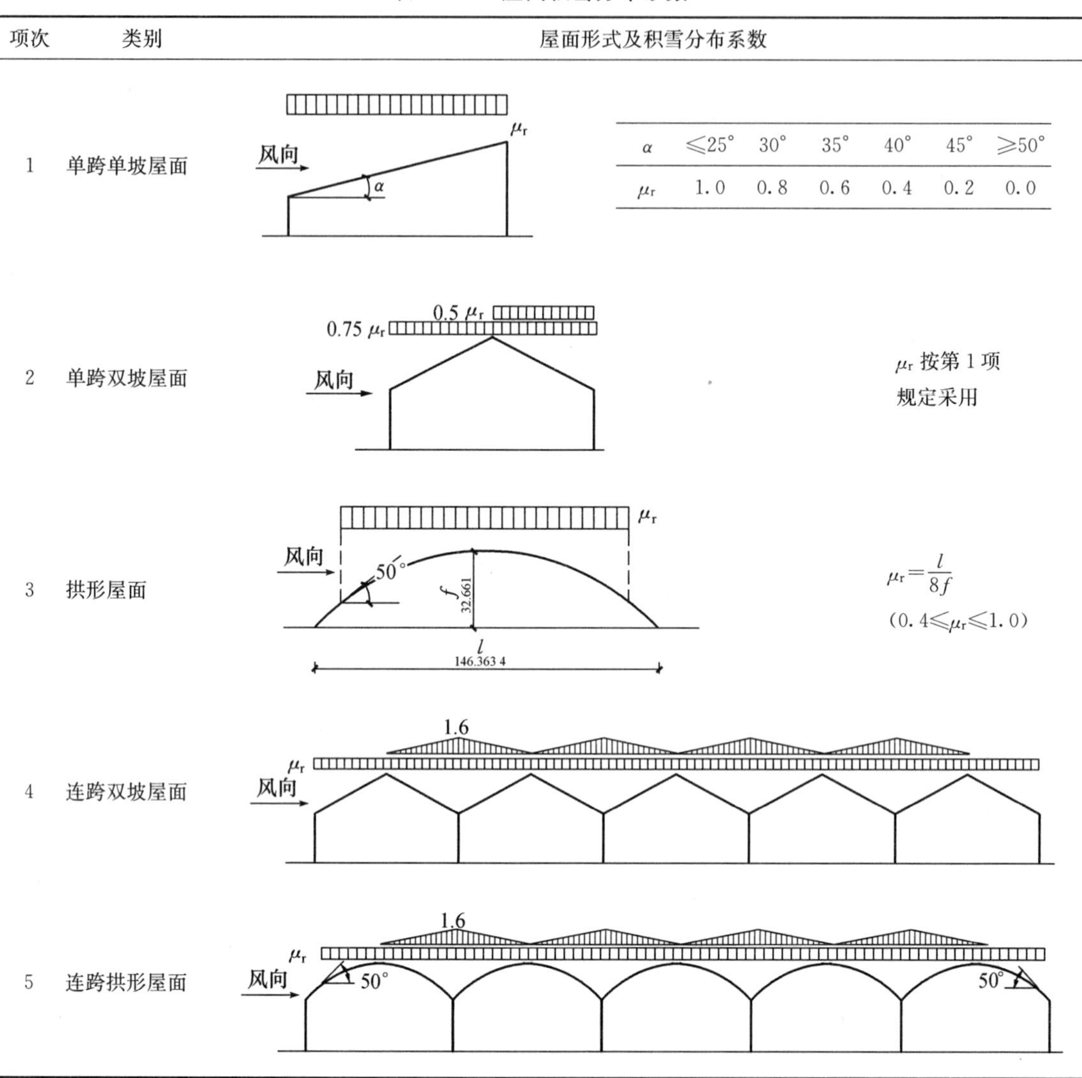

项次	类别	屋面形式及积雪分布系数
1	单跨单坡屋面	风向；μ_r；α
2	单跨双坡屋面	0.5 μ_r；0.75 μ_r；风向；μ_r 按第 1 项规定采用
3	拱形屋面	μ_r；风向；50°；f 32.661；l 146.363 4；$\mu_r=\frac{l}{8f}$ $(0.4\leqslant\mu_r\leqslant1.0)$
4	连跨双坡屋面	1.6；μ_r；风向
5	连跨拱形屋面	1.6；μ_r；风向；50°；50°

α	≤25°	30°	35°	40°	45°	≥50°
μ_r	1.0	0.8	0.6	0.4	0.2	0.0

注：第 2 项和第 4 项的 μ_r 按第 1 项采用；第 5 项的 μ_r 按第 3 项采用。

三、飘移积雪荷载

确定温室屋面的设计雪载时考虑局部的飘移雪载非常重要。飘移雪载可以由同一建筑物的高屋面造成，也可能是受 6 m 以内的相邻建筑物的积雪飘移而造成。因此，在现有高大建筑物周围 6 m 以内建造温室时，应充分考虑建筑物间的飘移积雪。

1. 联体建筑高屋面向低屋面的积雪飘移 我国北方地区建造连栋温室，从保温的角度考虑，经常在温室的北侧设计工作间或车间，而且往往是北侧建筑高度要高出温室建筑，我国北方地区冬季又主要盛行西北风，从工作间的高屋面向低屋面的温室屋面发生飘移积雪将不可避免。

GB 50009—2001 规定，高屋面向低屋面的附加飘移积雪荷载在紧邻高屋面的低屋面

4～8 m范围内按 2 倍于地面基本雪压的均布荷载计算，具体覆盖范围为高低屋面高差的 2 倍，超过 4～8 m 范围按上下限取值，即最短不小于 4 m，最长不大于 8 m，如图 3-4。

与我国不同，欧美国家在考虑高低屋面飘移积雪时，也采用了三角形分布的非均匀飘移雪载，如图 3-5 和图 3-6。其中飘移积雪的大小按照飘移积雪的深度和对应的积雪密度计算。

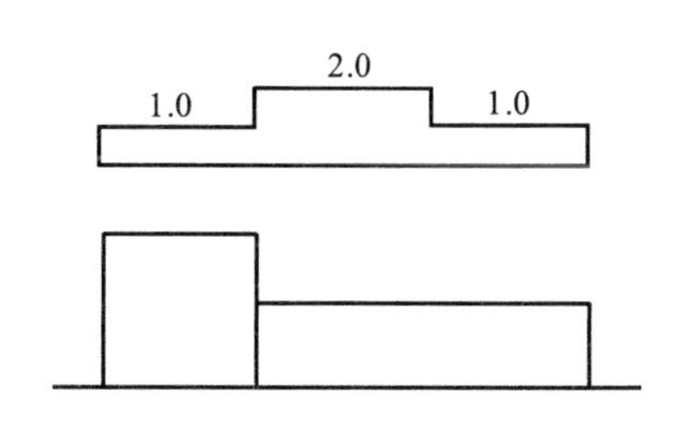

图 3-4　我国荷载规范对飘移积雪取值的规定

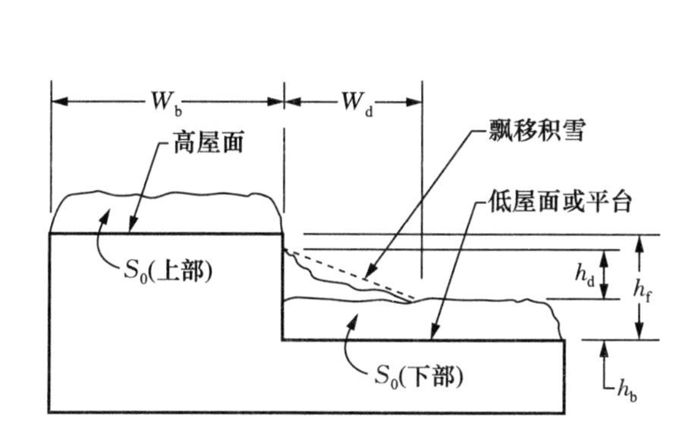

图 3-5　高低屋面飘移积雪

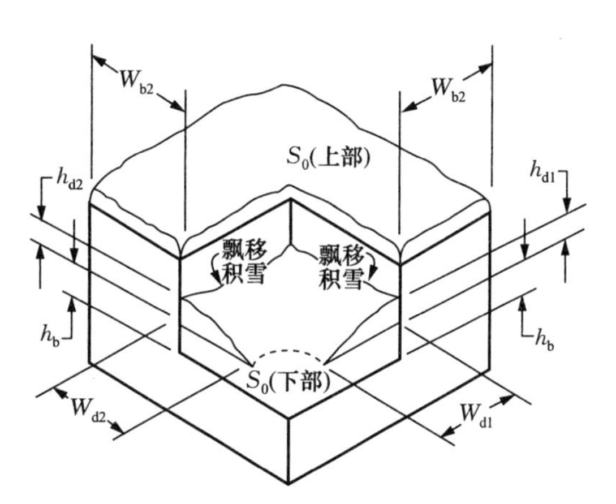

图 3-6　高屋面向平台的交叉积雪飘移

（1）*飘移积雪的覆盖范围与积雪深度*　如图 3-5，按照三角形几何分布，飘移积雪的最大深度 h_d 由高屋面的宽度 W_b 和地面基本雪压决定：

$$h_d = 0.074 W_b^{1/3} (S_0 + 479.7)^{1/4} - 0.457 \tag{3-14}$$

且

$$h_d \leqslant h_f - h_b \tag{3-15}$$

而飘移积雪分布的宽度为

$$W_d = \min\{4h_d,\ 4(h_f - h_b)\} \tag{3-16}$$

式中　h_d——飘移积雪最大深度（m）；

h_f——高低层屋面之间的高度差（m）；

h_b——低层屋面或地面上基本雪压对应的积雪深度（m）；

S_0——地面基本雪载（N/m^2）；

W_b——垂直于低层屋面的高层屋面的水平尺寸（m）；

W_d——飘移积雪的宽度（m）。

飘移积雪只有当

$$\frac{h_f - h_b}{h_d} > 0.2 \tag{3-17}$$

时才考虑，其中

$$h_b = \frac{S_0}{D} \tag{3-18}$$

式中　D——地面标准雪荷载的密度（kN/m³），按下式计算：

$$D=0.4265S_0+2.2 \quad 且 \quad D\leqslant 5.5\ \mathrm{kN/m^3} \tag{3-19}$$

（2）飘移积雪的雪压　飘移积雪最深处的最大积雪压力按下式计算：

$$S_m=D(h_d+h_b)\ 且\ S_m\leqslant Dh_f \tag{3-20}$$

式中　S_m——飘移积雪最深处的最大积雪压力（kN/m²）；

h_f——为高低屋面或平台之间的高度差（m）；

D——地面标准雪荷载的积雪密度（kN/m³）。

2. 相邻建筑高屋面向低屋面的积雪飘移

当低层温室的屋面与相邻高层温室或建筑屋面的距离不满 6 m 时，应考虑来自高层屋面的飘移积雪，如图 3－7。

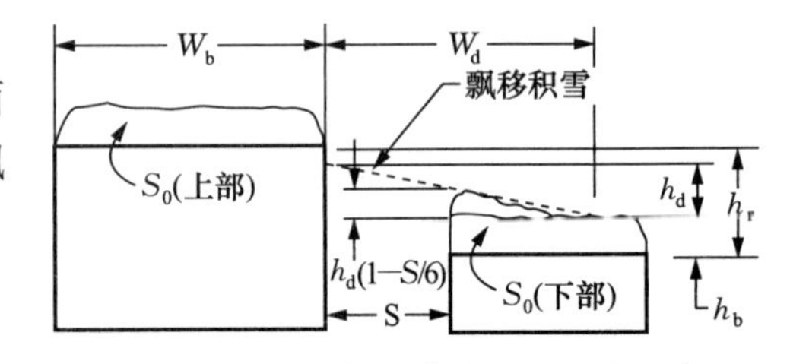

图 3－7　向相邻低建筑上的飘移积雪

从高层屋面飘移到低层屋面的积雪深度为

$$h=h_d\left(1-\frac{S}{6}\right) \tag{3-21}$$

式中　h——低层屋面上的最大积雪深度（m）；

h_d——不考虑建筑物之间的距离，按照公式（3－14）计算得到的最大积雪深度（m）；

S——为两栋建筑之间水平距离（m）。

飘移积雪的分布宽度 W'_d 为

$$W'_d=W_d-S \tag{3-22}$$

四、滑落积雪荷载

对积雪向低层屋面的滑落应尽量避免。如果实在难以避免，则要考虑对低层屋面的附加滑落雪载。积雪滑落最终位置与每个相关屋面的大小、位置和方向有关。滑落积雪的分布变化也很大。举例来说，如果两屋面之间有明显的垂直高差，滑落积雪可能为 1.5 m 左右宽的范围内分布；如果两屋面之间的高差只有几米，那么滑落积雪的均匀分布宽度可能达到 6 m。

在有些情况下，部分滑落积雪可能会清除低屋面上的积雪。尽管如此，在设计低层屋面时还是应该包括一定的滑落积雪荷载，以考虑积雪滑落时的动态效应。

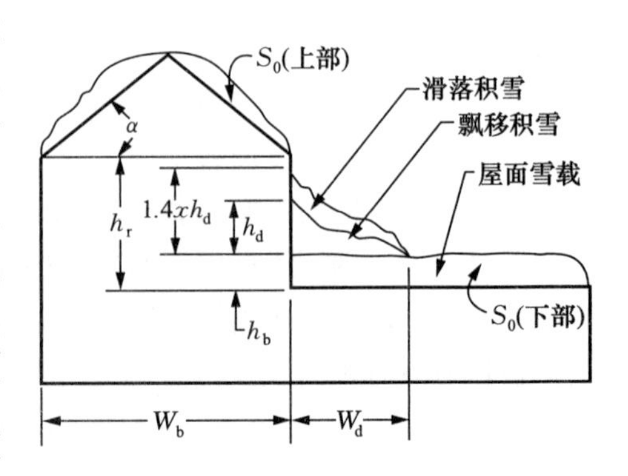

图 3－8　滑落积雪附加荷载

GB 50009—2001 没有对滑落积雪给出具体的计算方法，这里介绍的是美国温室制造业协会的推荐方法。当低层屋面位于坡度大于 20°的高层屋面之下且总飘移积雪高度（$h_f+0.4h_d$）不超过高层屋面的均布雪高（h_r+h_d）时，其设计雪载应增加 $0.4h_d$ 的厚度（图 3－8）。当高低屋面的水平距离 S 大于高差 h_r 或 6 m 时，可以不考虑滑落积雪。

第六节　荷载组合

一、荷载组合的要求

当结构上有两种或两种以上的可变荷载时，由于所有可变荷载同时达到其单独出现时可能达到的最大值的概率极小，因此，除主导荷载（产生最大效应的荷载）仍以其标准值为代表值外，其他伴随荷载均应采用小于其标准值的组合值为荷载代表值。

当整个结构或结构的一部分超过某一特定状态、不能满足设计规定的某一功能要求时，则称此特定状态为结构对该功能的极限状态。设计中的极限状态往往以结构的某种荷载效应，如内力、应力、变形、裂缝等超过相应规定的标志为依据。结构的极限状态在总体上分为承载能力极限状态和正常使用极限状态两大类。承载能力极限状态一般以结构的内力超过其承载能力为依据；正常使用极限状态一般以结构的变形、裂缝、振动等参数超过设计允许的限值为依据。

温室结构设计应根据使用过程中可能出现的荷载，按承载能力极限状态和正常使用极限状态分别进行荷载（效应）组合，并应取各自的最不利的效应组合进行设计。

承载能力极限状态采用荷载效应的基本组合或偶然组合，其表达式为

$$IS \leqslant R \tag{3-23}$$

式中　I——结构重要性系数；

S——荷载效应组合的设计值；

R——结构构件抗力的设计值，应按各有关建筑结构设计规范的规定确定。

对于正常使用极限状态，应根据不同的设计要求，采用荷载的标准组合、频遇组合或准永久组合，并按下列设计表达式进行计算：

$$S \leqslant C \tag{3-24}$$

式中　C——结构或构件达到正常使用要求的规定限值，例如变形、裂缝、振幅、加速度、应力等的限值，按各有关建筑结构设计规范规定采用。

二、荷载组合的方式

1. 基本组合　永久荷载和可变荷载的组合称为基本组合。荷载基本组合用于强度及稳定计算。

对于基本组合，荷载效应组合的设计值 S 应从下列组合中取最不利值确定。

（1）由可变荷载效应控制的组合　其设计值 S 按下式确定：

$$S = \gamma_G S_{GK} + \gamma_{Q_1} S_{Q_1 K} + \sum_{i=2}^{n} \gamma_{Q_i} \psi_{c_i} S_{Q_i K} \tag{3-25}$$

式中　S——荷载效应组合的设计值；

γ_G——永久荷载的分项系数，其效应对结构有利时取 1.0，反之取 1.2；

γ_{Q_i}——第 i 个可变荷载的分项系数，其中 γ_{Q_1} 为可变荷载 Q_1 的分项系数，一般取 1.4；

S_{GK}——按永久荷载标准值 G_K 计算的荷载效应值；

S_{Q_iK}——按可变荷载标准值Q_{iK}计算的荷载效应值，其中 S_{Q_1K}为诸可变荷载效应中起控制作用者；

ψ_{ci}——可变荷载 Q_i 的组合值系数，按不同种类可变荷载分别采用；

n——参与组合的可变荷载数。

式中 S_{Q_1K}为诸可变荷载效应中其设计值为控制其组合的最不利者，当设计者无法判断时，可依次以各可变荷载效应 S_{Q_iK}为 S_{Q_1K}，选其中最不利的荷载效应组合为设计依据。

（2）由永久荷载效应控制的组合　其设计值 S 按下式确定：

$$S = \gamma_G S_{GK} + \sum_{i=1}^{n} \gamma_{Q_i} \psi_{ci} S_{Q_iK} \tag{3-26}$$

式中各参数含义与式（3－25）相同，其中 γ_G 取值 1.35。

（3）一般排架、框架结构的设计值 S 的确定　对于一般排架、框架结构，由可变荷载效应控制的基本组合可采用简化规则，按式（3－27）和式（3－28）组合中的最不利条件确定：

$$S=\gamma_G S_{GK}+\gamma_{Q_1} S_{Q_1K} \tag{3-27}$$

$$S = \gamma_G S_{GK} + 0.9\sum_{i=1}^{n} \gamma_{Q_i} S_{Q_iK} \tag{3-28}$$

2. 标准组合　采用标准值或其组合值为荷载代表值的组合称为标准组合。荷载的标准组合用于变形计算，组合原则与基本组合相同，但在计算式中所有分项系数均取 1.0。即有：

$$S = S_{GK} + S_{Q_1K} + \sum_{i=2}^{n} \psi_{ci} S_{Q_iK} \tag{3-29}$$

3. 频遇组合　对可变荷载采用频遇值或准永久值为荷载代表值的组合称为频遇组合。它是永久荷载标准值、主导可变荷载的频遇值与伴随可变荷载的准永久值的效应组合。其荷载效应组合的设计值 S 按下式计算：

$$S = S_{GK} + \psi_{f_1} S_{Q_1K} + \sum_{i=2}^{n} \psi_{qi} S_{Q_iK} \tag{3-30}$$

式中　ψ_{f1}——可变荷载 Q_1 的频遇值系数；

ψ_{qi}——可变荷载 Q_i 的准永久值系数。

频遇组合主要用于正常使用极限状态设计时检验荷载的短期效应。

4. 准永久组合　对可变荷载采用准永久值为荷载代表值的组合称为准永久组合。其荷载效应组合的设计值 S 按下式计算：

$$S = S_{GK} + \sum_{i=1}^{n} \psi_{qi} S_{Q_iK} \tag{3-31}$$

5. 偶然组合　由永久荷载、可变荷载和一个偶然荷载作用的组合称为偶然组合。对于偶然设计状况（包括撞击、爆炸、火灾事故的发生），均应采用偶然组合进行设计。由于偶然荷载的出现是罕遇事件，它本身发生的概率极小，因此，对偶然设计状况，允许结构丧失承载能力的概率比持久和短暂状态可大些。考虑到不同偶然荷载的性质差别较大，目前还难以给出具体、统一的设计表达式，设计中应由专门的标准规范规定。

三、组合值系数

GB 50009—2001 规定，各种组合条件下的组合值系数见表 3－18。

表 3-18 不同组合条件下的组合值系数

可变荷载		组合值系数 Ψ_c	频遇值系数 Ψ_f	准永久值系数 Ψ_q	
屋面可变荷载	不上人屋面	0.7	0.5	0	
	上人屋面	0.7	0.5	0.4	
风荷载		0.6	0.4	0	
雪荷载		0.7	0.6	Ⅰ类区	0.5
				Ⅱ类区	0.2
				Ⅲ类区	0

复 习 思 考 题

1. 作用在温室结构上的荷载有几种？分别是什么？

2. 结构的热胀冷缩在结构内力计算中如何考虑？

3. 温室中灌溉系统和作物吊重的水平分力的作用位置和作用力大小如何确定？

4. 风振系数和阵风系数有什么区别？分别用在什么场合？

5. 荷载的组合方式有几种？分别是什么？

6. 什么是荷载的分项系数？如何取值？荷载分项系数与组合值系数有什么不同？

7. 温室结构强度计算时，采用哪种荷载组合效应？

8. 什么条件下采用频遇组合？

9. 北京地区建设10连跨标准Venlo型玻璃温室，温室跨度为6.4 m，檐高4 m，脊高4.8 m，温室室内种植黄瓜，配套室内遮阳系统，灌溉系统为滴灌，加温系统为2″标准管光管散热器，分别布置在作物垄间和悬挂在温室下弦杆上，其中悬挂的布置间距为500 mm。请列出该温室承受的各种可能的荷载及变形验算中的荷载组合形式。

第四章 温室结构内力计算

力法与位移法是解超静定结构的基本方法。温室结构一般属于超静定结构，温室结构内力计算的相关软件都是以这两种方法为基础的。因此需要学习力法与位移法的原理与解题思路。具体包括学习力法的基本原理，理解将超静定问题转化为静定问题解决的基本思想，理解基本体系的桥梁作用，能熟练运用力法计算简单超静定结构（梁、刚架、桁架等）在荷载作用力下产生的内力；学习位移法的基本概念、超静定梁的形常数、载常数和转角位移方程，会正确地写出典型方程，了解利用平衡方程写出位移法方程，能正确地确定出位移法基本未知量；能熟练运用超静定梁的形常数、载常数；会用位移法计算刚架和排架。

第一节 结构力学基本概念

一、结构力学的研究对象和任务

1. 结构和结构的分类 在工程中，能承受荷载起到骨架作用的物体或体系称为结构。结构按几何尺度可分为杆件结构、板壳结构和实体结构 3 类，按长度 l、宽度 b 及厚度 h 来考虑，$l \gg b$、$l \gg h$ 的为杆件结构，$h \ll l$、$h \ll b$ 的为板壳结构，$l \approx b \approx h$ 的为实体结构。

2. 结构力学的任务和研究方法 结构力学讨论的问题有以下 4 方面：①结构计算简图的合理选择和杆件结构的组成规律；②结构的受力性能和合理的结构形式；③在各种因素作用下结构的静力分析和变形计算；④结构的动力性能和稳定问题。

结构力学有各种计算方法，但都必须满足以下 3 个基本条件。

（1）力系的平衡条件 结构的整体或结构的一部分（如一部分杆件、杆件的一部分及杆件的结点等）都应满足力系的平衡条件。

（2）变形连续条件 变形连续条件一是指结构的杆件发生各种变形后仍是连续的，没有重叠或缝隙；二是指结构发生变形和位移后，仍应满足结构的支座和结点的约束条件。

（3）物理条件 物理条件即把结构的应力和应变通过物理方程联系起来，如轴向应力和轴向应变、剪切应力和剪切应变、弯曲应力和弯曲应变之间都应满足相应的物理方程。

二、计算简图

（一）结构的简化原则

实际结构是很复杂的，在计算时不可能采用实际结构，在结构力学的计算中一般采用一个简化的计算图形代替实际结构。简化的计算图形称为计算简图，计算简图的选择原则如下。

1. 反映结构的实际及主要性能 选择计算简图前，应搞清结构杆之间或杆件与基础之间实际连接构造，以保证计算的可靠性和必要的精确性。

2. 略去细节，以便计算　结构的实际构造是很复杂的，必须分清主次，略去次要因素。

因此，选取计算简图是结构受力分析的基础，是非常重要的。初学者应对一般结构计算简图的选取有初步的了解；重点应对结构杆件之间连接的结点和杆件与基础连接的支座的主要计算简图有基本的了解。

（二）结点和支座的简化

1. 结点的简化　铰结点的机动特征是各杆之间不能相对移动，可以绕铰结点作自由转动。受力特征能承受和传递力，不能承受和传递力矩，如图 4-1(a)、图 4-1(b) 所示。刚结点的机动特征是各杆之间不能相对移动，也不能相对转动，受力特征是能承受和传递力，也能承受和传递力矩，如图 4-1(c) 所示。

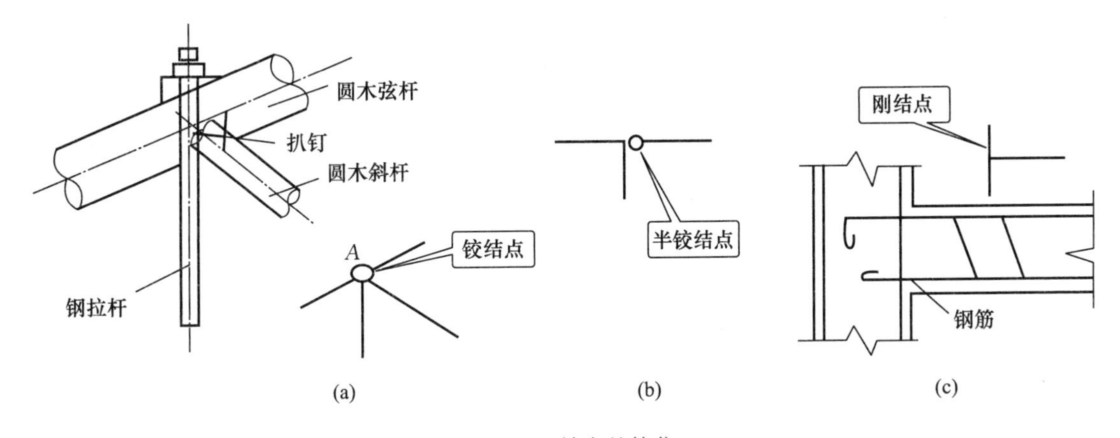

图 4-1　结点的简化

2. 支座的计算简图

（1）*辊轴支座*　如图 4-2(a) 所示，机动特征是杆端可以绕 A 点转动，且可沿以 B 为圆心，AB 为半径圆弧微小移动，但不能有竖向移动。支座反力特征是没有反力偶，没有水平支座反力，有竖向支座反力。

（2）*铰支座*　如图 4-2(b) 所示，机动特征是杆端可以绕铰中心 A 转动，不能有水平方向和竖直方向移动。支座反力特征是没有反力矩，有水平方向和竖直方向支座反力。

（3）*固定支座*　如图 4-2(c) 所示，机动特征是杆端的水平方向移动、竖直方向移动和转动都受到限制。支座反力特征是有水平方向、竖直方向支座反力和反力偶。

（4）*定向支座*　如图 4-2(d) 所示，机动特征是杆端的竖直方向移动和转动都受到限制。支座反力特征是有竖直方向支座反力和反力偶。

由以上结点和支座的机动特征和受力分析可以看出，约束的机动特征和受力分析是紧密相应的。凡是结点或支座沿某一方向的位移或运动受到约束时，则结点或支座具有该方向的约束力；凡结点或支座沿某一方向可以自由位移或运动时，则它们沿该方向的约束力为零。

（三）杆件结构的分类

1. 常用杆件结构的类型

（1）*梁*　梁的组成特点是轴线通常为直线。受力特点是在竖向荷载下无水平支座反力，内力有弯矩、剪力，如图 4-3(a) 所示。

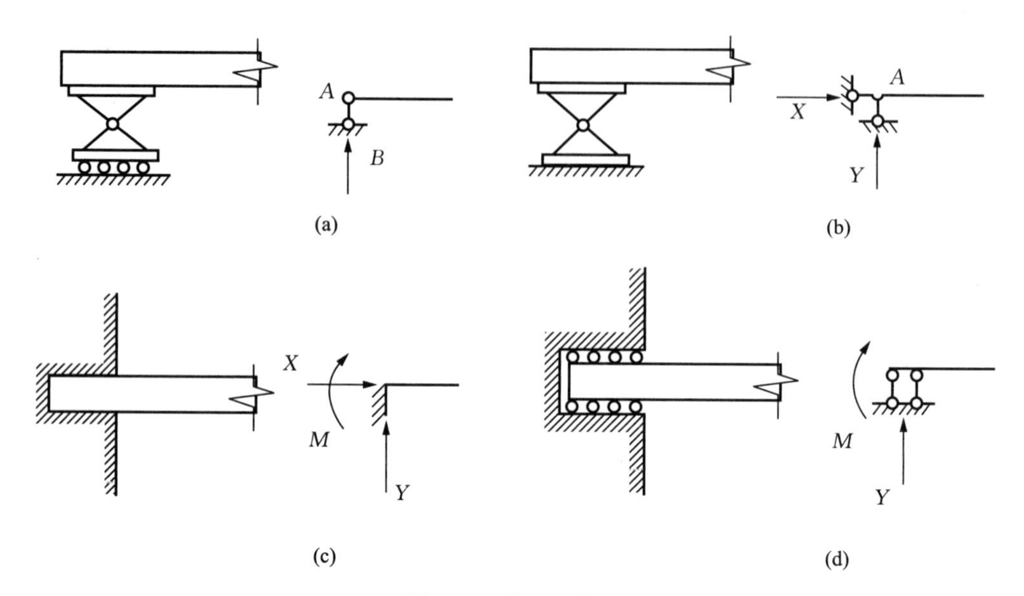

图 4－2 支座的简化

（a）辊轴支座 （b）铰支座 （c）固定支座 （d）定向支座

（2）拱 拱的组成特点是轴线为曲线。受力特点是在竖向荷载下有水平支座反力，内力有弯矩、剪力及轴力，如图 4－3(b) 所示。

（3）刚架 刚架的组成特点是由梁、柱直杆用刚结点组成。受力特点是内力有弯矩、剪力、轴力，以弯矩为主，如图 4－3(c) 所示。

（4）桁架 桁架的组成特点是由两端为铰的直链杆用铰结点组成。受力特点是荷载作用于结点时，各杆只受轴力，如图 4－3(d) 所示。

（5）组合结构 组合结构的组成特点是由梁式杆和链杆组成。受力特点是梁式杆有弯矩、剪力、轴力，链杆只受轴力，如图 4－3(e) 所示。

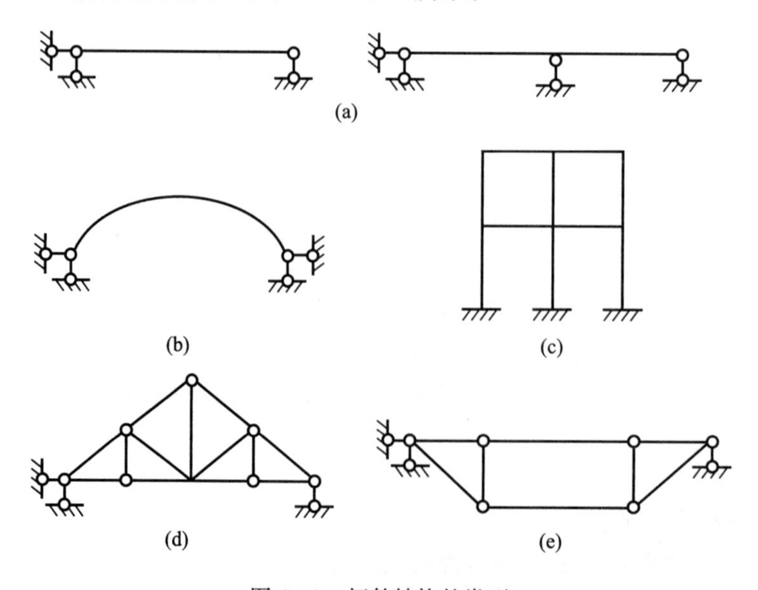

图 4－3 杆件结构的类型

2. 根据计算特点分类

（1）静定结构　用静力平衡条件可以唯一确定全部支座反力和内力。

（2）超静定结构　不能由静力平衡条件确定全部支座反力和内力。

3. 根据杆件和荷载在空间位置分类

（1）平面结构　各杆件的轴线和荷载都在同一平面内。

（2）空间结构　各杆件的轴线和荷载其中之一不在同一平面内。

实际工程结构中，杆件结构一般是由若干根杆件通过结点间的连接及与支座的连接组成。结构是用来承受荷载的，首先必须保证结构的几何构造是合理的，即它本身应该是稳固的，可以保持几何形状的稳定。一个几何不稳固的结构是不能承受荷载的。如图 4－4(a) 所示，结构由于内部的组成不健全，尽管只受到很小的扰动，结构也会引起很大的形状改变。

对结构的几何组成进行分析称为几何组成分析。其目的在于判断结构有无保持自身形状和位置的能力；研究几何不变体系的组成规律；为区分静定结构和超静定结构及进行结构内力分析打下必要的基础。

结构受荷载作用时，界面上产生应力，材料因而产生应变，结构发生变形。这种变形一般是微小的。在几何构造分析中，不考虑这种出于材料的应变所产生的变形。这样，杆件体系可以分为两类：

几何可变体系［图 4－4(a)］：在不考虑材料应变的条件下，体系的位置和形状是可以改变的。

几何不变体系［图 4－4(b)］：在不考虑材料应变的条件下，体系的位置和形状是不能改变的。

一般结构都必须是几何不变体系，而不能采用几何可变体系。几何构造分析的一个目的就是检查并设法保证结构的几何不变性。

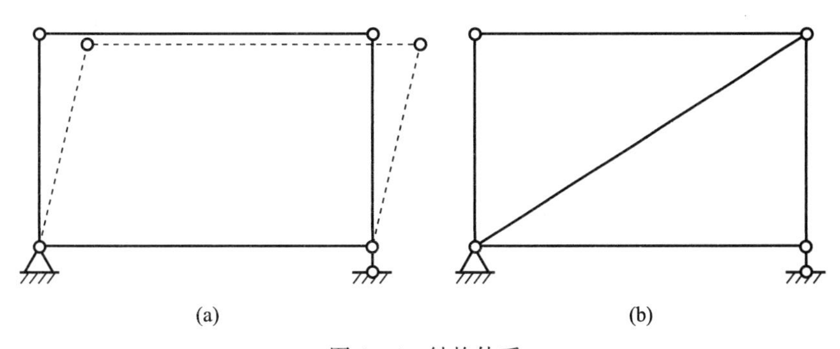

图 4－4　结构体系

(a) 几何可变体系　(b) 几何不变体系

（四）单跨静定梁

静定结构就是无多余约束的几何不变体系。全部支座反力和内力都可用静力平衡方程求出，且解答是唯一的。

平面结构任一杆件的截面一般有 3 种内力：轴力 N、剪力 V、弯矩 M。二力杆（链杆）只有轴力。其正负号规定如下，如图 4－5 所示。

（1）轴力　轴力以受拉为正，截面的外法线方向画出。

（2）剪力　剪力以绕隔离体顺时针方向为正，截面的切线方向画出。

（3）弯矩　弯矩不规定正负号，其值画在杆件受拉纤维一侧。

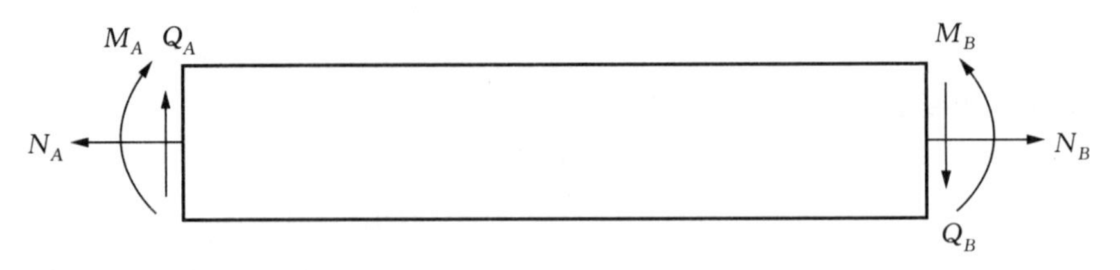

图 4－5　平面结构内力

截面法是求解结构内力的基本方法，即将杆件在指定截面切开（图 4－6），取其中任一部分为研究对象，利用静力平衡条件，确定截面的 3 个内力分量。用截面法取研究对象时应注意如下问题：①与研究对象（隔离体）相连接的所有约束都要切断，并以相适应的约束力代替；②不可遗漏作用于研究对象上的力，包括荷载、约束力（内力和支反力）；③对于未知力，总是假定为其正方向，如果求出的结果为正值，说明实际作用方向与假设方向相同，如果其值为负，则说明实际作用方向与假设方向相反；④在利用平衡方程时，尽量避免解联立方程。

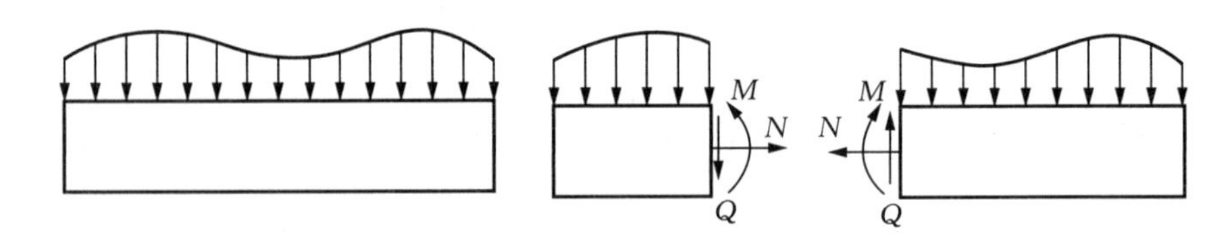

图 4－6　截面法研究对象及内力表达

内力求出后，用内力图表示杆各截面的内力变化，直观明了。作图时，把内力的大小按一定的比例尺，以垂直于杆轴的方向标出，且规定剪力和轴力画在杆的任一侧，标明正负号、大小；弯矩画在杆件的受拉纤维一侧，标明大小，不标明正负号。过程如图 4－7 所示。

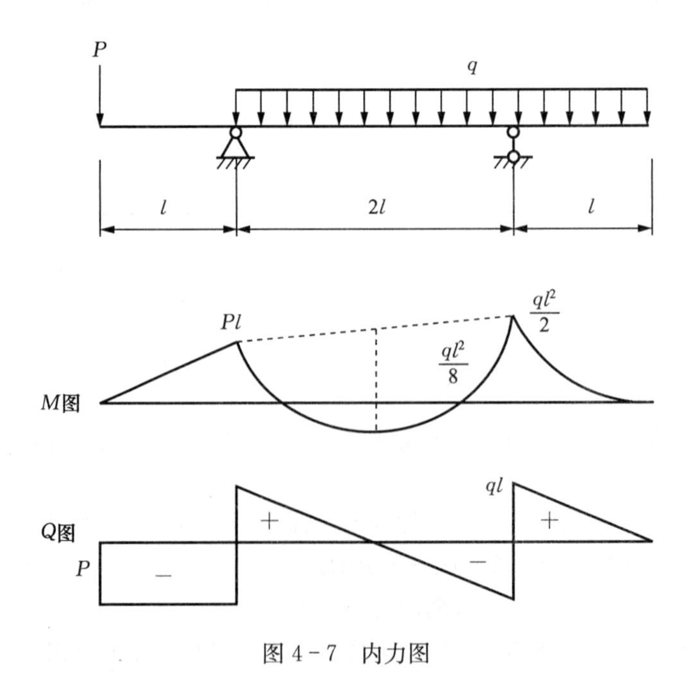

图 4－7　内力图

【例 4－1】求图 4－8 所示刚架的支座反力。

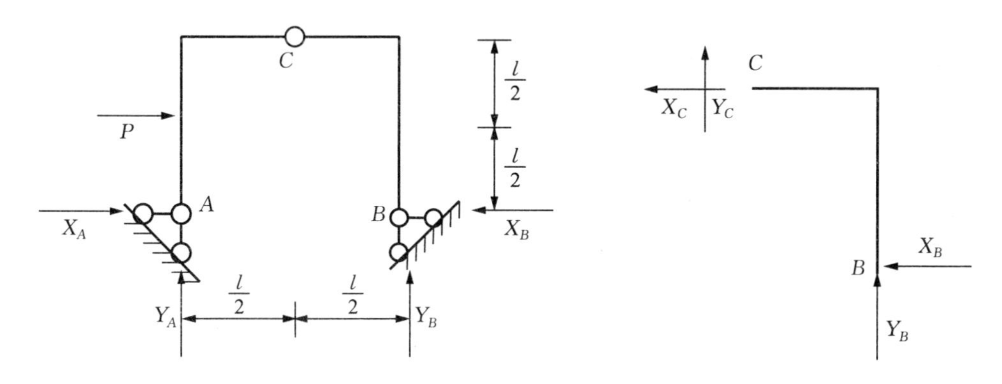

图 4－8　例 4－1 图

解：①取整体为隔离体。

$$\sum M_A = 0,\ P \times \frac{l}{2} - Y_B \times l = 0,\ Y_B = \frac{P}{2}(\uparrow)$$

$$\sum F_Y = 0,\ Y_A + Y_B = 0,\ Y_A = -Y_B = -\frac{P}{2}(\downarrow)$$

$$\sum F_X = 0,\ X_A + P - X_B = 0$$

② 取右部分为隔离体。

$$\sum M_C = 0,\ X_B \times l - Y_B \times \frac{l}{2} = 0,\ X_B = \frac{P}{4}(\uparrow)$$

$$\sum F_Y = 0,\ Y_C + Y_B = 0,\ Y_C = -Y_B = -\frac{P}{2}(\downarrow)$$

$$\sum F_X = 0,\ X_B + X_C = 0,\ X_C = -\frac{P}{4}(\downarrow)$$

【例 4－2】求图 4－9 所示刚架的支座反力和约束力。

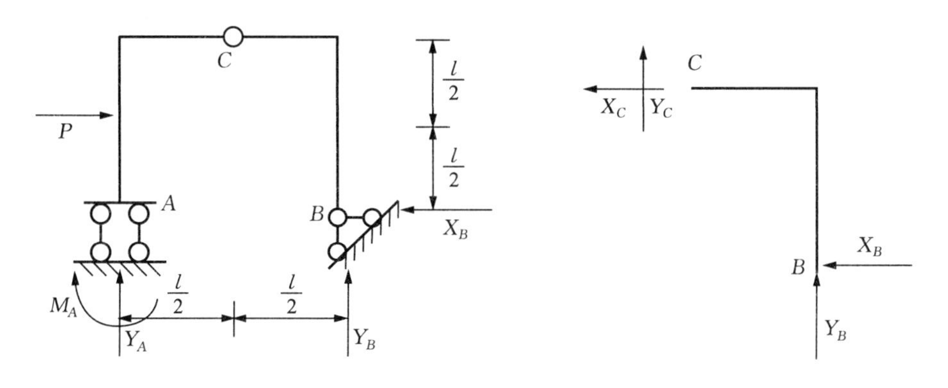

图 4－9　例 4－2 图

解：①取整体为隔离体。

$$\sum F_X = 0,\ X_B = P(\leftarrow)$$

② 取右部分为隔离体。

$$\sum M_C = 0,\ X_B \times l - Y_B \times \frac{l}{2} = 0,\ Y_B = 2P(\uparrow)$$

$$\sum F_Y = 0,\ Y_C + Y_B = 0,\ Y_C = -Y_B = -2P(\downarrow)$$

$$\sum F_X = 0,\ X_B + X_C = 0,\ X_C = -P(\downarrow)$$

③ 取整体为隔离体。

$$\sum F_Y = 0,\ Y_A + Y_B = 0,\ Y_A = -Y_B = -P(\downarrow)$$

$$\sum M_A = 0, M_A + P \times \frac{l}{2} - Y_B \times l = 0, M_A = \frac{1}{2}Pl$$

第二节　力法原理及其应用

一、超静定结构的概念

在工程应用中有一类结构，从受力分析角度看，其支座反力及内力通过平衡条件无法完全确定；从几何构造分析角度看，结构为几何不变体系，但体系内存在多余约束，如图4－10(b)所示结构。我们把这类结构称为超静定结构。内力是超静定的且结构内有多余约束是超静定结构区别于静定结构的基本特征。

图4－10　结构类型

(a) 静定梁　(b) 超静定梁

在工程应用中，超静定结构大致分为以下几种的类型：超静定梁、超静定刚架、超静定桁架、超静定组合结构、超静定拱结构，分别如图4－11至图4－15所示。其中超静定梁结构又分为超静定单跨梁结构和超静定多跨连续梁结构；超静定拱还分为无铰拱、二铰拱和拉杆拱。

图4－11　超静定梁结构

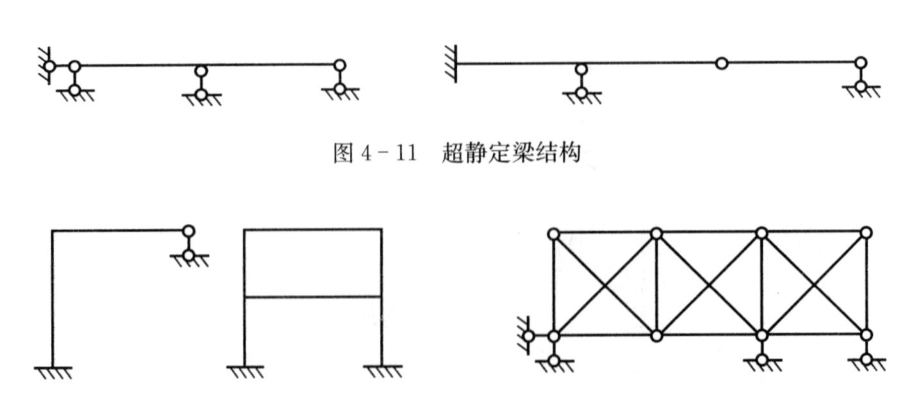

图4－12　超静定刚架

图4－13　超静定桁架

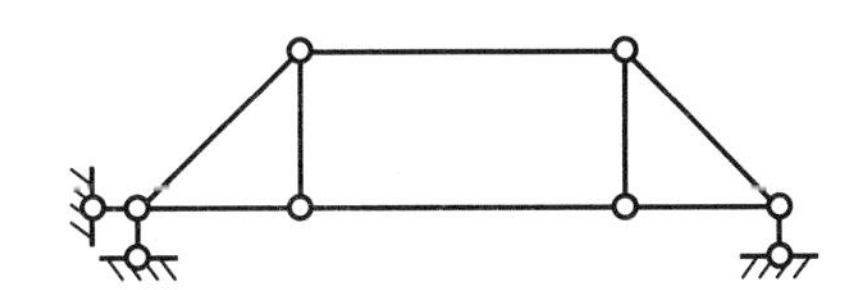

图 4-14　超静定组合结构

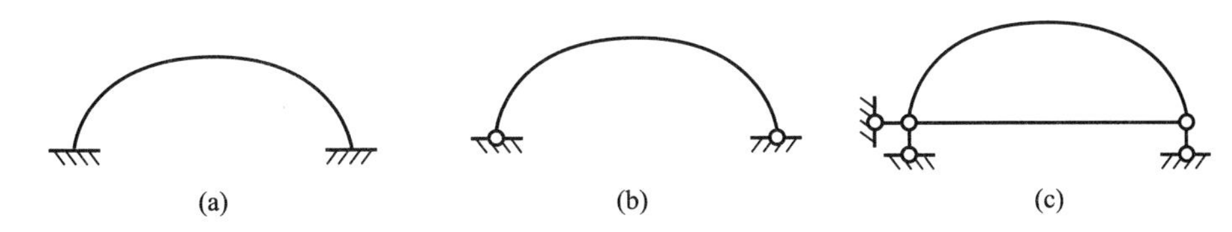

图 4-15　超静定拱结构类型
(a) 无铰拱　(b) 二铰拱　(c) 拉杆拱

二、超静定次数

超静定结构中多余约束的个数，称为超静定次数。

确定超静定次数最直接的方法为：去除多余约束法。去除结构中的多余约束使原超静定结构变成一个几何不变且无多余约束的体系。此时，去除的多余约束的个数即为原结构的超静定次数。

去除多余约束的方法以几何组成分析的基本规则为基础，大致有下列几种方法：①去除或切断一根链杆，相当于去除一个约束；②去除一个固定铰支座或去除一个单铰，相当于去除 2 个约束；③去除一个固定支座或切断一根梁式杆，相当于去除 3 个约束；④将刚性联结变为单铰联结，相当于去除一个约束。

对同一超静定结构，去除多余约束的方式是多种多样的，相应得到的静定结构的形式也不相同。但不论何种方法，所得到的超静定次数是相同的，如图 4-16 所示。

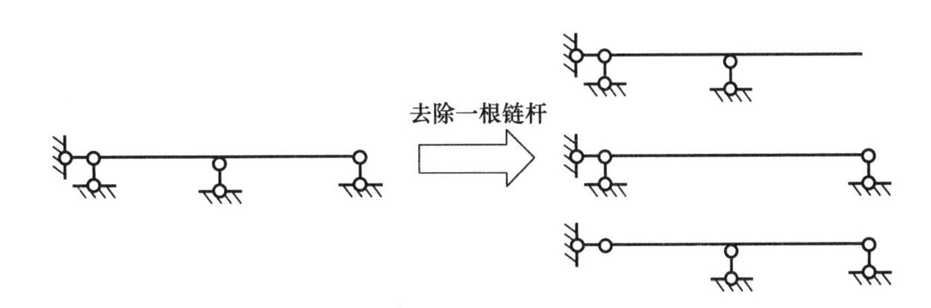

图 4-16　除去多余约束的方式

去除多余约束时，应特别注意以下两点：

(1) 所去除的约束必须是多余的，去除约束后所得到的结构不能为几何可变体系　如图 4-16 中的结构，如错误去掉该结构左端的水平约束链杆，则结构变为几何可变体系。

(2) 必须去除结构内所有的多余约束　在图 4-17(a) 中，如果只去除一根链杆，如图 4-17(b) 所示，其闭合框结构中，仍含有 3 个多余约束。因此，必须断开闭合框的刚性连接，如图 4-17(c) 所示，才能去除全部的多余约束。

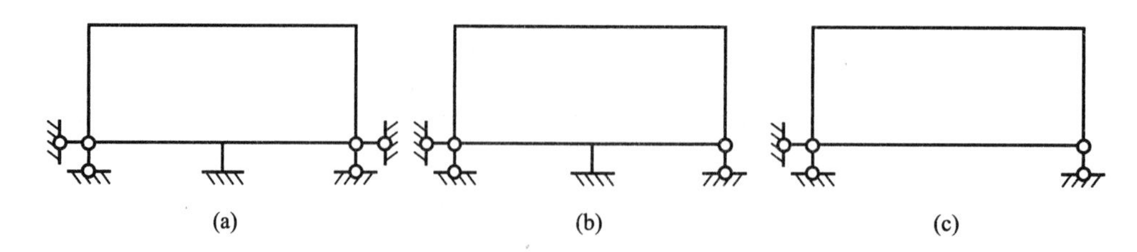

图 4-17　多余约束的去除

三、力法的基本方程

计算超静定结构内力最基本方法有力法和位移法。此外还有派生出的一些方法，如力矩分配法等。本节主要介绍力法的基本原理。

（一）力法的基本方程

在采用力法解超静定问题时，不应孤立地研究超静定问题，而应利用静定结构与超静定结构之间的联系，从中找到由静定问题过渡到超静定问题的途径，从已知的静定结构问题过渡到未知的超静定结构问题。

下面以一次超静定梁为例，说明力法的基本原理。

图 4-18(a) 所示一次超静定梁结构，杆长为 l，E 为弹性模量，I 为惯性矩，EI＝常数。去除多余约束后，并代之以相应的多余约束力 X_1，结构形式变为图 4-18(b) 所示的悬臂梁，承受均布荷载 q 和多余约束力 X_1 的共同作用。

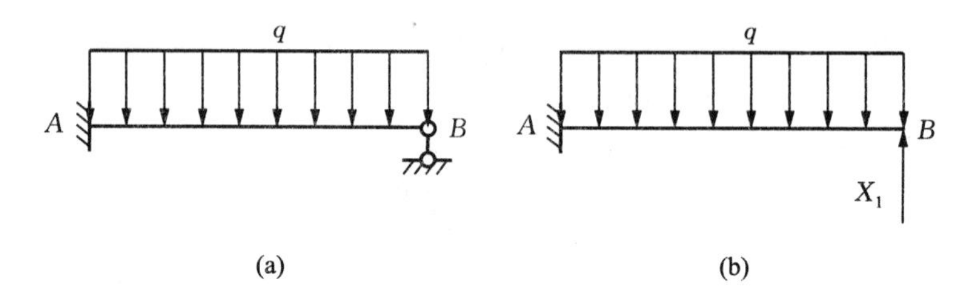

图 4-18　力法的基本原理图
(a) 一次超静定梁结构　(b) 基本体系

这种去除多余约束并以相应多余约束力来代替所得到的静定结构称为力法的基本体系。基本体系本身既为静定结构，又可代表原超静定结构的受力特点，它是从静定结构过渡到超静定结构的桥梁。

在基本体系中，如果多余约束力 X_1 的大小可以确定，则基本体系的内力可解。此时，多余约束力 X_1 的求解成为解超静定问题的关键，称之为力法的基本未知量。力法基本未知量 X_1 的求解，显然已不能利用平衡条件，因此，必须增加补充条件——变形协调。

考虑原结构与基本体系在变形上的异同点，可以看出：在原结构中 X_1 为被动力，是固定值，与 X_1 相应的位移也是唯一确定的，在本例中为零。在基本体系中，X_1 为主动力，大小是可变的，相应的变形也是不确定的。当 X_1 值过大时，B 点上翘；X_1 值过小，B 点下垂。只有当 B 点的变形与原结构的变形相同时，基本体系中的主动力 X_1 大小才与原结构中的被动力 X_1 相等，这时基本体系才能真正转化为原来的超静定结构。

因此，基本体系转化为原超静定结构的条件是基本体系沿多余约束力 X_1 方向的位移 Δ_1 应与原超静定结构相应的位移相同，即

$$\Delta_1=0 \tag{4-1}$$

这个条件就是计算力法基本未知量时的变形协调方程。

在线性体系条件下，基本体系沿基本未知量 X_1 方向的位移可利用叠加原理进行展开为基本体系在荷载 q 和 X_1 单独作用下的两种受力状态，如图 4-19 所示。因此，变形条件可表示为：

$$\Delta_1=\Delta_{1P}+\Delta_{11}=0 \tag{4-2}$$

式中　Δ_1——基本结构在荷载和基本未知量 X_1 共同作用下沿 X_1 方向的总位移；

Δ_{1P}——基本结构在荷载单独作用下沿 X_1 方向产生的位移；

Δ_{11}——基本体系在基本未知量 X_1 单独作用下沿 X_1 方向产生的位移。

根据叠加原理，位移与力成正比，将其比例系数用 δ_{11}（在 $X_1=1$ 单独作用下，基本结构沿 X_1 方向产生的位移）来表示，可写成

$$\Delta_{11}=\delta_{11}X_1 \tag{4-3}$$

将式（4-3）代入式（4-2），可得

$$\delta_{11}X_1+\Delta_{1P}=0 \tag{4-4}$$

式（4-4）即为一次超静定结构的力法基本方程。方程中的系数 δ_{11} 和自由项 Δ_{1P} 均为基本结构的位移。作出基本结构在荷载作用下的弯矩图 M_P 和单位力 $X_1=1$ 作用下的弯矩图 $\overline{M_1}$，应用图乘法，可得

$$\delta_{11}=\sum\int\frac{\overline{M}_1^2}{EI}\mathrm{d}s=\frac{l^3}{3EI}$$

$$\Delta_{1P}=\sum\int\frac{\overline{M}_1M_P}{EI}\mathrm{d}s=-\frac{ql^4}{8EI}$$

代入式（4-4）求解，可得

$$X_1=-\frac{\Delta_{1P}}{\delta_{11}}=\frac{3}{8}ql$$

所得 X_1 为正值时，表示基本未知量的方向与假设方向相同；如为负值，则方向相反。基本未知量确定后，基本体系的内力状态即可利用平衡方程求解，作出内力图。由于已经作出 M_P 和 $\overline{M_1}$ 图，所以利用叠加原理绘制原超静定结构的内力图更方便、快捷。

$$M=\overline{M}_1X_1+M_P$$

同理，可得剪力图：

$$Q=\overline{Q}_1X_1+Q_P$$

（二）典型方程

上面以一次超静定问题为例介绍了力法的基本原理。在力法解超静定问题中，力法的基本未知量——多余约束力的求解是解决超静定问题的关键。对于多次超静定问题，力法的基本原理也完全相同。如图 4-20(a) 所示 3 次超静定结构，杆长均为 l。选取支座 B 点处的 3 个多余约束力作为基本未知量 X_1、X_2 和 X_3，则力法的基本体系如图 4-20(b)所示。

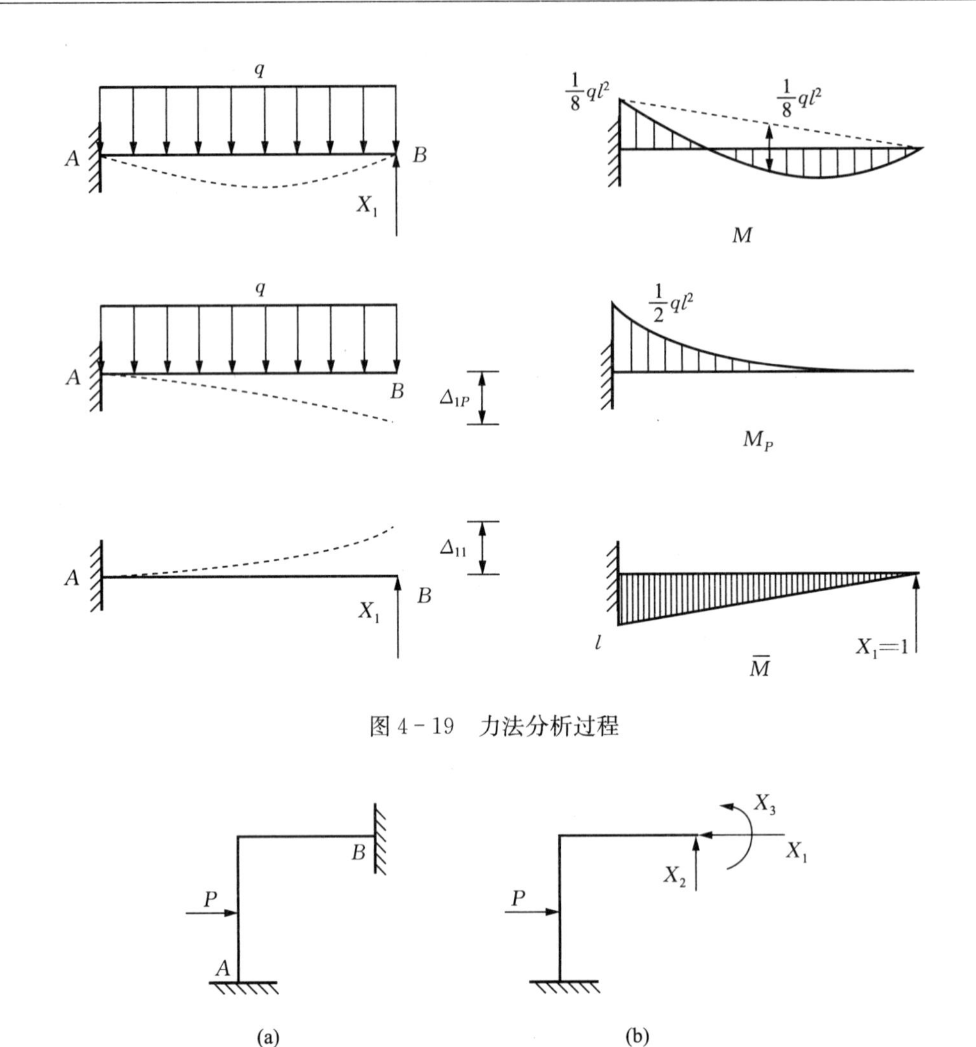

图 4－19　力法分析过程

图 4－20　力法的基本体系

（a）3 次超静定结构　（b）基本体系

此时，变形协调条件为基本体系在点 B 处，沿 X_1、X_2 和 X_3 方向的位移与原结构相同，均为零。因此，可写成：

$$\Delta_1=0，\Delta_2=0，\Delta_3=0 \tag{4-5}$$

其中，Δ_i 为基本体系沿 X_i 方向的位移（$i=1, 2, 3$）。应用叠加原理，将式（4－5）展开（图 4－21），并设：Δ_{iP} 为荷载单独作用下，沿 X_i 方向产生的位移（$i=1, 2, 3$）；δ_{ji} 为基本未知量 $X_i=1(i=1, 2, 3)$ 单独作用下，沿 $X_j(j=1, 2, 3)$ 方向产生的位移，根据叠加原理，X_i 单独作用下，相应产生的位移为 $\delta_{ji}X_i$。

则式（4－5）可展开为

$$\left.\begin{aligned}\Delta_1=\delta_{11}X_1+\delta_{12}X_2+\delta_{13}X_3+\Delta_{1P}=0\\ \Delta_2=\delta_{21}X_1+\delta_{22}X_2+\delta_{23}X_3+\Delta_{2P}=0\\ \Delta_3=\delta_{31}X_1+\delta_{32}X_2+\delta_{33}X_3+\Delta_{3P}=0\end{aligned}\right\} \tag{4-6}$$

式（4－6）即为 3 次超静定结构的力法基本方程。解方程，求出基本未知量后，即可求

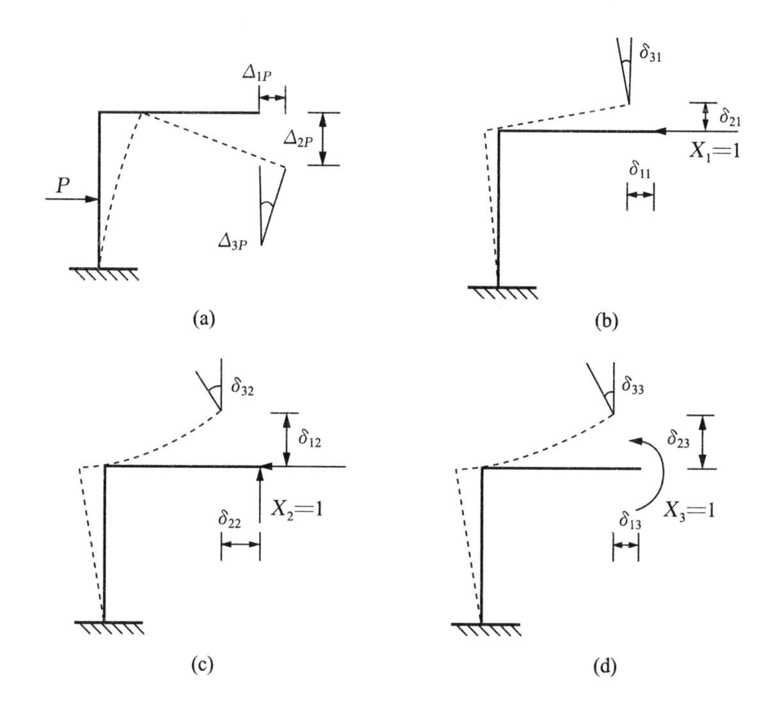

图 4-21　X_i 单独作用下位移

(a) 荷载单独作用下　(b) $X_1=1$ 单独作用下　(c) $X_2=1$ 单独作用下　(d) $X_3=1$ 单独作用下

解原结构的内力，作出内力图。

利用叠加原理，原结构弯矩图可由下式计算：

$$\left.\begin{aligned}M&=\overline{M}_1X_1+\overline{M}_2X_2+\overline{M}_3X_3+M_P\\N&=\overline{N}_1X_1+\overline{N}_2X_2+\overline{N}_3X_3+N_P\\Q&=\overline{Q}_1X_1+\overline{Q}_2X_2+\overline{Q}_3X_3+Q_P\end{aligned}\right\}$$

在超静定结构的力法计算中，同一结构可按不同方式选取基本体系和基本未知量。此时，力法的基本方程虽然形式相同，但由于基本未知量不同，因而，所提供的变形条件也不同。相应的，建立的力法基本方程的物理意义也有所区别。在选取基本体系时，应尽量使系数 δ_{ij} 及自由项 Δ_{iP} 的计算简化。同理，推广至 n 次超静定结构，此时的力法基本未知量为 n 个多余约束力 $X_i(i=1, 2, \cdots, n)$；力法的基本结构是从原结构中去掉相应的多余约束力后得到的静定结构；力法的基本方程为在 n 个多余约束处的变形条件：基本体系沿多余约束力方向的位移与原结构相同，即

$$\Delta_i=0\quad(i=1, 2, \cdots, n)$$

在线性结构中，利用叠加原理，力法的典型方程可写为

$$\left.\begin{aligned}\Delta_1&=\delta_{11}X_1+\delta_{12}X_2+\cdots+\delta_{1n}X_n+\Delta_{1P}=0\\\Delta_2&=\delta_{21}X_1+\delta_{22}X_2+\cdots+\delta_{2n}X_n+\Delta_{2P}=0\\&\vdots\\\Delta_n&=\delta_{n1}X_1+\delta_{n2}X_2+\cdots+\delta_{nn}X_n+\Delta_{nP}=0\end{aligned}\right\}\tag{4-7}$$

式中　Δ_{iP}——基本结构在荷载单独作用下，产生的沿 X_i 方向的位移，$i=1, 2, \cdots, n$；

δ_{ij}——基本结构在 $X_j=1$ 单独作用下，产生的沿 X_i 方向的位移，称之为柔度系

数，$i=1, 2, \cdots, n$；$j=1, 2, \cdots, n$。

由叠加原理，X_j 作用下产生的位移为 $\delta_{ij}X_j$。

解方程，得出基本未知量后，超静定结构的内力可由平衡条件求出。一般情况下，按叠加原理作内力图较为简便：

$$\left.\begin{aligned} M&=\overline{M}_1X_1+\overline{M}_2X_2+\cdots+\overline{M}_nX_n+M_P \\ Q&=\overline{Q}_1X_1+\overline{Q}_2X_2+\cdots+\overline{Q}_nX_n+Q_P \\ N&=\overline{N}_1X_1+\overline{N}_2X_2+\cdots+\overline{N}_nX_n+\overline{N}_P \end{aligned}\right\}$$

将式（4－7）写成矩阵形式，得：

$$[\delta]\{X\}+\{\Delta_P\}=0$$

式中 $\{X\}=(X_1, X_2, \cdots, X_n)^T$——力法基本未知量列向量；

$\{\Delta_P\}=\{\Delta_{1P}, \Delta_{2P}, \cdots, \Delta_{nP}\}^T$——荷载单独作用下，沿 $X_i(i=1, 2, \cdots, n)$ 方向产生的位移列向量；

$$[\delta]=\begin{bmatrix} \delta_{11} & \delta_{21} & \cdots & \delta_{n1} \\ \delta_{12} & \delta_{22} & \cdots & \delta_{n2} \\ \vdots & \vdots & & \vdots \\ \delta_{1n} & \delta_{2n} & \cdots & \delta_{nn} \end{bmatrix}$$——柔度系数矩阵。

根据位移互等定理，系数 $\delta_{ij}=\delta_{ji}$，所以该矩阵为对称阵。主对角线上元素 δ_{ii} 称为主元素，值恒为正。非对角线元素 δ_{ij} 称为副系数，可为正值、负值或零。

四、荷载作用下超静定结构的力法计算

应用力法计算超静定结构，一般步骤为：①选择力法的基本未知量；②建立力法典型方程；③计算系数及自由项；④求解典型方程，得出基本未知量；⑤作内力图。

1. 超静定梁

【例 4－3】试作图 4－22(a) 所示超静定连续梁的弯矩图，$EI=$常数。

解：计算静定梁位移时，通常忽略轴力和剪力的影响，只考虑弯矩的影响，因而系数及自由项按下列公式计算：

$$\delta_{ii}=\sum\int\frac{\overline{M}_i^2}{EI}\mathrm{d}s,\ \delta_{ij}=\sum\int\frac{\overline{M}_i\overline{M}_j}{EI}\mathrm{d}s,\ \Delta_{iP}=\sum\int\frac{\overline{M}_iM_P}{EI}\mathrm{d}s$$

① 选择力法基本未知量。图示结构为一次超静定，基本未知量选择支座 C 处的多余约束，则基本体系如图 4－22(b)。

② 力法典型方程。

$$\delta_{11}X_1+\Delta_{1P}=0$$

③ 计算系数及自由项，作出 M_P 图和 M_1 图，分别如图 4－22(c) 和图 4－22(d)。

$$\delta_{11}=\frac{1}{EI}\left(\frac{1}{2}\times 2l\times\frac{2}{3}l\times\frac{2}{3}\times\frac{2}{3}l+\frac{1}{2}\times l\times\frac{2}{3}l\times\frac{2}{3}\times\frac{2}{3}l\times 2\right)=\frac{16l^3}{27EI}$$

$$\Delta_{1P}=-\frac{1}{EI}\left(\frac{1}{2}\times\frac{1}{3}Pl\times l\times\frac{4}{9}l+\frac{1}{2}\times\frac{1}{3}Pl\times l\times\frac{4}{9}l+\frac{1}{2}\times\frac{2}{3}Pl\times l\times\frac{2}{9}l+l\times\frac{1}{3}Pl\times\frac{1}{2}l+\frac{1}{2}\times\frac{1}{3}Pl\times l\times\frac{4}{9}l\right)=-\frac{25Pl^3}{54EI}$$

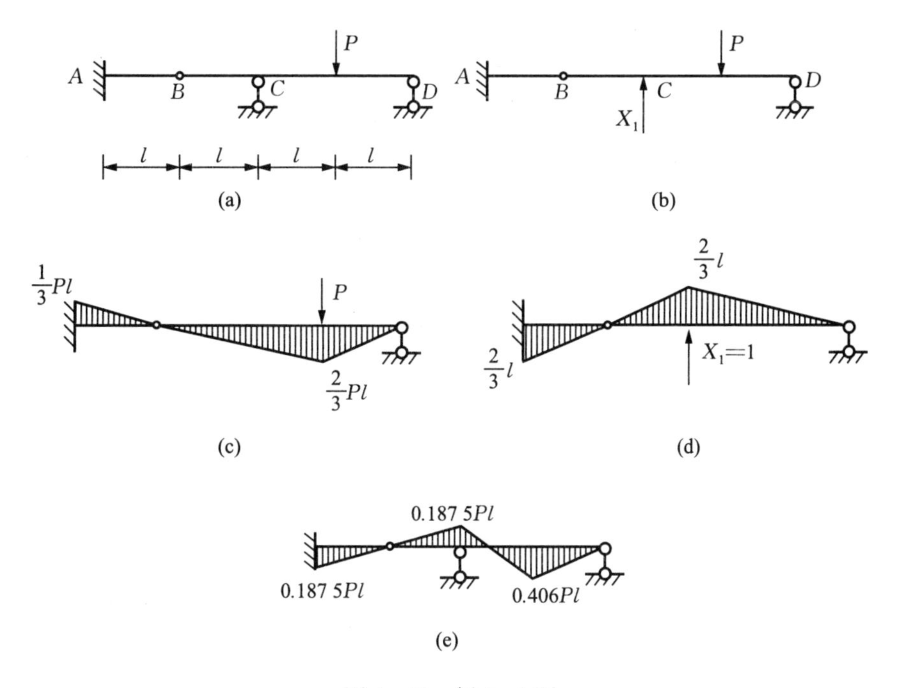

图 4－22　例 4－3 图

④ 求解典型方程，得出基本未知量。

$$X_1=-\frac{\Delta_{1P}}{\delta_{11}}=0.781P$$

正值说明基本未知量方向与假设方向一致。

⑤ 作弯矩图，如图 4－22(e)。

$$M=\overline{M}_1X_1+M_P$$

2. 超静定刚架　计算刚架位移时，通常忽略轴力和剪力的影响，只考虑弯矩的影响。因而系数及自由项可按下式计算：

$$\delta_{ii}=\sum\int\frac{\overline{M}_i^2}{EI}\mathrm{d}s,\ \delta_{ij}=\sum\int\frac{\overline{M}_i\,\overline{M}_j}{EI}\mathrm{d}s,\ \Delta_{iP}=\sum\int\frac{\overline{M}_iM_P}{EI}\mathrm{d}s$$

【例 4－4】试作图 4－23(a) 所示超静定刚架的内力图。

解：①选择力法的基本未知量，如图 4－23(b) 所示。

② 力法典型方程为

$$\Delta_1=0,\ \delta_{11}X_1+\Delta_{1P}=0$$

③ 计算系数及自由项，作出 M_P 图和$\overline{M}_1$ 图，分别如图 4－23(c) 和图 4－23(d)。

$$\delta_{11}=\frac{4l^3}{3EI}$$

$$\Delta_{1P}=-\frac{Pl^3}{2EI}$$

④ 代入力法典型方程，并求解得

$$X_1=\frac{3}{8}P(\uparrow)$$

⑤ 用叠加法作弯矩图，如图 4－23(e)。

$$M=\overline{M}_1X_1+M_P$$

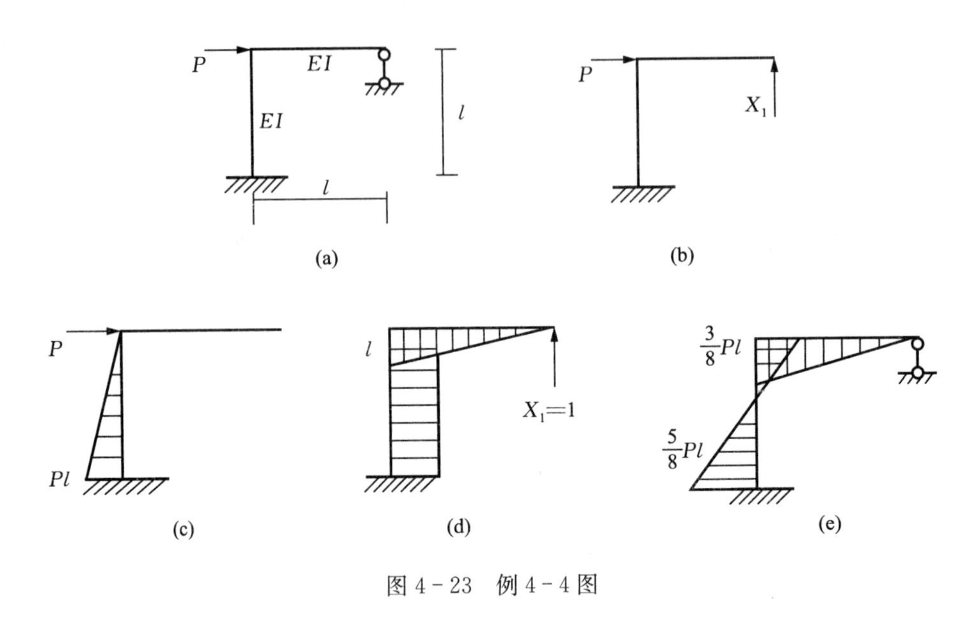

图 4－23　例 4－4 图

五、超静定结构的特性

与静定结构相比，超静定结构具有如下特性。

① 超静定结构内有多余约束存在，这是与静定结构的根本区别。超静定结构在多余约束破坏后，结构仍然可以保持其几何不变的特性；而静定结构任一约束破坏后，便立即变成几何可变体系而失去承载能力。因此，与静定结构相比，超静定结构具有更好的抗震性能。

② 静定结构的内力计算只需通过平衡条件即可确定，其内力大小与结构的材料性质及截面尺寸无关。而超静定结构的内力计算除需考虑平衡条件外，还必须同时考虑变形协调条件，超静定结构的内力与材料的性质以及截面尺寸等有关。

③ 静定结构在非荷载因素（支座移动、温度改变、材料收缩、制造误差等）的作用下，结构只产生变形，而不引起内力。而超静定结构在承受非荷载因素作用时，由于多余约束的存在使结构不能自由变形，在结构内部会产生自内力。在实际工程中，应特别注意由于支座移动、温度改变引起的超静定结构的内力。

④ 由于多余约束的存在，超静定结构的刚度一般较相应的静定结构的刚度大，因此内力和变形也较为均匀，峰值较静定结构低。

第三节　位移法原理及其应用

一、位移法的基本概念

下面先看一个简单例子，以便具体了解位移法的基本思想。如图 4－24 所示。

如图 4－24(a) 所示结构中，n 根相同材料、等长等截面的杆件支承着刚性横梁，横梁

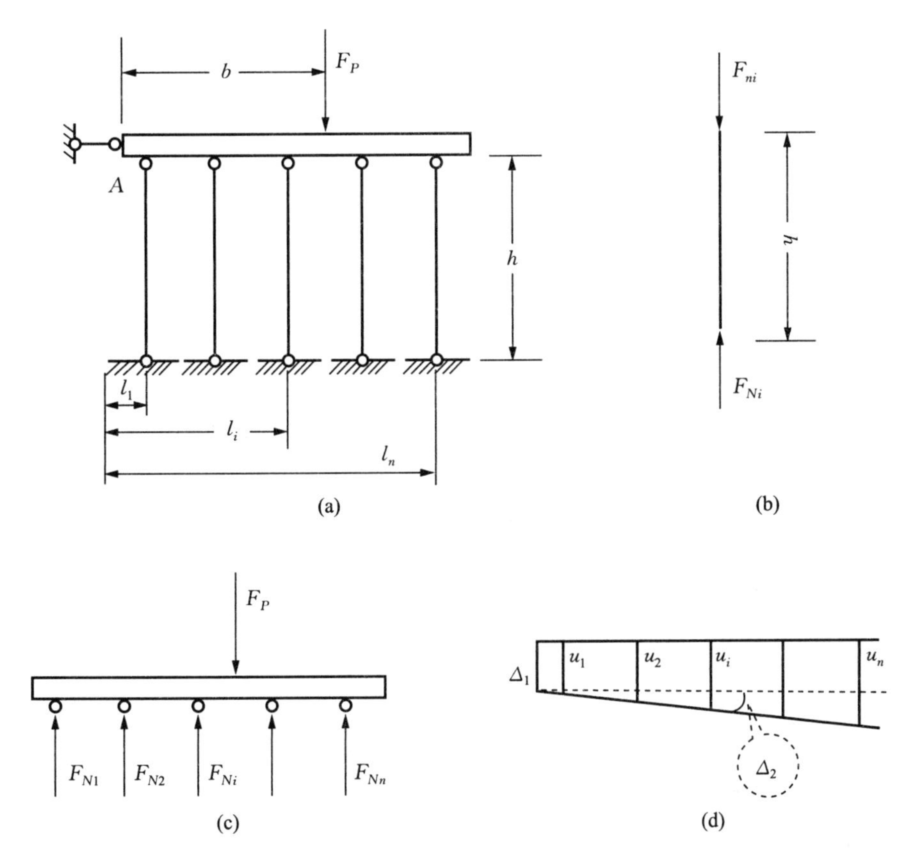

图 4－24　位移法原理简例

上承受荷载 F_P。结点 A 发生竖向位移 Δ_1 和转角位移 Δ_2。在位移法中，把这两个位移 Δ_1 和 Δ_2 作为基本未知量。这是因为如果能设法把位移 Δ_1 和 Δ_2 求出，那么各杆的伸长变形即可求出，从而各杆的内力就可求出，整个问题也就迎刃而解了。由此看出，位移 Δ_1 和 Δ_1 是关键的未知量。

进一步讨论如何求基本未知量 Δ_1 和 Δ_2。计算分为两步。

1. 从结构中取出一个杆件进行分析　在体系中任取一根杆件，如图 4－24(b) 所示，如已知杆件上端沿杆轴向的位移为 u_i（即杆的缩短长度），则杆端力 F_{Ni} 应为

$$F_{Ni}=\frac{EA}{h}u_i \tag{4-8}$$

式中　E——杆件的弹性模量（Pa）；

A——杆件的截面面积（m^2）；

h——杆件的长度（m）。

系数 EA/h 是使杆端产生单位位移时所需施加的杆端力，称为杆件的刚度系数。式(4－8)表明杆端力 F_{Ni} 与杆端位移 u_i 之间的关系，称为杆件的刚度方程。

2. 把各杆件综合成结构　综合时各杆端的位移可用两个参数 Δ_1 和 Δ_2 描述，称为基本未知量，如图 4－24(d) 所示。根据变形协调关系和小变形理论，各杆端位移 u_i 与基本未知量 Δ_1 和 Δ_2 之间的关系为

$$u_i = \Delta_1 + l_i \Delta_2 \tag{4-9}$$

此式为变形协调条件。

考虑结构的力平衡条件：$\Sigma F_Y = 0$，如图 4-24(c) 所示，得

$$\sum_{i=1}^{n} F_{Ni} - F_P = 0 \tag{4-10}$$

再考虑以结点 A 为矩心列力矩平衡条件：$\sum M_A(F) = 0$，得

$$\sum_{i=1}^{n} F_{Ni} l_i - F_P b = 0 \tag{4-11}$$

其中各杆的轴力 F_{Ni} 可由式（4-8）表示。

利用式（4-9）可将杆端力 F_{Ni} 用基本未知量 Δ_1 和 Δ_2 表示，代入式（4-10）和（4-11），即得

$$\left(n\frac{EA}{h}\right)\Delta_1 + \left(\frac{EA}{h}\sum_{i=1}^{n} l_i\right)\Delta_2 - F_P = 0 \tag{4-12}$$

$$\left(\frac{EA}{h}\sum_{i=1}^{n} l_i\right)\Delta_1 + \left(\frac{EA}{h}\sum_{i=1}^{n} l_i^2\right)\Delta_2 - F_P b = 0 \tag{4-13}$$

这就是位移法的基本方程，它表明结构的位移 Δ_1 和 Δ_2 与荷载 F_P 之间的关系。由此可求出基本未知量：

$$\Delta_1 = \frac{F_P h}{EA} \frac{b\sum_{i=1}^{n} l_i - \sum_{i=1}^{n} l_i^2}{\left(\sum_{i=1}^{n} l_i\right)^2 - n\sum_{i=1}^{n} l_i^2} \tag{4-14}$$

$$\Delta_2 = \frac{F_P h}{EA} \frac{\sum_{i=1}^{n} l_i - nb}{\left(\sum_{i=1}^{n} l_i\right)^2 - n\sum_{i=1}^{n} l_i^2} \tag{4-15}$$

至此，完成了位移法计算中的关键一步。

基本未知量 Δ_1 和 Δ_2 求出以后，其余问题就迎刃而解了。例如，为了求各杆的轴力，可将式（4-14）和式（4-15）代入式（4-9），再代入式（4-8），可得

$$F_{Ni} = F_P \frac{b\sum_{i=1}^{n} l_i - \sum_{i=1}^{n} l_i^2 + l_i\sum_{i=1}^{n} l_i - l_i nb}{\left(\sum_{i=1}^{n} l_i\right)^2 - n\sum_{i=1}^{n} l_i^2} \tag{4-16}$$

由上述简例归纳出的位移法要点如下：

① 位移法的基本未知量是结构的位移量 Δ_1 和 Δ_2。

② 位移法的基本方程是平衡方程。

③ 建立方程的过程分两步：把结构拆成杆件，进行杆件分拆，得出杆件的刚度方程；再把杆件综合成结构，进行整体分析，得出基本方程。此过程是一拆一搭、拆了再搭的过程，是把复杂结构的计算问题转变为简单杆件和综合的问题。这就是位移法的基本思路。

④ 杆件分拆是结构分拆的基础，杆件的刚度方程是位移法基本方程的基础，因此位移法也称刚度法。

二、等截面直杆的转角位移方程

位移法以结点位移（包括线位移及角位移）为基本未知量。其基本结构是一组超静定单跨梁，如图 4－25 所示。因为这 3 种单跨梁能用力法算出所需的各种结果，故把这 3 种单跨梁作为基本构件。为了给学习位移法打基础，在本节中讨论有关单跨超静定梁由荷载、杆端位移（包括线位移及角位移）产生的杆端力（包括杆端弯矩和杆端剪力）问题。

1. 杆端力及杆端位移的正、负号规定　现以两端固定的单跨梁为例说明，如图4－26(a)所示。

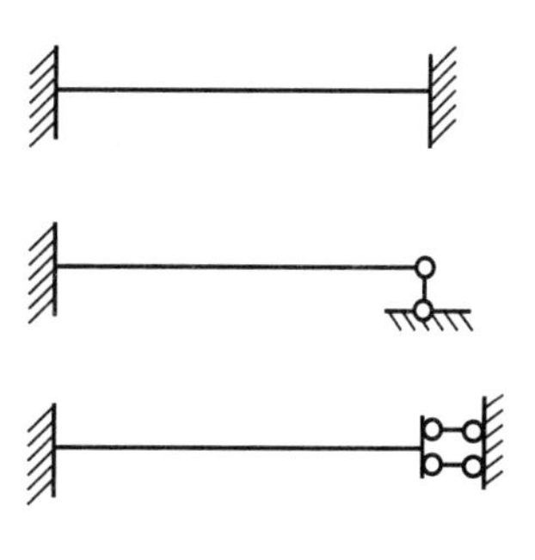

图 4－25　基本结构

（1）杆端弯矩　把图 4－26(a) 所示单跨梁从端部截开，如图 4－26(b) 所示。在位移法中，为了计算方便，弯矩的符号规定如下：弯矩是以对杆端顺时针为正（对结点或对支座以逆时针为正）。图 4－26(b) 所示的杆端弯矩 M_{AB}、M_{BA} 均为正值。

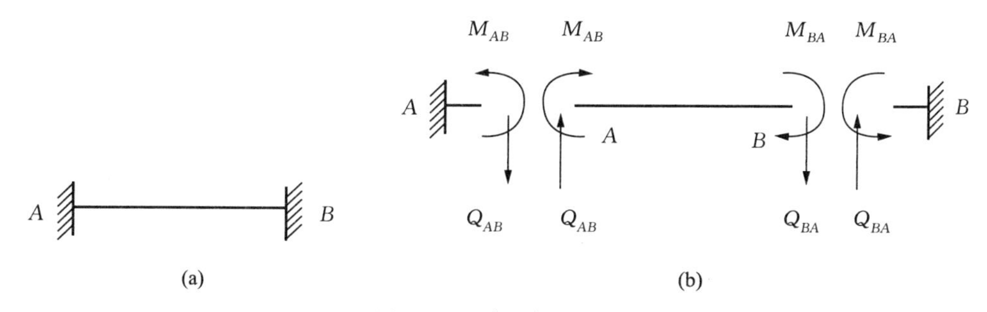

图 4－26　弯矩符号规定

（2）杆端剪力　剪力的方向定义为绕着其所作用隔离体内侧附近一点顺时针转动为正，逆时针转动为负，图 4－26(b) 所示剪力 Q_{AB} 及 Q_{BA} 为正。

（3）支座截面转角　截面转角规定顺时针转动为正，逆时针转动为负。图 4－27(a) 所示转角 φ_A 为正（它是顺时针转动），图 4－27(b) 示的转角 φ_A 为负（它是逆时针转动）。

（4）杆端相对线位移　杆件两端相对线位移的方向规定为使杆端连线顺时针转动为正，逆时针转动为负。图 4－28(a) 所示杆端相对线位移 Δ 为正，而图 4－28(b) 所示相对线位移 Δ 则为负。

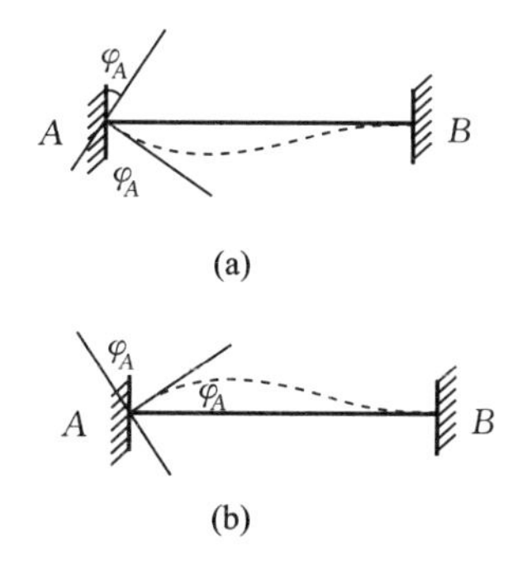

图 4－27　转角位移符号规定

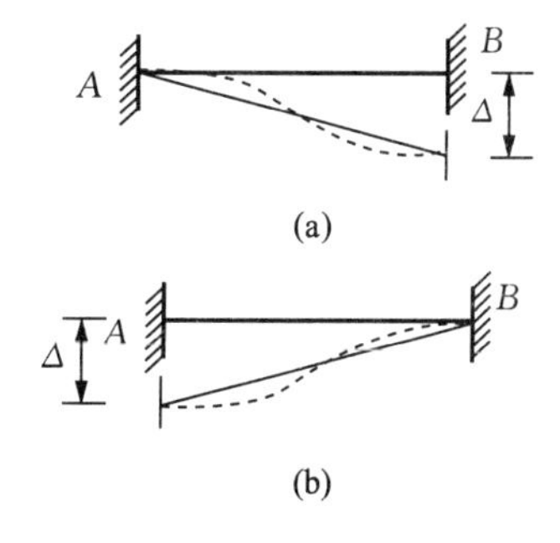

图 4－28　线位移符号规定

应当注意本章给出的正负号规定：弯矩图都是画在杆件受拉的一侧。同时，还应注意作用在杆端的弯矩与作用在结点上的弯矩是作用与反作用的关系。两者大小相等、方向相反，所以作用在结点上的弯矩的正向应是逆时针方向。剪力无论作用在杆端，还是作用在结点，总是以绕着其所作用隔离体内侧附近一点顺时针转动为正。

2. 各种情况下产生的杆端力

（1）杆端单位转角产生的杆端力

（2）杆端单位相对线位移产生的杆端力

以上两种情况列于表 4-1 中，通常称之为形常数。

（3）外荷载引起的杆端力　外荷载引起的杆端弯矩称固端弯矩，为了与支座移动引起的杆端弯矩相区别，在其右上角加上一个 F，如 M_{AB}^F、M_{BA}^F。由荷载引起的杆端剪力称固端剪力，以 Q_{AB}^F、Q_{BA}^F 来表示。为了使用方便，把常用的固端弯矩及固端剪力列于表 4-2 中，通常称之为荷载常数。

实际上，只要记住固端弯矩，就可以利用平衡条件求出固端剪力。

上面分别探讨了单跨超静定梁在单位杆端转角、单位杆端相对线位移、外荷载单独作用下的杆端力。当梁上既有外力又有杆端位移（A 端转角 φ_A，B 端转角 φ_B，A、B 两端相对线位移 Δ）时，可运用叠加原理得到杆端弯矩与杆端剪力的算式。

表 4-1　等截面杆件位移作用下固定端弯矩和剪力（形常数）

单跨超静定梁简图	M_{AB}	M_{BA}	$Q_{AB}=Q_{BA}$
A、B 两端固定，A 端 $\theta=1$	$4i$	$2i$	$-\frac{6i}{l}$
A、B 两端固定，B 端相对位移 1	$-\frac{6i}{l}$	$-\frac{6i}{l}$	$\frac{12i}{l^2}$
A 端固定、B 端铰支，A 端 $\theta=1$	$3i$	0	$-\frac{3i}{l}$
A 端固定、B 端铰支，B 端相对位移 1	$-\frac{3i}{l}$	0	$\frac{3i}{l^2}$
A 端固定、B 端滑动支座，A 端 $\theta=1$	i	$-i$	0

表 4-2　等截面杆件固定端弯矩和剪力（载常数）

序号	计算简图与挠度图	弯矩图	固端弯矩 M_{AB}^F	固端弯矩 M_{BA}^F	固端剪力 Q_{AB}^F	固端剪力 Q_{BA}^F
1	EI　q；A、B；l	$ql^2/12$　$ql^2/12$	$-\frac{ql^2}{12}$	$\frac{ql^2}{12}$	$\frac{ql}{2}$	$-\frac{ql}{2}$

（续）

序号	计算简图与挠度图	弯矩图	固端弯矩 M_{AB}^F	固端弯矩 M_{BA}^F	固端剪力 Q_{AB}^F	固端剪力 Q_{BA}^F
2	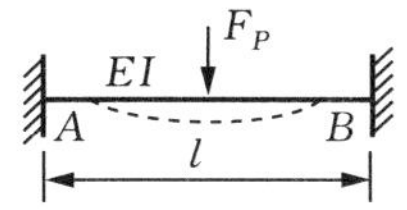 F_P EI A B l	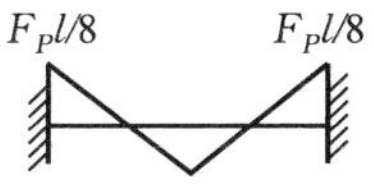 $F_Pl/8$ $F_Pl/8$	$-\frac{F_Pl}{8}$	$\frac{F_Pl}{8}$	$\frac{F_P}{2}$	$-\frac{F_P}{2}$
3	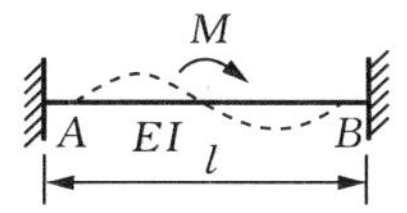 M A EI l B	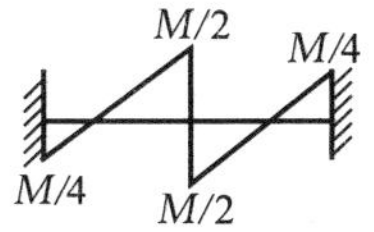 $M/2$ $M/4$ $M/4$ $M/2$	$\frac{M}{4}$	$\frac{M}{4}$	$-\frac{3M}{2l}$	$-\frac{3M}{2l}$
4	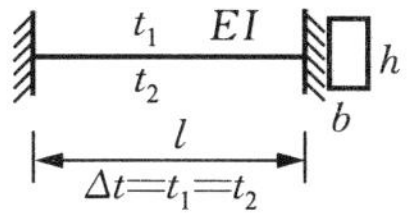 t_1 EI t_2 h b l $\Delta t = t_1 = t_2$	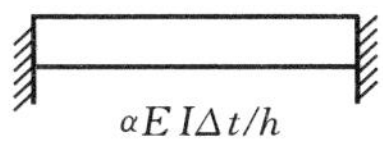 $\alpha EI\Delta t/h$	$-\frac{\alpha EI\Delta t}{h}$	$\frac{\alpha EI\Delta t}{h}$	0	0
5	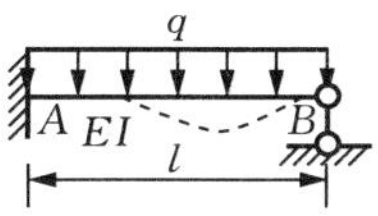 q A EI B l	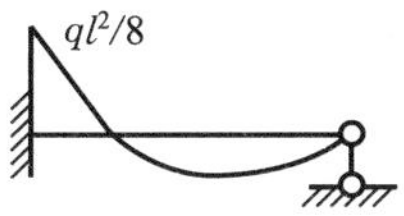 $ql^2/8$	$-\frac{ql^2}{8}$	0	$-\frac{5ql}{8}$	$\frac{3ql}{8}$
6	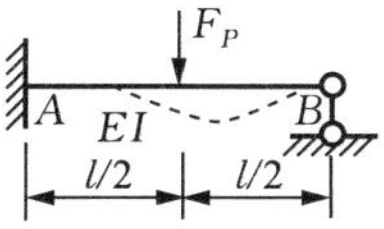 F_P A EI B $l/2$ $l/2$	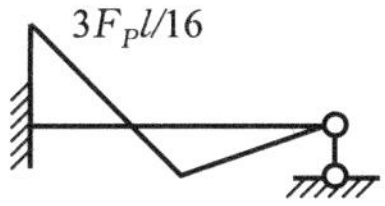 $3F_Pl/16$	$-\frac{3F_Pl}{16}$	0	$\frac{11F_P}{16}$	$-\frac{5F_P}{16}$
7	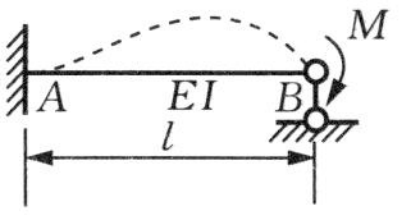 M A EI B l	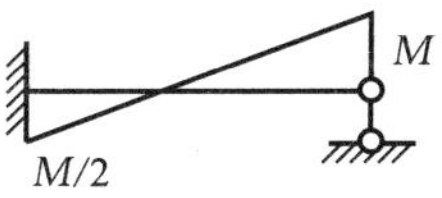 M $M/2$	$\frac{M}{2}$	M	$-\frac{3M}{2l}$	$-\frac{3M}{2l}$
8	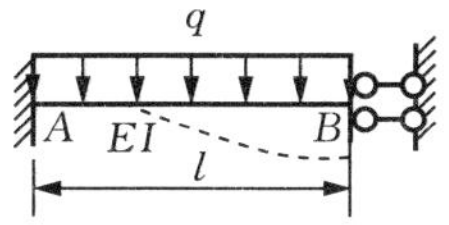 q A EI B l	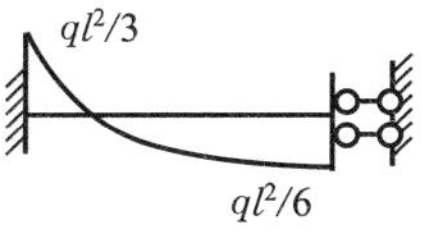 $ql^2/3$ $ql^2/6$	$-\frac{ql^2}{3}$	$-\frac{ql^2}{6}$	ql	0
9	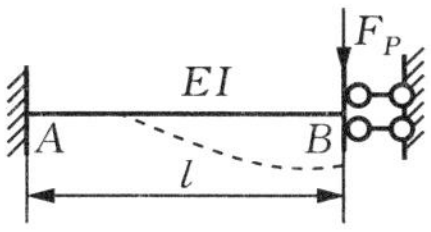 F_P EI A B l	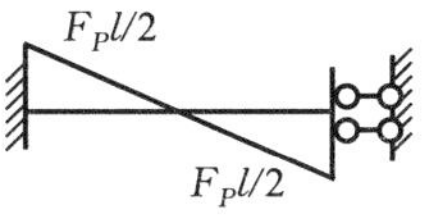 $F_Pl/2$ $F_Pl/2$	$-\frac{F_Pl}{2}$	$-\frac{F_Pl}{2}$	F_P	F_P

三、位移法典型方程

位移法典型方程的建立与力法一样，首先确定待分析问题未知量个数，如几个独立结点，几个独立的线位移方程，如图 4－29 所示典型刚架结构基本未知量只有一个，即结点 B 的转角位移。然后加限制结点位移的相应约束，如线位移加链杆、角位移加限制转动的刚臂来建立位移法基本结构。图 4－29(a) 的基本结构如图 4－30(a) 所示。基本结构可以拆成单跨梁的 3 类超静定结构，如图 4－25 所示。和力法一样，受基本未知量和外因共同作用的基本结构称为基本体系。

然后令基本结构分别产生单一的单位基本位移 $Z_1=1$，根据形常数可作出基本结构单位内力图（单位弯矩图$\overline{M}_1$）。根据载常数可作出基本结构荷载（包括广义荷载）内力图（弯矩图 M_P）。图 4－29(a) 所示结构的两个弯矩图如图 4－30(b) 和图 4－30(c) 所示。图 4－30(b)中 i_{AB}和 i_{BC}分别为$\frac{EI}{l}$和$\frac{EI}{h}$，称为 AB 和 BC 杆的线刚度。习惯上将单位长度的抗

弯刚度记作 $i=\frac{EI}{l}$，为了标明是哪根杆的线刚度，再以双下标表明杆的名称，如 i_{AB} 和 i_{BC} 等。根据单位内力图，取结点或部分隔离体可计算出 $Z_j=1$ 时所引起的位移 $Z_i=1$ 时所对应的附加约束上的反力系数 k_{ij}；根据荷载内力图，取结点或部分隔离体可计算 Z_i 位移对应的附加约束上的反力 F_{iP}（与位移方向相同时为正）。对于图 4－29(a) 所示结构：$k_{11}=4i_{AB}+3i_{BC}$，$F_{1P}=-M_{BA}^{P}=-\frac{F_P l}{8}$。

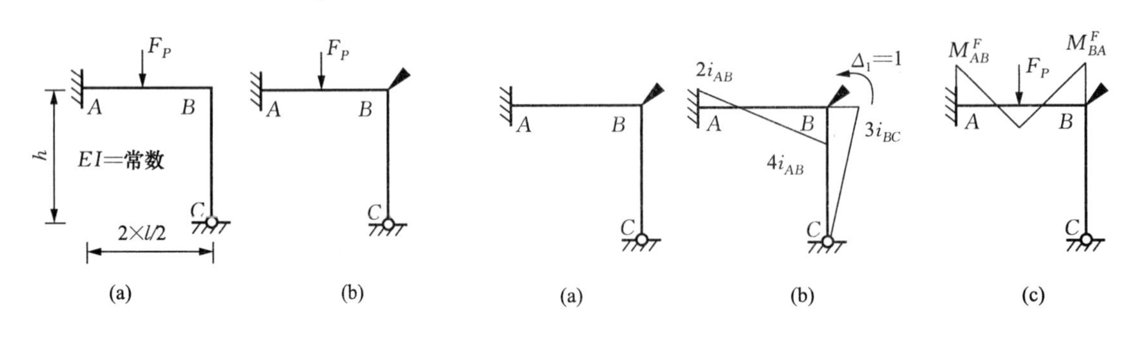

图 4－29　典型刚架
表示只限制转动位移

图 4－30　典型刚架分析过程
表示只限制转动位移

基本结构和原结构有两点区别：原结构在外因下是有结点位移的，而基本结构是无结点位移的；基本结构有附加的约束，而原结构是无附加约束的。基本体系是令基本结构发生原结构待求的位移 $Z_i(i=1, 2, \cdots, n)$，同时有外因作用，从结点位移方面看，基本体系和原结构没有差别，但是由于待求位移 $Z_i(i=1, 2, \cdots, n)$ 和外因作用，第 i 个附加约束上将产生 $F_i=\sum_{i=1}^{n}k_{ij}Z_j+F_{iP}$ 的约束总反力，显然这是和原结构不同的。为了消除这一差别，由于原结构没有附加约束，所以第 i 个附加约束上的总反力应该等于零，也即 $F_i=0$ 或

$$\sum_{i=1}^{n}k_{ij}Z_j+F_{iP}=0(i=1,2,\cdots,n) \tag{4-17}$$

或

$$\left.\begin{array}{l} k_{11}Z_1+k_{12}Z_2+\cdots+k_{1n}Z_n+F_{1P}=0 \\ k_{21}Z_1+k_{22}Z_2+\cdots+k_{2n}Z_n+F_{2P}=0 \\ \vdots \\ k_{n1}Z_1+k_{n2}Z_2+\cdots+k_{nn}Z_n+F_{nP}=0 \end{array}\right\} \tag{4-18}$$

式（4－17）和式（4－18）称为位移法典型方程。对于图 4－29(a) 所示结构，位移典型方程为

$$k_{11}Z_1+F_{1P}=0$$

其中 $k_{11}=4i_{AB}+3i_{BC}$，$F_{1P}=-M_{BA}^{P}=-\frac{F_P l}{8}$。

位移法典型方程和力法对线弹性结构来说是相同的，它是线性代数方程组，求解后即可得基本未知量 Z_i（$i=1, 2, \cdots, n$），求得位移基本未知量以后，由 $M=\sum\overline{M}_iZ_i+M_P$ 进行叠加，得到基本体系的弯矩，也就是原结构的弯矩，进而可求超静定结构的其他内力和任

意位移等。

可见，位移法采用基本体系的解题法与力法的思路是十分相似的。

【例 4－5】用位移法计算图 4－31 所示两跨连续梁并作弯矩图。各杆 EI＝常数。

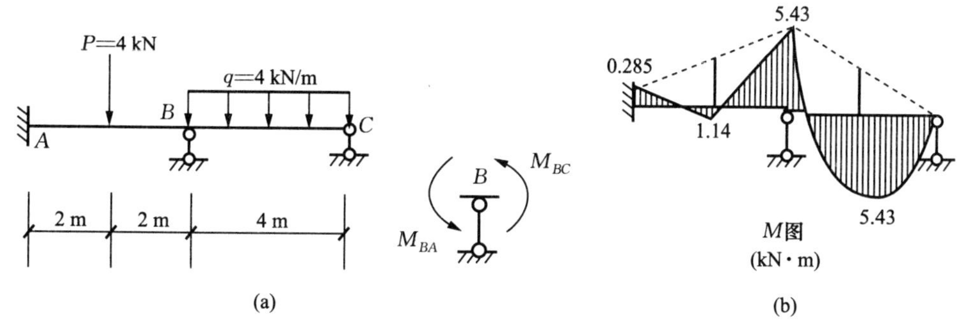

图 4－31　例 4－5 图

解：①确定基本未知数。此连续梁有一个结点角位移 Z_1，即结点 B 的转角，无结点线位移。

② 利用转角位移方程，写出各杆端弯矩表达式。

杆 AB：

$$M_{AB}=2i_{AB}Z_1-\frac{Pl}{8}=0.5EIZ_1-2$$

$$M_{BA}=4i_{AB}Z_1+\frac{Pl}{8}=EIZ_1+2 \tag{a}$$

杆 BC：

$$M_{BC}=3i_{BC}Z_1-\frac{ql^2}{8}=0.75EIZ_1-8$$

$$M_{CB}=0 \tag{b}$$

③ 建立位移法方程。取结点 B 为脱离体：

$$\sum M_B=0 \tag{c}$$

将式（a）与式（b）杆端弯矩表达式代入（c），并整理得位移法方程：

$$1.75EIZ_1-6=0$$

解得

$$Z_1=\frac{3.43}{EI}$$

④ 杆端弯矩值计算。将 Z_1 值代入式（a），即得各杆端的最后弯矩值如下：

$$M_{AB}=0.5EI\times\frac{3.43}{EI}-2=-0.285(\text{kN}\cdot\text{m})$$

$$M_{BA}=EI\times\frac{3.43}{EI}+2=5.43(\text{kN}\cdot\text{m})$$

$$M_{BC}=0.75EI\times\frac{3.43}{EI}-8=-5.43(\text{kN}\cdot\text{m})$$

$$M_{CB}=0$$

⑤ 根据求得的杆端弯矩值作弯矩图，如图 4－31(b) 所示。

四、用平衡方程建立位移法方程

位移法方程的建立有两种方法，一种是前面讨论过的典型方程，另一种是根据结点和截面的平衡条件建立位移法方程，通常称为平衡方程。

【例 4－6】用平衡条件建立位移方程，分析图 4－32 所示结构，并作 M 图。

解：①基本未知量的确定。结构有刚结点 D 的角位移 θ 和 E 点的水平线位移 Δ 两个基本未知量。

② 建立各杆件的杆端转角位移方程。设 $i=\frac{EI}{4}$，应用转角位移方程公式有

$$M_{DE}=3i\theta$$

$$M_{DA}=4i\theta-\frac{6i}{l}\Delta=4i\theta-\frac{3}{2}i\Delta$$

$$M_{AD}=2i\theta-\frac{6i}{l}\Delta=2i\theta-\frac{3}{2}i\Delta$$

$$M_{EB}=0$$

$$M_{BE}=-\frac{3i}{l}\Delta=-\frac{3}{4}i\Delta$$

$$Q_{DA}=-\frac{1}{l}(M_{DA}+M_{AD})=-\frac{3}{2}i\theta+\frac{3}{4}i\Delta$$

$$Q_{EB}=-\frac{1}{l}(M_{EB}+M_{BE})=\frac{3i}{16}\Delta$$

CD 杆相当于悬臂梁受集中荷载作用，则

$$M_{DC}=P\times 1=23\ \text{kN}\cdot\text{m}$$

③ 建立位移法方程。取图 4－32(b) 所示隔离体，对 D 点，由 $\sum M_D=0$ 得

$$M_{DE}+M_{DA}+M_{DC}=0$$

将各杆端弯矩表达式代入并简化得

$$7i\theta-\frac{3}{2}i\Delta+23=0$$

同样，对 CDE 杆，由 $\sum X=0$ 可得

$$Q_{DA}+Q_{EB}=0$$

将各杆端剪力表达式代入并简化得

$$-\frac{3}{2}i\theta+\frac{15}{16}i\Delta=0$$

④ 求解基本未知量。求解位移法基本方程：

$$\left.\begin{array}{r}7i\theta-\frac{3}{2}i\Delta+23=0\\ -\frac{3}{2}i+\frac{15}{16}i\Delta=0\end{array}\right\}$$

可得

$$\theta=-\frac{5}{i},\ \Delta=-\frac{8}{i}$$

⑤ 求各杆端弯矩。将求得的结点位移代入第（2）步可得

$$M_{DE}=3i\times\left(-\frac{5}{i}\right)=-15(\text{kN}\cdot\text{m})$$

$$M_{DA}=4i\times\left(-\frac{5}{i}\right)-\frac{3}{2}i\times\left(-\frac{8}{i}\right)=-20+12=-8(\text{kN}\cdot\text{m})$$

$$M_{AD}=2i\times\left(-\frac{5}{i}\right)-\frac{3}{2}i\times\left(-\frac{8}{i}\right)=-10+12=2(\text{kN}\cdot\text{m})$$

$$M_{BE}=-\frac{3}{4}i\times\left(-\frac{8}{i}\right)=6(\text{kN}\cdot\text{m})$$

⑥ 绘制弯矩图。根据上面计算的杆端弯矩值，可绘制结构的最后弯矩图，如图 4－32(c)所示。

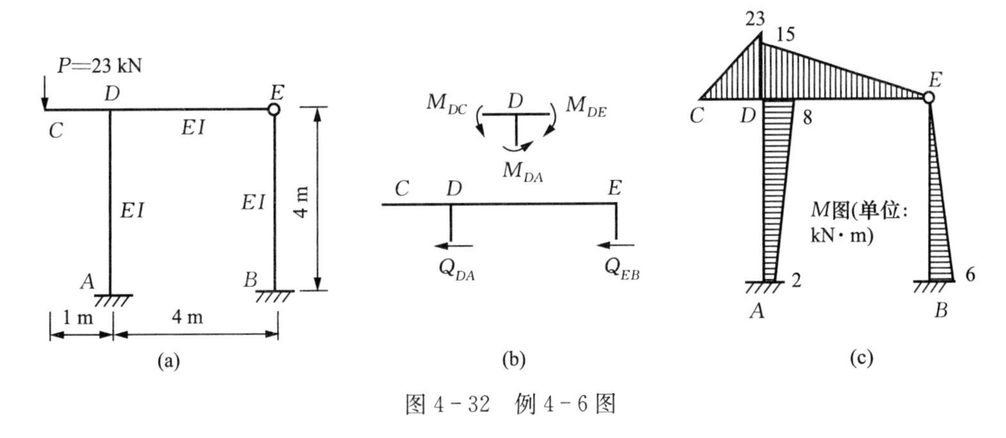

图 4－32　例 4－6 图

由上所述，位移法的计算步骤归纳如下：

① 确定结构的基本未知量的数目（独立的结点角位移和线位移），并引入附加联系而得到基本结构。

② 令各附加联系发生与原结构相同的结点位移，根据基本结构在荷载等外因和各结点位移共同作用下，各附加联系上的反力矩或反力均应等于零的条件，建立位移法的基本方程。

③ 绘出基本结构在各单位结点位移作用下的弯矩图和荷载作用下（或支座位移、温度变化等其他外因作用下）的弯矩图，由平衡条件求出各系数和自由项。

④ 结合典型方程，求出作为基本未知量的各结点位移。

⑤ 按叠加法绘制最后弯矩图。

复 习 思 考 题

1. 作出图 4－33 所示多跨静定梁的弯矩图。

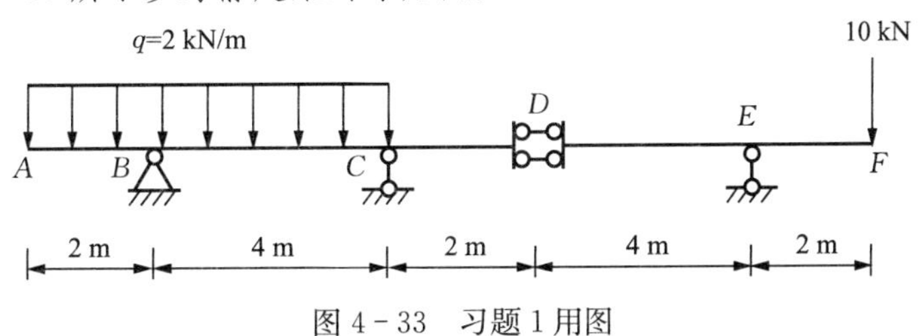

图 4－33　习题 1 用图

2. 求图 4-34 所示刚架所受支反力。

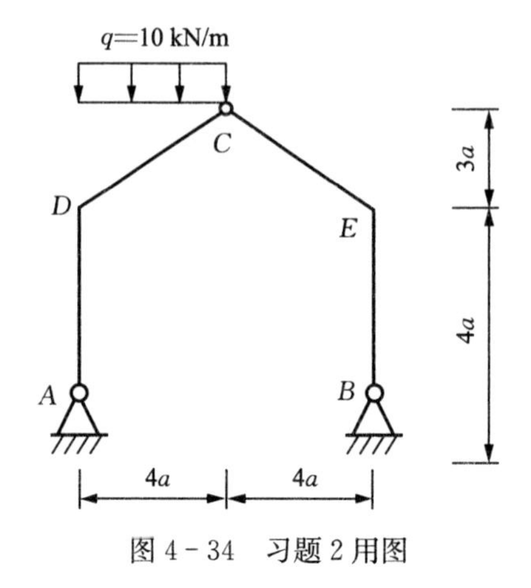

图 4-34　习题 2 用图

3. 力法计算图 4-35 所示超静定梁结构，作出弯矩图。其中 EI=常数。

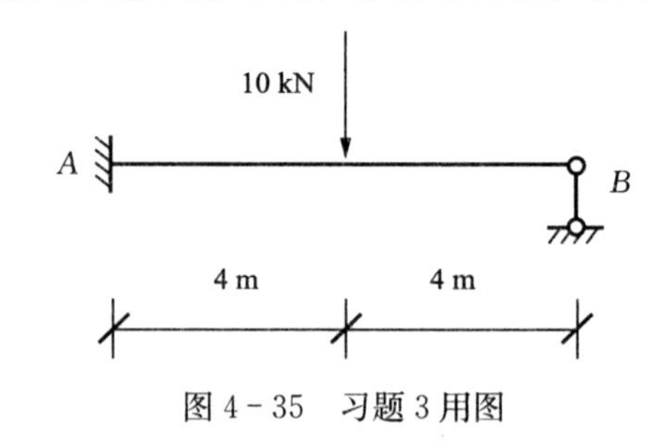

图 4-35　习题 3 用图

4. 力法计算图 4-36 所示超静定梁结构，作出内力图。其中 EI=常数。

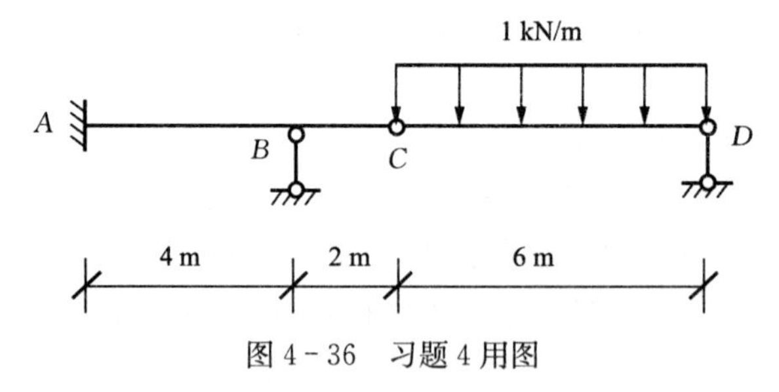

图 4-36　习题 4 用图

5. 力法计算图 4-37 所示超静定刚架，作出内力图。

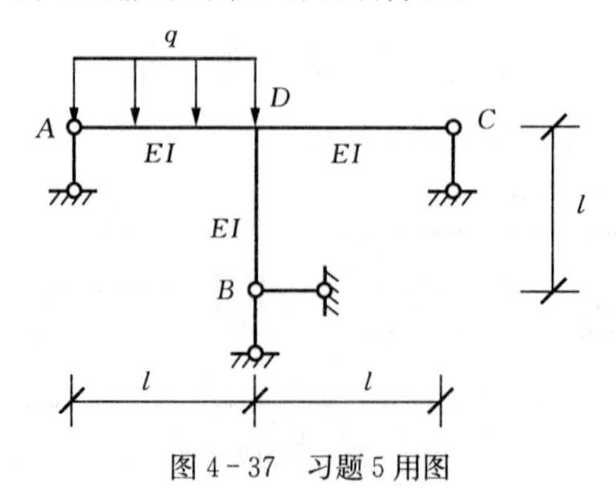

图 4-37　习题 5 用图

6. 图 4-38 所示为一简易温室骨架，梁和柱的截面惯性分别为 I_1 和 I_2，$I_1 : I_2 = 2 : 1$。当横梁承受均布雪荷载 $q = 20$ kN/m 作用时，试作温室骨架的内力图。

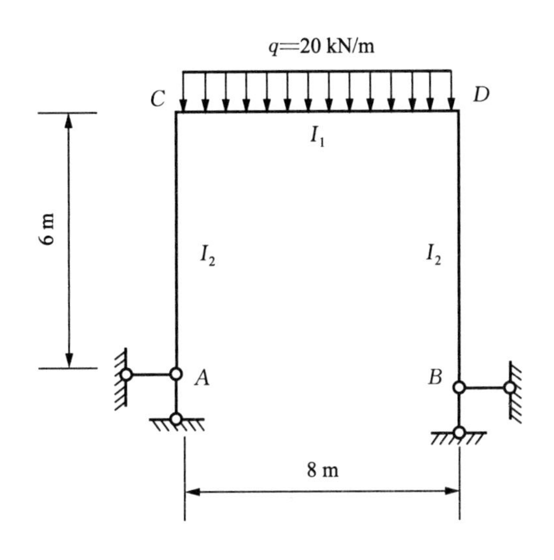

图 4-38　习题 6 用图

7. 用位移法求图 4-39 所示连续梁的内力图。其中 EI=常数。

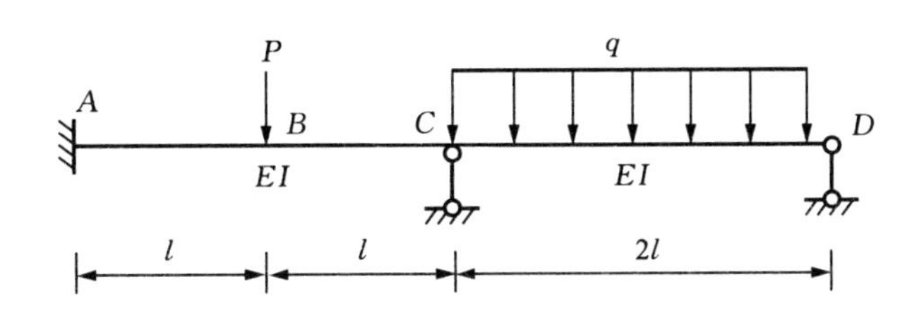

图 4-39　习题 7 用图

8. 用位移法典型方程计算图 4-40 所示刚架，并绘制弯矩图。其中 EI=常数。

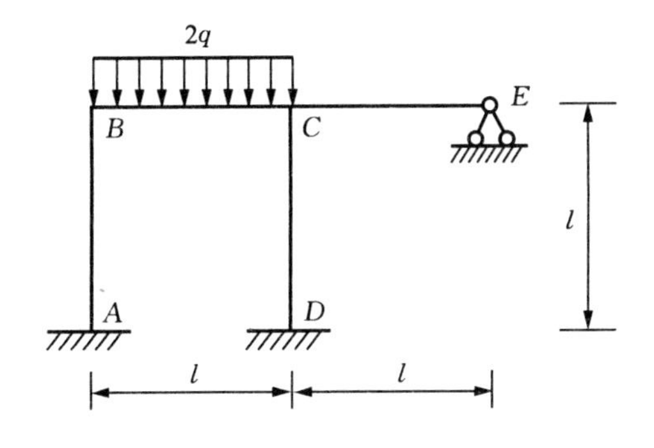

图 4-40　习题 8 用图

9. 利用结点平衡方程计算如图 4-41 所示刚架，绘 M 图。各杆抗弯刚度为：1A 杆

$3EI$，12 杆 $5EI$，$2B$ 杆 $3EI$，$2C$ 杆 $4EI$。

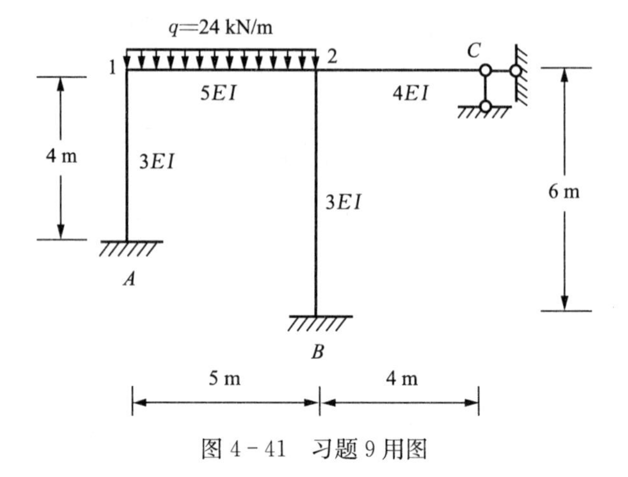

图 4－41　习题 9 用图

第五章　温室结构强度与稳定性计算

构成温室结构体系的基本单元称为构件。根据材料不同可以把构件分为钢（或合金）构件、钢筋混凝土构件和砌体构件。按受力状态又可以把构件分为轴心受拉构件、偏心受拉构件、轴心受压构件、偏心受压构件和受弯构件。

经过前几章的学习，已经掌握了如何计算构成温室的各种构件在各种可能出现的荷载组合作用下所承受的内力。本章将介绍判断已知截面的构件是否安全或根据已知所承受的内力进行构件截面选择和设计的方法。

可靠的构件必须能够满足两种极限状态的要求。第一种是构件的承载力极限状态，达到或超过此状态，构件将发生破坏或发生过大变形而不能再承受荷载，包括静力强度、动力强度和稳定。第二种是正常使用极限状态，达到或超过此极限状态，构件将发生不能保证结构正常使用或影响结构耐久性的变形。

本章将重点介绍构件的静力强度和稳定计算，有关第一种极限状态的动力强度和第二种极限状态的变形或裂缝等的计算，可参考《钢结构》、《钢筋混凝土结构》等文献。

第一节　结构强度计算

静力强度计算是构件设计的基本内容。各种不同材料组成的构件，其强度承载力破坏的表现不同，强度计算理论也有所不同。根据工程经验和科学实验，组成构件的材料不同，构件所承受的荷载类型不同，其适用的强度理论也有所不同。

工程中常用材料的强度计算理论主要有以下几种。

一、最大拉应力理论（第一强度理论）

这一理论认为，最大拉应力是引起断裂的主要因素。即认为无论是什么应力状态，只要最大拉应力达到与材料性质有关的某一极限值，则材料就发生断裂。既然最大拉应力的极限值与应力状态无关，于是就可用单向应力状态确定这一极限值。单向拉伸只有 σ_1（$\sigma_2=\sigma_3=0$），而当 σ_1 达到强度极限 σ_b 时，发生断裂。这样，根据这一理论，无论是什么应力状态，只要最大拉应力 σ_1 达到 σ_b 就导致断裂。于是得断裂准则为

$$\sigma_1=\sigma_b \tag{5-1}$$

将极限应力 σ_b 除以安全系数得许用应力 $[\sigma]$，所以按第一强度理论建立的强度条件是

$$\sigma_1\leqslant[\sigma] \tag{5-2}$$

二、最大伸长线应变理论（第二强度理论）

这一理论认为，最大伸长线应变是引起断裂的主要因素。即认为无论什么应力状态，只要最大伸长线应变 ε_1 达到与材料性质有关的某一极限值，材料即发生断裂。第二强度理论

建立的强度条件是

$$\sigma_1-\mu(\sigma_2+\sigma_3)\leqslant[\sigma] \tag{5-3}$$

三、最大剪应力理论（第三强度理论）

这一理论认为，无论材料处于什么应力状态，只要发生屈服（或剪断），其共同原因都是由于微元内的最大剪应力 τ_{max} 达到了某个共同的极限值 τ_{max}^0。

轴向拉伸实验发生屈服时，横截面上的正应力达到屈服强度，即 $\sigma=\sigma_s$，此时最大剪应力为

$$\tau_{max}=\frac{\sigma_1-\sigma_3}{2}=\frac{\sigma}{2}=\frac{\sigma_s}{2} \tag{5-4}$$

因此，根据第三强度理论，$\sigma_s/2$ 即为所有应力状态下发生屈服时最大剪应力的极限值

$$\tau_{max}^0=\frac{\sigma_s}{2} \tag{5-5}$$

同时，对于主应力为 σ_1、σ_2、σ_3 的任意应力状态，其最大剪应力为

$$\tau_{max}=\frac{\sigma_1-\sigma_3}{2} \tag{5-6}$$

比较式（5-5）和式（5-6），任意应力状态发生屈服时的失效判据可以写成

$$\sigma_1-\sigma_3=\sigma_s \tag{5-7}$$

据此，得到相应的强度条件为

$$\sigma_1-\sigma_3\leqslant[\sigma] \tag{5-8}$$

四、形状改变比能理论（第四强度理论）

这一理论认为，形状改变比能是引起屈服的主要因素。即认为无论什么应力状态，只要形状改变比能 μ_f 达到与材料性质有关的某一极限值，材料就发生屈服。

实际工程中，构件的单纯受力状态是很少存在的，往往都是多种受力状态的复合，如拉伸与弯曲、压缩与弯曲、弯曲和扭转、双向弯曲等。这种复杂应力状态可以简化为单一应力状态的叠加，其强度理论可参看《材料力学》等文献。

无论何种形式的强度破坏，宏观上都表现为材料的破坏，微观上都表现为组成构件的材料应力达到极限应力或组成构件的材料应变达到极限应变。因此，要了解构件的强度，就必须从了解材料的力学性能入手。

温室常用的结构材料可以分为钢材、混凝土、砌体三种。以下就这几类主要结构材料的强度计算理论和方法展开讨论。

第二节　钢结构的强度计算理论及材料的力学性能

温室工程常用的钢材有圆钢、小角钢、C 型钢、矩形钢管、圆钢管等薄壁型钢材。

钢结构构件的受力状态主要有轴心受拉、轴心受压、受弯、拉弯、压弯等。所谓强度是指构件截面上的应力有多大，是否满足承载能力极限状态的要求。

一、常见结构用钢的性能

1. 钢材的物理性能　影响钢结构强度和刚度的物理性能主要包括密度、弹性模量、剪切模量、线膨胀系数。

2. 钢材的力学性能　由于钢材的抗拉（压）强度是随机的，同一批钢材的强度也不相同，取95%保证概率的值作为其强度标准值 f_k，即取屈服点强度的统计平均值减去1.645倍屈服点强度的统计标准差，即 $f_k=f_m(1-1.645\delta)$，f_m 为屈服强度的平均值，δ 为屈服强度的变异系数。

同时在工程设计中，为了保证结构具有相应的可靠性，要求把应力控制在强度设计值 f 以下，设计强度 f 以用其强度标准值 f_k 除以相应的抗力系数得出。表5-1和表5-2分别列出了常见结构钢材的屈服点和强度设计值。

表5-1　常用结构钢材的屈服点强度（MPa）

钢种	Q235—A、Q235—A.F	16Mn、16Mnq	15MnV、15MnVq
屈服点	235	335	390

注：有关钢种和各钢种符号的介绍请参考《钢结构设计手册》等。

表5-2　常见结构钢材在不同受力情况的强度设计值（MPa）

受力情况	钢种				
	普通钢			薄壁钢	
	Q235	16Mn、16Mnq	15MnV、15MnVq	Q235	16Mn
抗拉、抗压、抗弯 f	215	315	350	205	300
抗剪 f_v	125	185	205	120	175
端面承压 f_{ce}	325	445	450	310	425

注：表中的强度设计值均指钢材厚度小于16 mm，当钢材厚度大于16 mm时，强度设计值折减5%。

3. 常用钢筋及其性能　钢筋分为圆钢和变形钢筋两大类，圆钢的强度较低，但塑性好；变形钢筋强度高，但塑性差。选择时应根据实际需求选择，兼顾强度和塑性。常用钢筋的代号和强度设计值见表5-3。

表5-3　常见钢筋的强度设计值（MPa）

钢筋代号	所属钢种	受拉压强度设计值	受拉压强度标准值	生产工艺	钢筋外形
HPB235	Q235	210	235	热轧	光圆
HRB335	16Mn	300	335	热轧	月牙纹、螺纹
HRB400	15MnV	360	390	热轧	月牙纹、螺纹

注：1. 钢筋的受压强度设计值与受拉强度设计值相同，工程结构中通常把钢筋用作受拉构件或材料。

2. 钢筋的其他性能同其所属钢种的钢材。

二、轴心受力钢构件的强度计算

轴心受力构件分轴心受拉和轴心受压两类，前者简称拉杆，后者简称压杆。拉杆的破坏主要是钢材屈服或被拉断，两者都属于强度破坏。压杆的破坏主要是由于构件失去整体稳定性（或称屈曲）或组成压杆的板件局部失去稳定性，当构件上有螺栓孔等使截面有较多削弱时，也可能因截面削弱处强度不足而破坏。这些计算内容，都属于按承载能力极限状态计算，计算时应采用荷载的设计值。

轴心受力构件的截面有多种形式，选型时要注意：①形状应力求简单，以减少制造工作量；②截面宜具有对称轴，使构件有良好的工作性能；③要便于与其他构件连接；④相同截面积应使具有较大的惯性矩，亦即构件的材料宜向截面四周扩散，从而减小构件的长细比，利于构件受压稳定；⑤尽可能使构件在截面两个主轴方向为等刚度。

1. 轴心受拉构件的强度计算 轴心受拉构件的强度应按下式计算：

$$\sigma=\frac{N}{A_n}\leqslant f \tag{5-9}$$

式中 σ——受拉、压、弯正应力（N/mm^2 或 MPa）；

N——轴心拉、压力（kN 或 N）；

A_n——构件净截面面积（mm^2），考虑有螺栓孔或其他类型的截面削弱处；

f——钢材的抗拉、压、弯强度设计值（N/mm^2 或 MPa）。

2. 轴心受压构件的强度计算 轴心受压构件受力后的破坏方式主要有两类。短而粗的受压构件主要是强度破坏；长而细的轴心受压构件主要是失去整体稳定性而破坏（在本章第五节讨论）。

轴心受压构件的强度应按下式计算：

$$\sigma=\frac{N}{A_{en}}\leqslant f \tag{5-10}$$

式中 A_{en}——有效净截面面积（mm^2）。

三、受弯构件的强度计算

受弯构件在横向荷载作用下，截面上将产生弯矩和剪力。受弯构件的强度最主要的是抗弯强度，其次是抗剪强度。

荷载通过截面弯心并与主轴平行的受弯构件的强度应按下列公式计算：

$$\sigma=\frac{M_{max}}{W_{enx}}\leqslant f \tag{5-11}$$

$$\tau=\frac{V_{max}S}{It}\leqslant f_v \tag{5-12}$$

式中 M_{max}——跨间对主轴 x 轴的最大弯矩（kN·m 或 N·mm）；

V_{max}——最大剪力（kN 或 N）；

W_{enx}——对主轴 x 轴的较小有效净截面模量（m^3 或 mm^3）；

τ——剪应力（N/mm^2 或 MPa）；

S——计算剪应力处以上截面对中和轴的面积矩（m^3 或 mm^3）；

I——毛截面惯性矩（m^4 或 mm^4）；

t——腹板厚度之和（m 或 mm）；

f_v——钢材抗剪强度设计值（N/mm^2 或 MPa）。

荷载偏离截面弯心但与主轴平行的受弯构件的强度应按下列公式计算：

$$\sigma=\frac{M}{W_{enx}}+\frac{B}{W_w}\leqslant f \tag{5-13}$$

式中　M——计算弯矩（kN·m 或 N·mm）；

B——与所取弯矩同一截面的双力矩（kN·m 或 N·mm）；

W_w——与弯矩引起的应力同一验算点处的毛截面扇性模量（m^3 或 mm^3）。

剪应力可按式（5－12）验算。

荷载偏离截面弯心且与主轴倾斜的受弯构件，当在构造上能保证整体稳定性时，其强度可按下式计算：

$$\sigma=\frac{M_x}{W_{enx}}+\frac{M_y}{W_{eny}}+\frac{B}{W_w}\leqslant f \quad (5-14)$$

式中　M_x、M_y——对截面主轴 x、y 轴的弯矩（kN·m 或 N·mm）；

W_{eny}——对截面主轴 y 轴的有效净截面模量（m^3 或 mm^3）。

四、拉弯、压弯构件的强度计算

同时承受弯矩和轴心拉力或轴心压力的构件称为拉弯构件或压弯构件。拉弯构件和压弯构件的强度承载能力极限状态是截面上出现塑性铰。

1. 拉弯构件的强度计算　拉弯构件的强度应按下式计算：

$$\sigma=\frac{N}{A_n}\pm\frac{M_x}{W_{nx}}\pm\frac{M_y}{W_{ny}}\leqslant f \quad (5-15)$$

式中　W_{nx}、W_{ny}——对截面主轴 x、y 轴的净截面模量（m^3 或 mm^3）。

2. 压弯构件的强度计算　压弯构件常采用单轴对称或双轴对称的截面。当弯矩只作用在构件的最大刚度平面内时称为单向压弯构件，在两个主平面内都有弯矩作用的构件称为双向压弯构件。工程结构中大多数压弯构件可按单向压弯构件考虑，其强度应按下式计算：

$$\sigma=\frac{N}{A_{en}}\pm\frac{M_x}{W_{enx}}\pm\frac{M_y}{W_{eny}}\leqslant f \quad (5-16)$$

【例 5－1】如图 5－1 所示的压弯构件，截面为方钢管，截面高 $h=50$ mm，截面厚 $t=2.0$ mm，钢材为 Q235，构件承受轴心压力设计值 $N=50$ kN，构件长度中点有一侧向支点并有一横向荷载，设计值为 $F=500$ N，均为静力荷载。试验算构件强度。

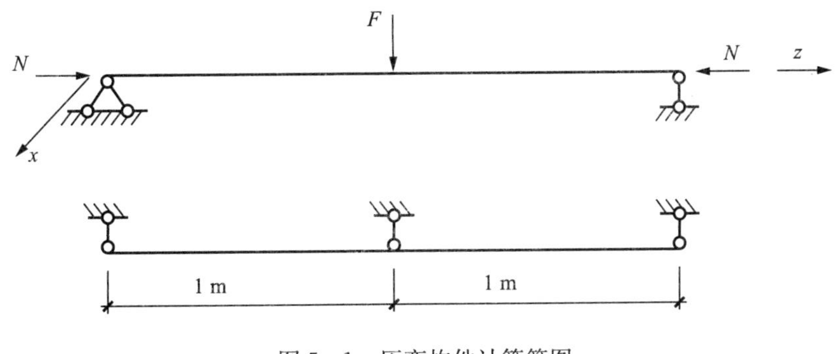

图 5－1　压弯构件计算简图

解：①求等效轴心压力：$N=50$ kN

最大弯矩设计值：$M_x=Fl/4=500\times2/4=250(\text{N}\cdot\text{m})$

② 计算截面几何特性及有关参数。

截面积：$A=3.67\ \text{cm}^2$

截面模量：$W_x=5.48\ \text{cm}^3$

③ 截面强度验算。

压弯构件的强度条件：$\sigma=\frac{N}{A_{\text{en}}}+\frac{M_x}{W_{\text{en}x}}\leqslant f$

根据压弯构件的强度计算公式（5-16）及钢材材料参数（表5-2），有

$$\sigma=\frac{N}{A_{\text{en}}}+\frac{M_x}{W_{\text{en}x}}=\frac{50\times10^3}{367}+\frac{250\times10^3}{5\,480}=136.2+45.6$$

$$=181.8(\text{N/mm}^2)<f=215\ \text{N/mm}^2$$

经验算，强度满足要求。

第三节　钢筋混凝土结构的强度计算理论及混凝土材料的力学性能

一、混凝土的力学性能

混凝土是由水泥、石子、沙按照一定的配比，加入适量的水，搅拌浇注养护，胶合形成的一种混合材料，它具有抗压性能好、抗拉和抗剪性能较差的特点，属于脆性材料。

混凝土主要用来浇注梁、板等水平结构，有时也用来浇注柱、墙、基础等竖向结构。一般作为承重结构的混凝土不单独出现，而是在混凝土内部按照一定方式配置钢筋，形成钢筋混凝土，其中钢筋主要承受拉应力，而混凝土主要承受压应力，这样两种材料的优势都可以得到充分发挥。有时在一些非承重的结构中，采用素混凝土，即混凝土中不配置任何钢筋，此时一般采用较低强度等级的混凝土，如C10、C15等。

1. 强度等级　在混凝土结构中，主要利用混凝土的抗压强度，因此混凝土抗压强度是混凝土力学性能中最主要和最基本的指标。混凝土的强度等级是用抗压强度来划分的。

用边长150 mm的立方体标准试件，在标准条件下（温度20 ℃±3 ℃，相对湿度90%以上的标准养护室）养护28 d，并用标准试验方法（加载速度0.3～0.5 MPa/s）测定的、具有保证概率95%的立方体抗压强度，用符号f_{cu}表示。按f_{cu}的大小从15～80 MPa把混凝土划分为14个强度等级，级差为5 MPa。强度等级用符号C表示，如C30表示$f_{\text{cu}}=30\ \text{MPa}$。

2. 轴心抗压强度 f_{c}　由于材料强度的尺寸效应以及实际结构的养护条件不同于标准养护，实际结构构件中混凝土的强度和立方体试块的强度有所不同，设计时应将立方体抗压强度换算成混凝土轴心抗压强度，用f_{c}表示，$f_{\text{c,m}}\approx0.76f_{\text{cu,m}}$。其中下标m表示取强度的平均值。

3. 轴心抗拉强度 f_{t}　轴心抗拉强度也是混凝土的一项力学基本性能，用符号f_{t}表示。混凝土的开裂、裂缝、变形以及受剪、受扭、受冲切承载力都和抗拉强度有关。

轴心抗拉强度采用劈拉试验测定（参见有关建筑材料试验方法），混凝土抗拉强度一般是抗压强度的1/20～1/8，且抗拉强度和抗压强度没有线性关系。

常见强度等级的混凝土拉、压强度设计值见表5-4。

4. 强度标准值 f_{k}　为保证结构的可靠性，各种强度的标准值均采用95%的保证概率，

即取各项（抗拉强度或抗压强度）强度的统计平均值减去1.645倍强度的统计标准差，即$f_k=f_m(1-1.645\delta)$，f_m为屈服强度的平均值，δ为屈服强度的变异系数。

常见强度等级的混凝土拉、压强度标准值见表5-5。

表5-4　混凝土强度标准值（MPa）

强度等级	符号	C15	C20	C25	C30	C35	C40	C45	C50	C55
轴心抗压	f_{ck}	10.0	13.4	16.7	20.1	23.4	26.8	29.6	32.4	35.5
轴心抗拉	f_{tk}	1.27	1.54	1.78	2.01	2.20	2.40	2.51	2.65	2.74

表5-5　混凝土强度设计值（MPa）

强度等级	符号	C15	C20	C25	C30	C35	C40	C45	C50	C55
轴心抗压	f_c	7.2	9.6	11.9	14.3	16.7	19.1	21.2	23.1	25.3
轴心抗拉	f_t	0.91	1.10	1.27	1.43	1.57	1.71	1.80	1.89	1.96

5. 弹性模量E_c　混凝土的弹性模量指混凝土受压变形时的弹性模量，它反映混凝土在受力时压力和应变之间的关系。由于混凝土的受压试验中的应力—应变关系为非线性的，测定其弹性模量是很复杂的过程，一般混凝土的弹性模量可以用其立方体抗压强度换算，近似关系为

$$E_c=\frac{10^5}{2.2+\frac{34.74}{f_{cu}}}\quad(\mathrm{MPa})\tag{5-17}$$

6. 收缩和徐变　混凝土在空气中硬化时体积会缩小，这种现象称为混凝土的收缩。收缩是在不受外力的情况下的一种变形，当这种变形受到支座等约束的限制时，会在混凝土内部产生拉应力，当拉应力超过抗拉强度时，就会出现收缩裂缝，收缩裂缝将影响混凝土的耐久性，应引起重视。

混凝土在压应力保持不变的情况下，应变会随着时间延长而逐渐增大，这种现象称为混凝土的徐变。徐变对预应力混凝土不利，但对减小支座不均匀沉降引起的内应力和减小混凝土的温度应力，以及减少收缩裂缝是有利的。

二、受弯构件承载力计算

1. 受弯构件正截面承载力计算

（1）*单筋矩形截面*　如图5-2所示截面各参数，由力平衡和弯矩平衡可得到单筋截面的基本公式为

$$\begin{aligned}&\alpha_1 f_c bx=f_yA_s\\&M=\alpha_1 f_c bx\left(h_0-\frac{x}{2}\right)=f_yA_s\left(h_0-\frac{x}{2}\right)\end{aligned}\tag{5-18}$$

式中　M——弯矩设计值（kN·m或N·mm）；

f_c——混凝土轴心抗压强度设计值（N/mm²或MPa）；

f_y——钢筋抗拉强度设计值（N/mm²或MPa）；

x——混凝土受压区高度（m或mm）；

b——受弯构件截面宽度（m或mm）；

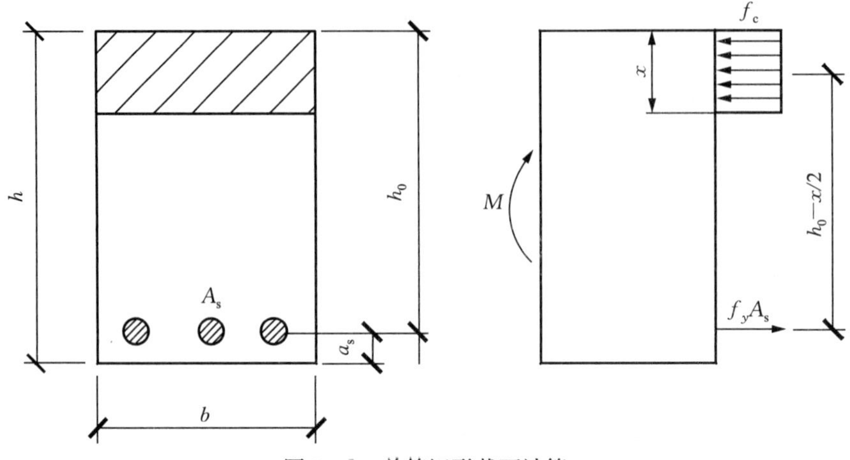

图 5-2 单筋矩形截面计算

h_0——受弯构件截面有效高度（m 或 mm）；

A_s——受拉钢筋面积（mm^2）；

α_1——等效应力矩形图系数。

为了符合适筋的情况，基本公式（5-18）还必须满足以下条件：

$$x \leqslant \xi_b h_0, \ A_s \leqslant \rho_{max} b h_0 \qquad (5-19)$$

$$M \leqslant \alpha_{s,max} \alpha_1 f_c b h_0^2$$

其中，$\rho_{max} = \xi_b \alpha_1 f_c / f_y$，$\alpha_{s,max} = \xi_b (1-0.5\xi_b)$。

式中 ξ_b——相对界限受压区高度；

f_y——纵向钢筋抗拉强度设计值（N/mm^2 或 MPa）。

此外，受弯构件的受拉钢筋还应该满足最小配筋率的要求：

$$A_s \geqslant \rho_{min} b h \qquad (5-20)$$

其中，$\rho_{min} = \max(0.002, \ 0.45 f_t / f_y)$。

【例 5-2】单筋矩形截面梁，截面尺寸 $b \times h$ 为 250 mm×500 mm，混凝土为 C30 级，纵向受拉钢筋为 8 根 $d=18$ mm($A_s = 2\ 036$ mm^2)，HRB335 级钢筋，各参数如图 5-3 所示。求截面所能承受的弯矩。

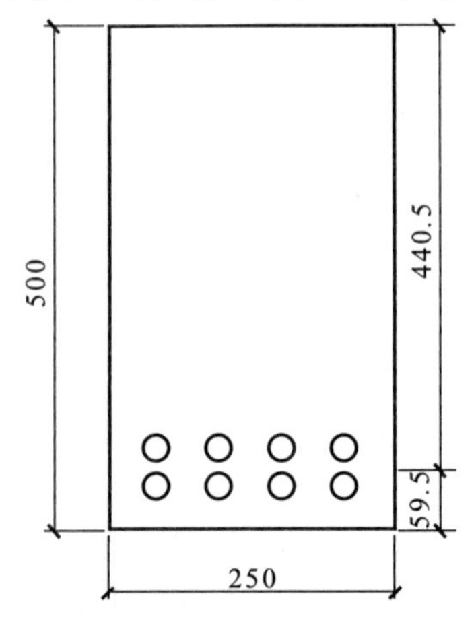

图 5-3 单筋矩形截面

解：由图可知：$h_0 = 440.5$ mm。

① 求得最大配筋率。

$$\rho_{max} = \xi_b f_c / f_y = 0.55 \times 14.3/300 = 0.026\ 2$$

$$A_s = 2\ 036\ mm^2 < \rho_{max} b h_0 = 0.026\ 2 \times 250 \times 440.5 = 2\ 885(mm^2)$$

满足条件，属于适筋情况。

② 求受弯承载力 M_u。

$$x = f_y A_s / f_y b = 2\ 036 \times 300/250/14.3 = 170.8$$

$$M_u = f_y A_s (h_0 - x/2) = 2\ 036 \times 300 \times (440.5 - 170.8/2) = 216.89(kN \cdot m)$$

（2）**双筋矩形截面** 当单筋矩形截面不符合条件，而截面高度受到使用要求的限制不能增大，同时混凝土强度等级受到施工条件限制而不能提高时，可以采用双筋截面。如图 5-4 所示。

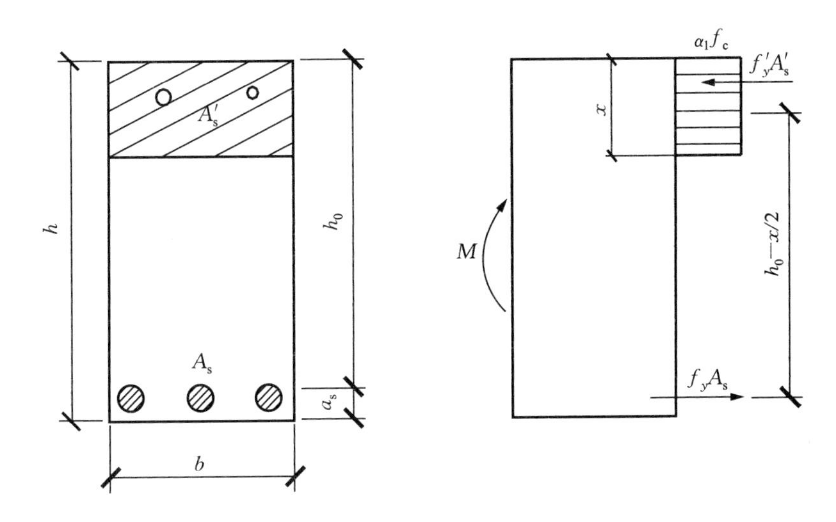

图 5-4　双筋矩形截面计算

由平衡条件可以写出其基本公式：

$$\alpha_1 f_c bx + f_y' A_s' = f_y A_s \tag{5-21}$$

$$M = \alpha_1 f_c bx(h_0 - 0.5x) + f_y' A_s'(h_0 - a')$$

式中　M——弯矩设计值（kN·m 或 N·mm）；

f_c——混凝土轴心抗压强度设计值（N/mm^2 或 MPa）；

f_y——纵向钢筋抗拉强度设计值（N/mm^2 或 MPa）；

A_s——纵向受拉钢筋面积（mm^2）；

A_s'——纵向受压钢筋面积（mm^2）；

x——混凝土受压区高度（m 或 mm）；

b——受弯构件截面宽度（m 或 mm）；

h_0——受弯构件截面有效高度（m 或 mm）；

α_1——等效应力矩形图系数。

式（5-21）除了要满足单筋截面的要求外，还应该满足：

$$x \geqslant 2a' \text{或者 } \gamma_s h_0 \leqslant h_0 - 2a' \tag{5-22}$$

且双筋截面情况下，一般不需要验算最小配筋率。

【例 5-3】已知梁的截面尺寸 $b \times h = 250\ mm \times 450\ mm$，弯矩设计值 $M = 270\ kN \cdot m$，混凝土为 C30 级，采用 HRB400 级钢筋。求此截面所需要的纵向受力钢筋。

解：初步假设纵向受拉钢筋为双排，取 $h_0 = 450 - 60 = 390(mm)$。

C30 级混凝土 $\alpha_1 = 1.0$，$f_c = 14.3\ N/mm^2$。

$$\alpha_s = \frac{M}{f_c b h_0^2} = \frac{270 \times 10^6}{14.3 \times 250 \times 390^2} = 0.497$$

HRB400 级钢筋 $\alpha_{s,max} = 0.384$，$\alpha_s > \alpha_{s,max}$，需要配置受压钢筋；$f_y' = 360\ N/mm^2$。

设 $a' = 35\ mm$。

$$A_s' = \frac{M - \alpha_{s,\max} f_c b h_0^2}{f_y'(h_0 - a')} = \frac{270 \times 10^6 - 0.384 \times 14.3 \times 250 \times 390^2}{360 \times (390 - 35)} = 478.8(\mathrm{mm}^2)$$

求总的受拉钢筋截面面积 A_s，HRB400 级钢筋 $\xi_b = 0.518$。

$$A_s = \xi_b \frac{f_c}{f_y} b h_0 + A_s' = 0.518 \times \frac{14.3}{360} \times 250 \times 390 + 478.8 = 2\,485(\mathrm{mm}^2)$$

受压钢筋 A_s' 选用 2C18，$A_s' = 509\ \mathrm{mm}^2$；

受拉钢筋 A_s 选用 8C20，$A_s = 2\,513\ \mathrm{mm}^2$。

2. 受弯构件斜截面承载力计算 在工程实际的构件中，有箍筋、弯筋、纵筋的梁称为有腹筋梁；没有箍筋和弯起筋，仅设置纵筋的梁称为无腹筋梁。

(1) 无腹筋梁的承载力计算 《混凝土结构设计规范》根据国内所进行的大量不同荷载形式和加载方式的各种跨高比无腹筋简支梁、连续梁的实验结果，并考虑到可靠指标的要求和公式的便于设计应用，对无腹筋梁的受剪承载力采用下列公式计算：

对一般受弯构件：

$$V_c \leqslant 0.7 \beta_h f_t b h_0$$

$$\beta_h = \left(\frac{800}{h_0}\right)^{1/4} \tag{5-23-1}$$

式中 V_c——混凝土承受剪力（kN 或 N）；

β_h——截面高度影响系数，当 $h_0 < 800$ mm 时 $\beta_h = 1.0$，当 $h_0 > 2\,000$ mm 时 $\beta_h = 0.8$。

对于集中荷载作用下的独立梁（包括作用有多种荷载，其中集中荷载对支座边缘截面所产生的剪力值大于总剪力值的 75%的情况）：

$$V_c \leqslant \frac{1.75}{\lambda + 1} \beta_h f_t b h_0$$

$$\lambda = \frac{a}{h_0} \tag{5-23-2}$$

式中 λ——计算截面的剪跨比，$\lambda < 1.5$ 时 λ 取 1.5，$\lambda > 3$ 时 λ 取 3；

a——集中荷载到支座的距离（m 或 mm）。

(2) 有腹筋梁的受剪承载力计算 当仅配置箍筋时，其斜截面受剪承载力的计算公式如下：

$$V_{cs} = V_c + V_s = \alpha_c f_t b h_0 + \alpha_{sv} f_{yv} \frac{A_{sv}}{s} h_0 \tag{5-24}$$

公式（5-24）的第一项为混凝土项，即无腹筋梁的受剪承载力，第二项为配置箍筋后，构件受剪承载力提高的部分。

为体现出配箍率的定义，式（5-24）改写成：

$$\frac{V_{cs}}{f_t b h_0} = \alpha_c + \alpha_{sv} \rho_{sv} \frac{f_{yv}}{f_t} \tag{5-25}$$

对于矩形、T 形或工形等一般受弯构件，取 $\alpha_{sv} = 1.25$，即

$$V_{cs} = 0.7 f_t b h_0 + 1.25 f_{yv} \frac{A_{sv}}{s} h_0 \tag{5-26}$$

对集中荷载作用下的矩形截面独立梁，取 $\alpha_{sv} = 1.0$，即

$$V_{cs}=\frac{1.75}{1+\lambda}f_t bh_0+f_{yv}\frac{A_{sv}}{s}h_0 \tag{5-27}$$

为了防止由于配箍率过高而发生腹梁的斜压破坏，并控制使用荷载下的斜裂缝宽度，《混凝土结构设计规范》规定受弯构件的受剪截面需要符合下列截面的限制条件：

$$\begin{aligned}&V\leqslant 0.25\beta_c f_c bh_0 \quad (h_w/b\leqslant 4)\\&V\leqslant 0.20\beta_c f_c bh_0 \quad (h_w/b\geqslant 6)\\&\text{线性内插} \quad (4<h_w/b<6)\end{aligned} \tag{5-28}$$

式中　β_c——考虑高强混凝土特点的混凝土强度影响系数：当混凝土强度等级不超过C50时，取 $\beta_c=1.0$；当混凝土强度等级为C80时，取 $\beta_c=0.8$；其间按线性插值法确定。

h_w——截面腹板高度（m或mm）；矩形截面取有效高度；T形截面有效高度减去翼缘高度；工形截面取腹板净高。

为了防止含箍特征 $\rho_{sv}f_{yv}/f_t$ 过低，发生斜拉破坏，《混凝土结构设计规范》规定当 $V>0.7f_t bh_0$ 时，梁中配箍率应不小于下列最小配箍率：

$$\rho_{sv,min}=0.24\frac{f_t}{f_{yv}} \tag{5-29}$$

当取 $\rho_{sv}=\rho_{sv,min}=0.24f_t/f_{yv}$ 时，对于一般受弯构件：

$$V_{cs}=0.7f_t bh_0+1.25f_{yv}\times 0.24\frac{f_t}{f_{yv}}\times bh_0=f_t bh_0 \tag{5-30}$$

对于集中荷载作用下的独立梁：

$$\begin{aligned}V_{cs}&=\frac{1.75}{1+\lambda}f_t bh_0+f_{yv}\times 0.24\frac{f_t}{f_{yv}}bh_0\\&=\left(\frac{1.75}{1+\lambda}+0.24\right)f_t bh_0\end{aligned} \tag{5-31}$$

对于一般受弯构件，当符合式（5-32）时，或集中荷载作用下的独立梁符合式(5-33)时，均可以不进行斜截面的受剪承载力计算，按照构造要求配箍即可。

$$V_c\leqslant 0.7f_t bh_0 \tag{5-32}$$

$$V_c\leqslant\frac{1.75}{1+\lambda}f_t bh_0 \tag{5-33}$$

《混凝土结构设计规范》规定同时配置有箍筋和弯起钢筋的受弯构件，其斜截面受剪承载力计算公式按下式计算：

$$V=V_{cs}+0.8f_y A_{sb}\sin\alpha_s \tag{5-34}$$

式中　V——配置弯起钢筋处的剪力设计值（kN或N）；

A_{sb}——同一弯起平面内弯起钢筋截面面积（mm^2）；

α_s——弯起钢筋与构件纵向轴线的夹角（°）。

三、受拉构件承载力计算

钢筋混凝土的受拉构件分为轴心受拉构件和偏心受拉构件。

1. 轴心受拉构件　开裂前混凝土与钢筋共同负担拉力，开裂以后全部拉力由钢筋负担。轴心受拉构件的正截面受拉承载力按下列公式计算：

$$N \leqslant f_y A_s \tag{5-35}$$

式中　N——轴向拉力设计值（kN 或 N）；

f_y——钢筋抗拉强度设计值（N/mm^2 或 MPa）；

A_s——全部纵向钢筋的截面面积（mm^2）。

2. 小偏心受拉构件　当轴力 N 作用于 A_s' 与 A_s 之间时，混凝土开裂后，纵向钢筋全部参与受拉，中和轴存在于截面之外，这种情况称为小偏心受拉。当达到极限承载力时，一般总是一侧的钢筋达到屈服，另一侧钢筋应力没有达到屈服。我们假设钢筋 A_s' 应力为 σ_s'，钢筋 A_s 应力为 f_y；则由截面的平衡关系可以写出：

$$N = \sigma_s' A_s' + f_y A_s$$

$$Ne' = f_y A_s (h_0' - a) \tag{5-36}$$

式中　N——轴向拉力设计值（kN 或 N）；

f_y——钢筋抗拉强度设计值（N/mm^2 或 MPa）；

A_s——距轴力距离较近一侧纵向钢筋的截面面积（mm^2）；

A_s'——距轴力距离较远一侧纵向钢筋的截面面积（mm^2）；

e'——轴力 N 到钢筋 A_s 和 A_s' 合力中心的距离（m/mm）。

3. 大偏心受拉构件　当轴力 N 的偏心距较大、N 作用于钢筋 A_s' 与 A_s 间距以外时，截面部分受压、部分受拉。拉区混凝土开裂后，由平衡关系可知，截面必定还保留有受压区，不会形成贯通整个截面的通缝，距轴力较远一侧钢筋 A_s' 及混凝土受压。这种情况称为大偏心受拉。

当受拉钢筋 A_s 的配筋率不高时，开裂后受拉钢筋应力首先达到屈服，然后受压区混凝土达到抗压强度，构件破坏。当受拉钢筋 A_s 配筋率过高时，受拉钢筋应力没有达到屈服，受压区混凝土即被压坏，故计算公式为：

$$N = \sigma_s A_s - f_y' A_s' - \alpha_1 f_c b x$$

$$Ne = \alpha_1 f_c b x (h_0 - 0.5x) + f_y' A_s' (h_0 - a') \tag{5-37}$$

式中　e——轴力 N 到受拉钢筋 A_s 合力中心的距离（m 或 mm），$e = e_0 - 0.5h + a$；

当 $x \leqslant \xi_b h_0$ 时，$\sigma_s = f_y$；

当 $x > \xi_b h_0$ 时，$\sigma_s = f_y(\xi - \beta_1)/(\xi_b - \beta_1)$。

【例 5-4】矩形截面 $b \times h = 300\ mm \times 500\ mm$ 偏心受拉构件，承受的轴向拉力设计值 $N = 600$ kN，弯矩设计值 $M = 48$ kN·m，采用 C30 级混凝土，HRB335 级钢筋，求构件的配筋 A_s' 与 A_s。

解：设 $a = a' = 40$ mm，$h_0 = h - a = 500 - 40 = 460(mm)$，$e_0 = M/N = 48\ 000/600 = 80(mm) < h/2 - a = 210$ mm，故为小偏心受拉构件。

$$e' = 500/2 - 40 + 80 = 290(mm)$$

$$e = 500/2 - 40 - 80 = 130(mm)$$

则 $A_s = (600 \times 10^3 \times 290)/[300 \times (460 - 40)] = 1\ 381(mm^2)$，选用 3B25（$A_s = 1\ 473\ mm^2$）

$A_s' = (600 \times 10^3 \times 130)/[300 \times (460 - 40)] = 619(mm^2)$，选用 2B20（$A_s' = 628\ mm^2$）

四、受压构件承载力计算

钢筋混凝土的受压构件分为轴心受压构件和偏心受压构件。

1. 轴心受压构件　《混凝土结构设计规范》为了使轴心受压构件的承载力与考虑初始偏心矩影响的偏心受压构件正截面承载力计算具有相近的可靠度，对轴心受压构件承载力的计算公式引用了 0.9 的折减系数，同时考虑稳定系数 φ，即

$$N \leqslant 0.9\varphi(f_c A + f_y' A_s') \tag{5-38}$$

式中　N——轴向压力设计值（kN 或 N）；

φ——稳定系数，按照下式计算：

$$\varphi = \frac{1}{1+0.002\left(\frac{l_0}{b}-8\right)^2}$$

其中 l_0/b 为构件的长细比；A 为构件截面面积（mm^2）；A_s' 为全部纵向钢筋的截面面积（mm^2）。

【例 5-5】某现浇多层钢筋混凝土框架结构，底层中间柱按轴心受压构件设计。轴向压力设计值 $N=2\,500$ kN，基础顶面到首层楼板面的高度 $H=6.5$ m，柱计算长度 $l_0=1.0H$。采用 C30 级混凝土，HRB335 级钢筋。求柱的截面尺寸，并配置纵筋和箍筋。

解：（1）初步估算截面尺寸。

设配筋率 $\rho'=0.01$，即 $A_s=0.01A$，$\varphi=1.0$。C30 混凝土 $f_c=14.3$ N/mm^2，$f_y'=300$ N/mm^2。则

$$A=\frac{N}{0.9\varphi(f_c+\rho' f_y')}=\frac{2\,500\times10^3}{0.9\times1\times(14.3+0.01\times300)}=160\,600(\text{mm}^2)$$

则正方形的截面边长 $b=\sqrt{A}=400.4$ mm，取 $b=400$ mm。

（2）配筋计算。由 $l_0=1.0H=6.5$ m，$l_0/b=16.25$，计算得到：

$$\varphi=\frac{1}{1+0.002\left(\frac{l_0}{b}-8\right)^2}=\frac{1}{1+0.002\times(16.25-8)^2}=0.88$$

则有
$$A_s'=\frac{\frac{N}{0.9\varphi}-f_c A}{f_y'}=\frac{\frac{2\,500\times10^3}{0.9\times0.88}-14.3\times400^2}{300}=2\,895(\text{mm}^2)$$

选用 8ϕ22($A_s=3\,041$ mm^2)，箍筋 ϕ6@250 mm。

2. 偏心受压构件

（1）大偏心受压构件　当轴向力 N 的偏心距较大且纵筋的配筋率不高时，受荷后部分截面受压，部分受拉。这种偏心受压构件的破坏是由于受拉钢筋首先到达屈服，而导致压区混凝土压坏，承载力主要取决于受拉钢筋，故称为受拉破坏。

（2）小偏心受压构件　小偏心受压构件分为三种情况：

① 当偏心矩较大、纵筋的配筋率很高时，虽然同样是部分截面受拉，但是拉区裂缝出现后，受拉钢筋应力增长缓慢。破坏是由于受压区混凝土达到其抗压强度被压碎，受压钢筋达到屈服。

② 偏心矩较小时，受荷后截面大部分受压，中和轴靠近受拉钢筋。破坏是由于受压钢筋屈服，混凝土达到抗压强度屈服。

③ 偏心矩很小时，受荷后界面全部受压。破坏为近轴力一侧受压钢筋屈服，混凝土被压碎。

这三种情况的共同点在于，构件的破坏都是由于受压区混凝土达到其抗压强度，其承载

力主要取决于受压区混凝土及受压钢筋。

第四节　砌体结构的强度计算理论及材料的力学性能

一、砌体的力学性能

砌体是由小型块体材料（如砖、混凝土砌块、石块等）和砂浆组砌而成，通过块体材料之间的砂浆传递压力来承压，靠块体材料的错缝搭接及砂浆黏结来承受拉力和剪力等。所以砌体承受压力的能力也远远高于其承受拉力和剪力的能力，也属于脆性材料。

温室工程结构中，砌体主要用于砌筑墙体和基础等竖向承重构件以及围护墙等非承重构件。

1. 砌体材料的强度等级　组成砌体的材料包括砖、加气混凝土砌块、粉煤灰砌块、陶粒混凝土砌块，水泥砂浆、混合砂浆等，根据它们立方体抗压试验的抗压强度可以分为如下的强度等级：

普通砖分为 MU30、MU25、MU20、MU15、MU10、MU7.5 6 个等级。

砌块分为 MU15、MU10、MU7.5、MU5、MU3.5 5 个等级。

石材砌块分为 MU100、MU80、MU60、MU50、MU40、MU30、MU20、MU15、MU10 9 个等级。

砌筑砂浆分为 M15、M10、M7.5、M5、M2.5、M1、M0.4、M0 8 个等级。

2. 砌体的抗压强度　砌体的抗压强度取决于块材和砂浆的强度、砂浆的弹塑性和砂浆的流动性、块材的形状及表面平整度、砌筑质量和组砌方式等。根据大量的试验和实践经验，总结出砌体抗压强度的近似计算公式：

$$f_{m}=k_{1}k_{2}f_{1}^{a}(1+0.07f_{2}) \tag{5-39}$$

式中　f_m——砌体轴心抗压强度平均值（N/mm^2 或 MPa）；

f_1、f_2——块材、砂浆的抗压强度平均值（N/mm^2 或 MPa）；

k_1——与块材类别和砌筑方式有关的系数；

k_2——砂浆强度较低或较高时的修正系数；

a——与块材高度有关的参数。

各类砌体的抗压强度标准值 f_k 均取其强度分布的 95%下分位值，即保证概率 95%，亦即

$$f_{k}=f_{m}(1-1.645\delta)$$

式中　δ——混凝土砌体的孔洞率。

各类砌体的抗压强度设计值 f 均可由标准值除以抗力分项系数得到，一般取 $f=0.48f_k$，表 5-6 至表 5-10 列出了各类砌体抗压强度设计值，供参考。

3. 砌体的轴心受拉、弯曲受拉和受剪性能　砌体的轴心受拉破坏可能出现沿齿缝、竖缝（块材截面拉断）两种破坏形式。根据经验，砌体沿齿缝破坏时的轴心抗拉强度可由下式计算：

$$f_{t,m}=k_{3}\sqrt{f_{2}} \tag{5-40}$$

式中　$f_{t,m}$——砌体轴心抗拉强度平均值（N/mm^2 或 MPa）；

f_2——砂浆的抗压强度平均值（N/mm^2 或 MPa）；

k_3——轴心抗拉系数。

砌体沿竖缝及块材截面破坏时的轴心抗拉强度可由下式计算：

$$f_{t,m}=0.212\sqrt[3]{f_1} \tag{5-41}$$

式中　f_1——块材抗压强度平均值（N/mm^2 或 MPa）。

表 5-6　轴心抗压强度平均值 f_m(MPa)

砌体种类	$f_m=k_1k_2f_1^a(1+0.07f_2)$		
	k_1	a	k_2
烧结普通砖、烧结多孔砖、蒸压灰砂砖、蒸压粉煤灰砖	0.78	0.5	当 $f_2<1$ 时，$k_2=0.6+0.4f_2$
混凝土砌块	0.46	0.9	当 $f_2=0$ 时，$k_2=0.8$
毛料石	0.79	0.5	当 $f_2<1$ 时，$k_2=0.6+0.4f_2$
毛石	0.22	0.5	当 $f_2<2.5$ 时，$k_2=0.4+0.24f_2$

表 5-7　砖砌体的抗压强度标准值 f_k(MPa)

砖强度等级	砂浆强度等级					砂浆强度
	M15	M10	M7.5	M5	M2.5	0
MU30	6.30	5.23	4.69	4.15	3.61	1.84
MU25	5.75	4.77	4.28	3.79	3.30	1.68
MU20	5.15	4.27	3.83	3.39	2.95	1.50
MU15	4.46	3.70	3.32	2.94	2.56	1.30
MU10	3.64	3.02	2.71	2.40	2.09	1.07

表 5-8　混凝土砌块砌体的抗压强度标准值 f_k(MPa)

砖块强度等级	砂浆强度等级				砂浆强度
	M15	M10	M7.5	M5	0
MU20	9.08	7.93	7.11	6.30	3.73
MU15	7.38	6.44	5.78	5.12	3.03
MU10	—	4.47	4.01	3.55	2.10
MU7.5	—	—	3.10	2.74	1.62
MU5	—	—	—	1.90	1.13

表 5-9　毛料石砌体的抗压强度标准值 f_k(MPa)

料石强度等级	砂浆强度等级			砂浆强度
	M7.5	M5	M2.5	0
MU100	8.67	7.68	6.68	3.41
MU80	7.76	6.87	5.98	3.05
MU60	6.72	5.95	5.18	2.64
MU50	6.13	5.43	4.72	2.41
MU40	5.49	4.86	4.23	2.16
MU30	4.75	4.20	3.66	1.87
MU20	3.88	3.43	2.99	1.53

表 5-10　毛石砌体的抗压强度标准值 f_k(MPa)

毛石强度等级	砂浆强度等级			砂浆强度
	M7.5	M5	M2.5	0
MU100	2.03	1.80	1.56	0.53
MU80	1.82	1.61	1.40	0.48
MU60	1.57	1.39	1.21	0.41
MU50	1.44	1.27	1.11	0.38
MU40	1.28	1.14	0.99	0.34
MU30	1.11	0.98	0.86	0.29
MU20	0.91	0.80	0.70	0.24

砌体沿竖缝及块材截面破坏时的弯曲抗拉强度可由下式计算：

$$f_{tm,m}=0.318\sqrt[3]{f_1} \tag{5-42}$$

式中　f_1——块材抗压强度平均值（N/mm^2 或 MPa）。

砌体的抗剪强度除了与砌体本身的材料有关外，还和砌体所承受的法向压力有关，一般当压力较小时，砌体的抗剪强度会随着压力的增加而增加。砌体抗剪强度可由下式计算：

$$f_{v\sigma,m}=f_{v\sigma,m}+0.4\sigma \tag{5-43}$$

式中　$f_{v\sigma,m}$——当有法向压力存在时砌体的抗剪强度（N/mm^2 或 MPa）；

σ——法向压力所引起的砌体内部的法向压应力（N/mm^2 或 MPa）；

$f_{v,m}$——当法向压力为零时砌体的抗剪强度（N/mm^2 或 MPa），也称基本抗剪强度，可由下式计算：

$$f_{v,m}=k_5\sqrt{f_2} \tag{5-44}$$

式中　f_2——砂浆的抗压强度平均值（N/mm^2 或 MPa）；

k_5——抗剪强度平均值计算系数。

与抗压强度相同，可以根据轴心抗拉、弯曲抗拉和抗剪强度标准值的平均值换算取得95%保证概率，同样，可用各种强度标准值除以抗力分项系数，求得各种强度设计值。表5-11和表5-12列出了各类砌体的轴心抗拉、弯曲抗拉和抗剪强度设计值，供参考。

表 5-11　轴心抗拉强度平均值 $f_{t,m}$、弯曲抗拉强度平均值 $f_{tm,m}$和抗剪强度平均值 $f_{v,m}$(MPa)

砌体种类	$f_{t,m}=k_3$	$f_{tm,m}=k_4$		$f_{v,m}=k_5$
	k_3	k_4		k_5
		沿齿缝	沿通缝	
烧结普通砖、烧结多孔砖	0.141	0.250	0.125	0.125
蒸压灰砂砖、蒸压粉煤灰砖	0.09	0.18	0.09	0.09
混凝土砌块	0.069	0.081	0.056	0.069
毛石	0.075	0.113	—	0.188

表 5-12　沿砌体灰缝截面破坏时的轴心抗拉强度标准值 $f_{t,k}$、弯曲抗拉强度标准值 $f_{tm,k}$ 和抗剪强度标准值 $f_{v,k}$（MPa）

强度类别	破坏特征	砌体种类	砂浆强度			
			≥M10	M7.5	M5	M2.5
轴心抗拉	沿齿缝	烧结普通砖、烧结多孔砖	0.30	0.26	0.21	0.15
		蒸压灰砂砖、蒸压粉煤灰砖	0.19	0.16	0.13	—
		混凝土砌块	0.15	0.13	0.10	—
		毛石	0.14	0.12	0.10	0.07
弯曲抗拉	沿齿缝	烧结普通砖、烧结多孔砖	0.53	0.46	0.38	0.27
		蒸压灰砂砖、蒸压粉煤灰砖	0.38	0.32	0.26	—
		混凝土砌块	0.17	0.15	0.12	—
		毛石	0.20	0.18	0.14	0.10
	沿通缝	烧结普通砖、烧结多孔砖	0.27	0.23	0.19	0.13
		蒸压灰砂砖、蒸压粉煤灰砖	0.19	0.16	0.13	—
		混凝土砌块	0.12	0.10	0.08	—
		毛石				
抗剪		烧结普通砖、烧结多孔砖	0.27	0.23	0.19	0.13
		蒸压灰砂砖、蒸压粉煤灰砖	0.19	0.16	0.13	—
		混凝土砌块	0.15	0.13	0.10	—
		毛石	0.34	0.29	0.24	0.17

4. 砌体的抗压弹性模量　砌体的抗压弹性模量是计算砌体受压变形的基本参数，根据经验，可由其强度设计值求得：

$$E=990f\sqrt{f} \tag{5-45}$$

式中　f——砌体的抗压强度设计值（N/mm^2 或 MPa）。

砌体结构也是由混合材料组成的，具有抗压性能好，抗拉、抗剪性能差的特点，因而在温室结构中主要作受压构件。有时也会遇到用来承受拉力、弯矩和剪力的情况，如灌溉蓄水池、挡土墙、门窗过梁等。砌体的受拉、受弯和受剪破坏一般发生在砂浆和块体的连接面上，因而强度主要取决于灰缝强度，即灰缝中砂浆和块体的黏结强度。黏结强度分为切向黏结强度和法向黏结强度。

拉力平行于灰缝面作用时的黏结强度称为切向黏结强度；拉力垂直于灰缝面作用时的黏结强度称为法向黏结强度。法向黏结强度不易保证，数值极低，在工程中不应设计成利用法向黏结强度的轴心受拉构件。在砌体的竖向灰缝内由于砂浆饱满度很低，加上砂浆硬化时的收缩，都将极大地削弱砂浆与块体的黏结，因此计算时不计竖向灰缝的黏结强度。

二、受压构件承载力计算

受压构件的承载力可按下式计算：

$$N\leqslant\varphi fA \tag{5-46}$$

式中　N——轴向力设计值（kN 或 N）；

φ——高厚比 β 和轴向力的偏心距 e 对受压构件承载力的影响系数，可按式（5－48)和式（5－49）计算；

f——砌体抗压强度设计值（N/mm^2 或 MPa），查附表 1；

A——构件截面面积（mm^2），对各类砌体均可按毛截面计算。

计算构件截面面积时，对带壁柱墙，其翼缘宽度 b_f 可按下列规定采用：对多层房屋，当有门窗洞口时，可取窗间墙宽度；当无门窗洞口时，每侧翼缘宽度可取壁柱高度的 1/3；对单层房屋，可取壁柱宽加 2/3 墙高，但不大于窗间墙宽度和相邻壁柱之间的距离。

由于偏心距较大时很容易在截面远离轴向力一侧受拉区产生水平裂缝，而且裂缝开展较大，使得截面受压区的面积减小较多，构件刚度明显减小。此时纵向弯曲的不利影响增大，构件的承载力明显下降。因此《砌体规范》规定，按内力设计值计算轴向力偏心距 e 不应超过 $0.6y$，即

$$e \leqslant 0.6y \tag{5-47}$$

式中　y——截面重心到轴向力所在偏心方向截面边缘的距离（m 或 mm）。

必须指出，对矩形截面构件，当轴向力偏心方向的截面边长大于另一个方向上的边长时，除按偏心受压计算外，还应对较小边长方向按轴心受压进行验算。此时应按短边边长计算 β，并取 $e=0$，$\varphi=\varphi_0$，φ_0 可按式（5－50）计算。

对于无筋砌体矩形截面单向偏心受压构件，承载力影响系数 φ 可按下列公式计算：

当 $\beta \leqslant 3$ 时：

$$\varphi=\frac{1}{1+12\left(\frac{e}{h}\right)^2} \tag{5-48}$$

当 $\beta > 3$ 时：

$$\varphi=\frac{1}{1+12\left[\frac{e}{h}+\sqrt{\frac{1}{12}\left(\frac{1}{\varphi_0}-1\right)}\right]^2} \tag{5-49}$$

$$\varphi_0=\frac{1}{1+\alpha\beta^2} \tag{5-50}$$

式中　e——轴向力的偏心距（m 或 mm）；

h——矩形截面的轴向力偏心方向上的边长（m 或 mm）；

φ_0——轴心受压构件的稳定系数；

α——与砂浆强度等级有关的系数，当砂浆强度等级大于或等于 M5 时，$\alpha=0.0015$；当砂浆强度等级等于 M2.5 时，$\alpha=0.002$；当砂浆强度等于 0 时，$\alpha=0.009$；

β——构件高厚比。

计算 T 形截面受压构件的 φ 时，应以折算厚度 h_T 代替式（5－48）和式（5－49）中的 h。按式（5－48）和式（5－49）计算的 φ 值已列入附表 2 中，供设计时查取。

计算影响系数 φ（用公式计算或查表）时，为了考虑不同种类砌体受力性能的差异，构件高厚比应按下列公式确定：

对矩形截面：

$$\beta=\frac{\gamma_\beta H_0}{h} \tag{5-51}$$

对 T 形截面：
$$\beta=\frac{\gamma_\beta H_0}{h_T} \tag{5-52}$$

式中　γ_β——不同砌体材料的高厚比修正系数，按表 5-13 确定；

H_0——受压构件的计算高度（m 或 mm）；

h——矩形截面轴向力偏心方向的边长，当轴心受压时为截面较小边长（m 或 mm）；

h_T——T 形截面的折算厚度（m 或 mm），可近似取 $h_T=3.5i$；

i——截面回转半径（mm）。

表 5-13　高厚比修正系数 γ_β

砌体材料类别	γ_β
烧结普通砖，烧结多孔砖	1.0
混凝土及轻骨料混凝土砌块	1.1
蒸压灰砂砖，蒸压粉煤灰砖，细料石，半细料石	1.2
粗料石，毛石	1.3

【例 5-6】截面为 490 mm×490 mm 的砖柱，采用强度等级为 MU10 的烧结普通砖和 M5 混合砂浆砌筑。柱的高度 H 和计算高度 H_0 为 4.2 m，柱顶承受轴心压力设计值 $N=250$ kN。试计算该柱的承载力。

解：该柱的控制截面在柱底。用砂浆砌筑的机制砖砌体的重力密度为 19 kN/m^3。

柱子自身重量设计值：$G=19\times0.49\times0.49\times4.2\times1.2=22.99\approx23(kN)$

柱底截面承受轴心压力设计值：$N=250+23=273(kN)$

$$\beta=\gamma_\beta H_0/h=1.0\times4.2/0.49=8.57>3$$

当 $e=0$ 时，由式（5-51）和式（5-52）得 $\varphi=\varphi_0=1/(1+\alpha\beta^2)$

砂浆强度等级为 M5 时，$\alpha=0.0015$，$\varphi=\varphi_0=1/(1+\alpha\beta^2)=1/(1+0.0015\times8.57^2)=0.900$。

由附表 1-1 可得 $f=1.5\ N/mm^2$，而

$$A=0.49\times0.49=0.24(m^2)<0.3\ m^2$$

由于截面积小于 0.3 m^2，故砌体抗压强度 f 应乘以调整系数 γ_a。γ_a 计算如下：

$$\gamma_a=0.7+A=0.7+0.24=0.94$$

则
$$N_u=\varphi fA=0.900\times1.5\times0.94\times0.24\times10^6=304\,560(N)>N=273\,000\ N$$

该柱承载力满足要求。

三、砌体局部受压承载力计算

1. 局部均匀受压承载力计算　当局部压力均匀传递给砌体时，称局部均匀受压。砌体局部均匀受压时，承载力按下式计算：

$$N_l\leqslant\gamma fA_l \tag{5-53}$$

式中　N_l——局部受压面积上荷载设计值产生的轴向力（kN 或 N）；

A_l——局部受压面积（mm^2）；

γ——砌体局部抗压强度的提高系数，可按下式计算：

$$\gamma=1+0.35\sqrt{\frac{A_0}{A_1}-1} \tag{5-54}$$

式中　A_0——影响砌体局部抗压强度的计算面积（mm^2）。

2. 梁端支承处砌体的局部受压承载力计算　梁端支承处砌体局部受压时，梁在荷载作用下发生弯曲变形，由于梁端的转动，使梁端下砌体的局部受压呈非均匀受压状态，应力图形为曲线，最大压应力在支座内边缘处（图5-5）。

梁端下砌体除承受梁端作用的局部压力 N_1 外，还有上部墙体作用产生的压力 N_0（其在梁端支承处产生的压应力为 σ_0，即 $\sigma_0=N_0/A_1$）。当梁上荷载加大时，梁端下砌体产生较大的压缩变形，则梁端顶部与上面墙体的接触面减小，甚至有开脱的可能（图5-6）。这时砌体形成了内拱结构，原来由上部墙体传给梁端支承面上的压力将通过内拱作用传给两端周围的砌体，这种内拱作用随着 σ_0 的增加而逐渐减少，因为 σ_0 较大时，上部墙体的压缩变形增大，梁端顶部与上部砌体的接触面就大，内拱作用相应减小。

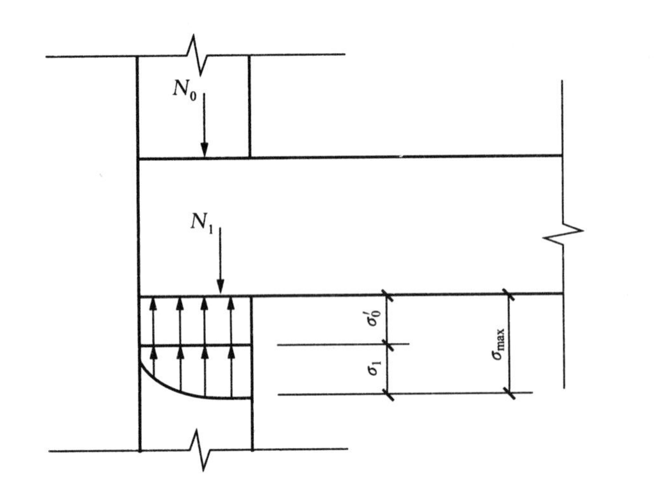

图5-5　梁端支承处砌体局部受压

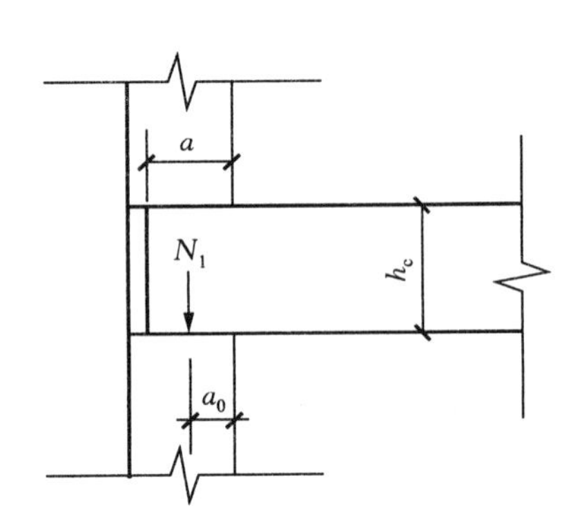

图5-6　上部荷载的卸载作用

如果梁端局部受压面积为 A_1，梁端支承压力 N_1 在墙体内边缘产生的最大应力为 σ_1，由上部墙体荷载在 A_1 上实际产生的压应力为 σ_0'（小于 σ_0），则局部受压面积 A_1 内边缘的最大压应力 σ_{max}（图5-5）应符合下列条件：

$$\sigma_{max}=\sigma_0'+\sigma_1\leqslant\gamma f \tag{5-55}$$

式中的 σ_1 是 N_1 所产生的曲线压应力图形上的最大值，若将曲线图形的平均应力与最大应力之比用图形完整系数 η 来表示，则 σ_1 等于平均应力（N_1/A_1）除以 η，于是有

$$\sigma_0'+N_1/\eta A_1\leqslant\gamma f \tag{5-56}$$

即

$$\eta\sigma_0'A_1+N_1\leqslant\eta\gamma fA_1 \tag{5-57}$$

由于上述的内拱作用，$\sigma_0'<\sigma_0$，则可近似取 $\eta\sigma_0'A_1=\psi\sigma_0'A_1=\psi N_0$，于是可得到梁端支承处砌体的局部受压承载力计算公式：

$$\psi N_0+N_1\leqslant\eta\gamma fA_1 \tag{5-58}$$

$$\psi=1.5-0.5A_0/A_1 \tag{5-59}$$

$$N_0=\sigma_0 A_1 \tag{5-60}$$

$$A_1=a_0 b \tag{5-61}$$

式中　ψ——上部荷载折减系数，当 $A_0/A_1\geqslant 3$ 时，$\psi=0$；

N_1——梁端支承压力设计值（kN 或 N）；

N_0——局部受压面积内上部轴向力设计值（kN 或 N）；

σ_0——上部平均压应力设计值（N/mm^2 或 MPa）；

η——梁端底面压应力图形的完整系数，可取 0.7，对于过梁和墙梁可取 1.0；

A_0——影响砌体局部抗压强度的计算面积（mm^2）；

A_1——局部受压面积（mm^2）；

a_0——梁端有效支撑长度（m 或 mm），当 $a_0>a$ 时，应取 $a_0=a$，其中 a 为梁端实际支承长度；

b——梁的截面高度（m 或 mm）。

当梁端转动时，两端支承处末端将翘起，使梁的有效支承长度 a_0 小于梁的实际支承长度 a，从而减小了梁端支承处砌体的有效受压面积。因此，为了确定 A_1，必须求得 a_0。

根据试验结果分析，对直接支承在砌体上的梁端有效支承长度 a_0 可按下列公式近似计算（图 5-6）：

$$a_0=10\sqrt{\frac{h_c}{f}} \tag{5-62}$$

式中　h_c——梁的截面高度（m 或 mm）；

f——砌体的抗压强度设计值（N/mm^2 或 MPa）。

3. 梁端垫块下砌体局部受压承载力计算　当梁端支承处砌体局部受压承载力不满足时，其支承面下的砌体上应设置混凝土或钢筋混凝土垫块以增加局部受压面积。垫块可为预制的，也可与梁端整浇。

（1）梁端设刚性垫块时　试验证明，采用刚性垫块时，垫块以外的砌体仍能提供有利影响，但考虑到垫块底面压应力的不均匀性，对垫块下的砌体局部抗压强度提高系数 γ 进行折减，偏于安全，取 $\gamma_1=0.8\gamma$。于是梁端刚性垫块下砌体局部受压承载力可按下式计算：

$$N_0+N_1\leqslant\varphi\gamma_1 f A_1 \tag{5-63}$$

$$N_0=\sigma_0 A_b \tag{5-64}$$

$$A_b=a_0 b_b \tag{5-65}$$

式中　N_0——垫块面积 A_b 内上部轴向力设计值（kN 或 N）；

φ——垫块上 N_0 及 N_1 合力的影响系数，采用附表 2 中 $\beta\leqslant 3$ 时的 φ 值；

γ_1——垫块外砌体面积的有利影响系数，$\gamma_1=0.8\gamma$，且不小于 1.0，其中 γ 为砌体局部抗压强度提高强度，按公式（5-54）计算，但以 A_b 代替式中的 A_1；

A_b——垫块面积（mm^2）；

a_0——垫块深入墙内的长度（m 或 mm）；

b_b——垫块的宽度（m 或 mm）。

梁端设有刚性垫块时，梁端有效支承长度 a_0 应按下列公式确定：

$$a_0=\delta_1\sqrt{\frac{h}{f}} \tag{5-66}$$

式中　δ_1——刚性垫块的影响系数，可按表 5－14 采用。

表 5－14　系数 δ_1

σ_0/f	0	0.2	0.4	0.6	0.8
δ_1	5.4	5.7	6.0	6.9	7.8

垫块上的 N_1 作用点位置可取 $0.4a_0$ 处。

（2）梁端设柔性垫圈时　当支承在墙上的梁端下部有钢筋混凝土圈梁（圈梁可与该梁整浇或不整浇）或其他具有一定长度的钢筋混凝土梁（垫圈高度为 h_b、长度大于 πh_0、h_0 为垫梁的有效高度）通过时，梁端部的集中荷载 N_1 将通过这类垫梁传递到下面一定宽度的墙体上。而上部墙体作用在垫梁上的荷载 N_0 则将通过垫梁均匀地传递到下面的墙体上。

如果将垫梁（垫梁的长度大于 πh_0，这种垫梁可称为柔性垫梁）看作弹性地基梁，可取 N_1 在垫梁下墙体上产生的压应力分布宽度为 πh_0，则在 πh_0 范围内的压应力为三角形分布。根据垫梁下砌体局部受压强度试验的结果，当垫梁长度大于 πh_0 时，垫梁下砌体的局部受压承载力可按下式计算：

$$N_0+N_1\leqslant 2.4\delta_2 f b_b h_0 \tag{5-67}$$

$$N_0=\pi b_b h_0\sigma_0/2 \tag{5-68}$$

$$h_0=2\sqrt[3]{\frac{E_b I_b}{EH}} \tag{5-69}$$

式中　N_0——垫梁上部轴向力设计值（kN 或 N）；

N_1——梁端支承压力设计值（kN 或 N）；

b_b——垫梁在墙厚方向上的宽度（m 或 mm）；

δ_2——当荷载沿墙厚方向均匀分布时 δ_2 取 1.0；不均匀分布时 δ_2 可取 0.8；

h_0——垫梁折算高度（m 或 mm）；

E_b、I_b——垫梁的混凝土弹性模量（N/mm^2 或 MPa）和截面惯性距（m^4 或 mm^4）；

E——砌体的弹性模量（N/mm^2 或 MPa）；

H——墙厚（m 或 mm）。

【例 5－7】有一个截面尺寸为 240 mm×370 mm 的钢筋混凝土柱，支承载 370 mm 厚的砖土墙上。墙体采用 MU10 蒸压粉煤灰砖和 M5 水泥砂浆砌筑，柱传到墙上的荷载设计值 $N_1=180$ kN，试验算砌体局部受压承载力。

解：$A_1=240\times370=88\,800\ (mm^2)$

$A_0=(b+2h)\ h=240+2\times370=362\,600\ (mm^2)$

$\gamma=1+0.35\sqrt{A_0/A_1-1}=1+0.35\sqrt{362\,600/88\,800-1}=1.61<2$

由附表 1－2 可得 $f=1.5\ N/mm^2$。采用水泥砂浆砌筑，f 应乘以调整系数 0.9。

$N_{1u}=\gamma f A_1=1.61\times1.50\times0.9\times88\,800=193\,000(N)=193.0\ kN>N_1=180\ kN$

砌体局部受压承载力满足要求。

四、轴心受拉、受弯和受剪构件的承载力计算

1. 轴心受拉构件承载力计算　在砌体结构中，圆形水池、圆筒料仓结构的壁内只产生

环向拉力时，可近似地按照轴心受拉构件计算。

砌体轴心受拉构件的承载力可按下式计算：

$$N_t \leqslant f_t A \tag{5-70}$$

式中　N_t——轴心拉力设计值（kN 或 N）；

f_t——砌体轴心抗拉强度设计值（N/mm^2 或 MPa）。

2. 受弯构件承载力计算　砌体受弯破坏的实质是弯曲受拉破坏。在弯矩作用下，气体可能沿齿缝截面、砖和竖向灰缝截面或通缝截面因弯曲受拉而破坏。此外，在支座处还有较大的剪力，因此，受弯构件需要进行抗弯和抗剪计算。

（1）受弯承载力计算　受弯构件在弯矩作用下应满足下列要求：

$$M \leqslant f_{tm} W \tag{5-71}$$

式中　M——弯矩设计值（kN·m 或·mm）；

f_{tm}——砌体弯曲抗拉强度设计值（N/mm^2 或 MPa）；

W——截面抵抗矩 m^3 或 mm^3。

（2）受剪承载力计算　受弯构件在剪力作用下应满足下列要求：

$$V \leqslant f_v b Z \tag{5-72}$$

$$Z = \frac{I}{S} \tag{5-73}$$

式中　V——剪力设计值（kN 或 N）；

f_v——砌体抗剪强度设计值（N/mm^2 或 MPa）；

b——截面宽度（m 或 mm）；

Z——内力臂（m 或 mm），当截面为矩形时，$Z=2h/3$，其中 h 为截面高度（m 或 mm）；

I——截面惯性矩（m^4 或 mm^4）；

S——截面面积矩（m^3 或 mm^3）。

3. 受剪构件承载力计算　砌体沿通缝截面或阶梯形灰缝截面受剪破坏时，其受剪承载力取决于砌体沿灰缝的受剪承载力和作用在截面上的压力所产生的摩擦力的总和。

沿灰缝或阶梯截面破坏时受剪构件的承载力按下式计算：

$$V \leqslant (f_v + \alpha\mu\sigma_0) A \tag{5-74}$$

当 $\gamma_G=1.2$ 时：

$$\mu = 0.26 - 0.082\frac{\sigma_0}{f} \tag{5-75}$$

当 $\gamma_G=1.35$ 时：

$$\mu = 0.23 - 0.065\frac{\sigma_0}{f} \tag{5-76}$$

式中　V——截面剪力设计值（kN 或 N）；

A——水平截面面积（mm^2），当墙体有孔洞时，取净截面面积；

f_v——砌体抗剪强度设计值（N/mm^2 或 MPa），对灌孔的混凝土砌块砌体强度取 f_{vg}；

σ_0——永久荷载设计值产生的水平截面平均压应力（N/mm^2 或 MPa）；

f——砌体抗压强度设计值（N/mm^2 或 MPa）；

σ_0/f——轴压比，不大于 0.8；

α——修正系数，当 $\gamma_G=1.2$ 时，对砖砌体取 0.60，对混凝土砌块砌体取 0.64；当 $\gamma_G=1.35$ 时，对砖砌体取 0.64，对混凝土砌块砌体取 0.66；

μ——剪压复合受力影响系数。

α 和 μ 的乘积也可直接按表 5-15 查得。

表 5-15　$\alpha\mu$ 值

γ_G	σ_0/f	0.1	0.2	0.3	0.4	0.5	0.6	0.7	0.8
1.2	砖砌体	0.15	0.15	0.14	0.14	0.13	0.13	0.12	0.12
	砌块砌体	0.16	0.16	0.15	0.14	0.14	0.13	0.13	0.12
1.35	砖砌体	0.14	0.14	0.13	0.13	0.13	0.12	0.12	0.11
	砌块砌体	0.15	0.14	0.14	0.13	0.13	0.13	0.12	0.12

【例 5-8】一片高 2 m、宽 3 m、厚 370 mm 的墙，采用 MU 的普通砖和 M2.5 的砂浆砌筑，墙面承受水平荷载设计值为 $0.7\ kN/m^2$。验算该墙的承载力。

解：取 1 m 宽的墙计算，并忽略自重产生的轴力影响。

弯矩：$$M=0.7\times2^2/2=1.4(kN\cdot m)$$

剪力：$$V=0.7\times2=1.4(kN)$$

截面抵抗矩：$$W=bh^2/6=1\,000\times370^2/6=22.8\times10^6(mm^3)$$

截面内力臂：$$Z=2h/3=2\times370/3=246.7(mm)$$

查表得　$f_{tm}=0.08\ N/mm^2$，$f_v=0.08\ N/mm^2$。

由公式（5-71）得　$$M_u=f_{tm}W=0.08\times22.8\times10^6=1\,824\,000(N\cdot mm)$$

即　$$M_u=1.82\ kN\cdot m>M=1.4\ kN\cdot m$$

由公式（5-74）得　$$V_u=f_vbZ=0.08\times1\,000\times246.7=19\,740(N)$$

即　$$V_u=19.74\ kN>V=1.4\ kN$$

墙体的承载力满足要求。

第五节　结构稳定性计算

一、结构稳定理论

工程中把承受轴向压力的直杆称为压杆。以前认为压杆在其横截面上的工作应力超过材料的极限应力（σ_s 或σ_b）时，就会因其强度不足而失去承载能力。这种观点对于始终能够保持其原有直线形状的粗短杆来说是正确的。但是，对于细长杆件，实践证明，在轴向压力的作用下，杆内应力在并没有达到材料的极限应力，甚至还远远低于材料的比例极限 σ_p 时，就会引起骤然的侧向弯曲而破坏，这就是稳定问题。

现以两端铰支的细长压杆来说明这类问题。设压力与杆件轴线重合，当压力逐渐增加，但小于某一极限值时，杆件一直保持直线形状的平衡，即使用微小的侧向干扰力使其暂时发生轻微弯曲，干扰力解除后，它仍将恢复直线形状。这表明压杆直线形状的平衡是稳定的。当压力逐渐增加到某一极限值时，压杆的直线平衡变为不稳定，将转变为曲线形状的平衡。再用微小的侧向干扰力使其发生轻微弯曲，干扰力解除后，它将保持曲线形状的平衡，不能恢复原有的直线形状。通常将上述直杆保持其直线平衡状态所能承受轴向压力的极限值 P_{cr} 称为临界压力或临界力；而将轴向压力达到临界压力时，压杆在直线形状下的平衡由稳定转为不稳定的现象称为杆在直线形状下的平衡丧失了稳定性，简称失稳。

当压缩荷载小于一定值时，微小外界扰动使压杆偏离直线平衡构形，外界扰动去除后，压杆仍能回复到直线平衡构形，则称直线平衡构形是稳定的；当压缩荷载大于一定值时，外界扰动使压杆偏离直线平衡构形，扰动去除后，压杆不能回复到直线平衡构形，则称直线平衡构形是不稳定的。此即判别压杆稳定性的静力学准则。

二、细长压杆的临界力

1. 两端铰支的细长压杆　设细长压杆的两端为球铰支座，采用变形以后的位置，利用静力平衡或能量原理的方法，计算得临界力公式：

$$P_{cr}=\frac{\pi^2 EI}{l^2} \tag{5-77}$$

式中　P_{cr}——临界力（kN 或 N）；

E——材料弹性模量（N/mm² 或 MPa）；

I——截面惯性矩（m⁴ 或 mm⁴）；

l——计算长度（m 或 mm）。

这是两端铰支细长压杆临界力的计算公式，也称为两端铰支压杆的欧拉公式。两端铰支压杆是实际工程中最常见的情况，是由欧拉（L Euler）于 1744 年首先导出的，故通常称之为欧拉公式。

由式（5－77）可知，压杆的临界压力与其抗弯刚度 EI 成正比，与杆长的平方成反比。在临界压力作用下，变形后压杆的挠曲线方程为

$$v=A\sin\frac{\pi x}{l} \tag{5-78}$$

式中　v——挠度（m 或 mm）。

说明压杆的挠曲线是一条半波正弦曲线。

2. 杆端为其他支承形式的细长压杆　前面给出的公式，只适用于计算杆端均为铰支的细长压杆的临界力。但是，压杆两端还可能有其他约束情况。由于杆端的约束情况不同，相应的边界条件要随之改变，因而所得的临界压力也就具有不同的数值。

对于细长杆，这些公式可以写成通用形式：

$$F_{pcr}=\frac{\pi^2 EI}{(\mu l)^2} \tag{5-79}$$

式中　μl——不同压杆屈曲后挠曲线上正弦半波的长度，称为有效长度；

μ——反映不同支承影响的系数，称为长度系数，可由屈曲后的正弦半波长度与两端铰支压杆初始屈曲时的正弦半波长度的比值确定。

一端固定、另一端自由的压杆，屈曲波形的正弦半波长度等于 $2l$。这表明，一端固定、

另一端自由、杆长为 l 的压杆，其临界载荷相当于两端铰支、杆长为 $2l$ 压杆的临界载荷。所以长度系数 $\mu=2$。

一端铰支、另一端固定压杆的屈曲波形，其正弦半波长度等于 $0.7l$，因而，临界载荷与两端铰支、长度为 $0.7l$ 的压杆相同。

两端固定压杆的屈曲波形，其正弦半波长度等于 $0.5l$，因而，临界载荷与两端铰支、长度为 $0.5l$ 的压杆相同。

需注意的是，上述临界载荷公式，只有在压杆的微弯曲状态下且仍然处于弹性状态时才成立。

三、临界应力与长细比的概念

欧拉公式只有在弹性范围内才适用。这就要求在临界载荷作用下，压杆在直线平衡构形时，其横截面上的正应力小于或等于材料的比例极限，即

$$\sigma_{cr}=\frac{F_{pcr}}{A}\leqslant\sigma_p \tag{5-80}$$

式中 σ_{cr}——临界应力（N/mm^2 或 MPa）；

σ_p——材料的比例极限（N/mm^2 或 MPa）。

对于某一压杆，当临界载荷 F_p 尚未确定时，不能判断式（5-80）是否成立。

能否在计算临界载荷之前，预先判断哪一类压杆将发生弹性屈曲？为了说明这一问题，需要引入长细比的概念。

长细比是综合反映压杆长度、约束条件、截面尺寸和截面形状对压杆分岔荷载影响的量，用 λ 表示，由下式确定：

$$\lambda=\frac{\mu l}{i} \tag{5-81}$$

式中 i——压杆横截面的惯性半径（mm）：

$$i=\sqrt{\frac{I}{A}} \tag{5-82}$$

四、三类不同压杆的不同失效形式

根据长细比的大小可将压杆分为细长杆、中长杆和粗短杆三类。

对于细长杆，临界应力为

$$\sigma_{cr}=\frac{\pi^2 E}{\lambda^2} \tag{5-83}$$

对于中长杆，由于发生了塑性变形，理论计算比较复杂，工程中大多采用直线经验公式计算其临界应力，最常用的是直线公式：

$$\sigma_{cr}=a-b\lambda \tag{5-84}$$

式中 a、b——与材料有关的常数（MPa）。

对于粗短杆，因为不发生屈曲，而只发生屈服（韧性材料），故其临界应力即为材料的屈服应力，亦即

$$\sigma_{cr}=\sigma_x \tag{5-85}$$

将上述各式乘以压杆的横截面面积，即得到三类压杆的临界载荷。

令细长杆的临界应力等于材料的比例极限（图 5-7 中的 B 点），得到：

$$\lambda_p=\sqrt{\frac{\pi^2 E}{\sigma_p}} \tag{5-86}$$

对于不同的材料，由于 E、σ_p 各不相同，λ_p 的数值亦不相同。

若令中长杆的临界应力等于屈服强度（图 5-7 中的 A 点），得到：

$$\lambda_s=\frac{a-\sigma_s}{b} \tag{5-87}$$

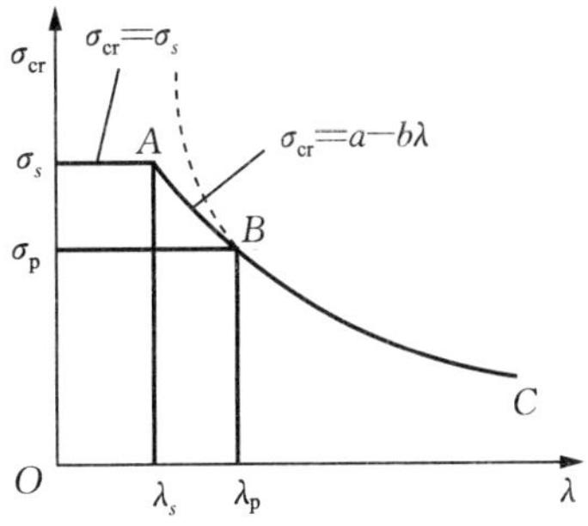

图 5-7　压杆的临界应力

压杆稳定条件为

$$\sigma=\frac{N}{A}\leqslant\varphi[\sigma] \tag{5-88}$$

根据上式可进行三类问题的计算：稳定校核、计算许可荷载、压杆截面设计。

稳定性是钢结构的一个突出问题。在各种类型的钢结构中，都会遇到稳定性问题。对这个问题处理不好，将造成不应有的损失。建筑结构用的钢材具有很大的塑性变形能力。当结构因抗拉强度不足而破坏时，破坏前呈现较大变形。但是当结构因受压稳定性不足而破坏时，可能在失稳前只有很小的变形，即呈现脆性破坏的特征。失稳破坏具有突发性，不能由变形发展的征兆及时防治，所以比塑性破坏危险。按照《建筑结构可靠度设计统一标准》（GB 50068—2001），脆性破坏的构件的可靠指标应比延性破坏者提高一级，即安全等级为二级的构件 β 值由 3.2 提高到 3.7。

五、实际轴心压杆和理想轴心压杆

理想轴心压杆的屈曲临界力对应的欧拉公式是建立在“理想轴心压杆”的假定上的，即认为：杆件是等截面的，截面的形心纵轴是一直线，压力作用线与轴心纵轴重合，材料是完全均匀和弹性的。

实际轴心压杆与理想轴心压杆有很大区别，因为实际轴心压杆是带有初始缺陷的构件。有以下初始缺陷：

① 初变形：包括初弯曲和初扭曲，实际轴心压杆的截面形心纵轴不可能是一理想的直线。

② 初偏心：压力的作用点与截面的形心有偏离。

③ 残余应力：由于各种原因，构件截面上在加载前会存在一些残余应力，特别在焊接构件的截面中，残余应力有时相当大。

④ 截面上材料的性质也不一定是均匀的。

所有这些因素都将使轴心压杆在开始承受压力时就发生弯曲，不存在由直线平衡到弯曲平衡的分支点，因此也不存在屈曲临界应力。

这说明实际轴心受压杆的稳定极限承载力不再是长细比 λ 的唯一函数。它是由压杆的初变形、初偏心和残余应力等的数值各不相同造成的。

目前在研究钢结构轴心压杆的整体稳定时，基本都摒弃了理想轴心压杆的假定，而以具有初始缺陷的实际轴心压杆作为研究的力学模型。这样，也就摒弃了用屈曲临界力作为稳定设计依据的准则，而采用稳定极限承载力作为依据。

六、弯曲失稳、扭转失稳和弯扭失稳

轴心压杆失稳时可能有三种变形形态，即绕截面主轴的弯曲、绕构件纵轴的扭转和弯曲与扭转的耦合，分别称为弯曲屈曲、扭转屈曲和弯扭屈曲。失稳时出现何种变形形态取决于构件的截面形状和尺寸、构件的长度和支承约束情况等。

钢结构压杆一般都是开口薄壁杆件。根据开口薄壁杆件理论，具有初始缺陷的轴心压杆的弹性微分方程为

$$
\begin{aligned}
&EI_x(v^{\mathrm{IV}}-v_0^{\mathrm{IV}})+Nv''-Nx_0\theta''=0\\
&EI_y(u^{\mathrm{IV}}-u_0^{\mathrm{IV}})+Nu''+Ny_0\theta''=0\\
&EI_{\mathrm{w}}(\theta^{\mathrm{IV}}-\theta_0^{\mathrm{IV}})-GI_{\mathrm{t}}(\theta''-\theta_0'')-Nx_0v''+Ny_0u''+r_0^2N\theta''-\bar{R}\theta''=0
\end{aligned}
\tag{5-89}
$$

$$r_0^2=\frac{I_x+I_y}{A}+x_0^2+y_0^2$$

$$\bar{R}=\int_A\sigma_{\mathrm{r}}(x^2+y^2)\mathrm{d}A$$

式中　N——轴心压力（kN 或 N）；

I_x、I_y——对主轴 x 和 y 的惯性矩（m^4 或 mm^4）；

I_{w}——扇性惯性矩（m^4 或 mm^4）；

I_{t}——截面的抗扭常数（m^4 或 mm^4）；

u、v、θ——构件剪力中心轴的三个位移分量（m 或 mm）；

u_0、v_0、θ_0——构件剪力中心轴的三个初始位移量（m 或 mm）；

x_0、y_0——剪力中心的坐标（m 或 mm）；

σ_{r}——截面上的残余应力（N/mm^2 或 MPa），以拉应力为正。

1. 双轴对称截面的弯曲失稳和扭转失稳　设压杆为双轴对称截面，则截面的剪力中心与形心重合，有 $x_0=y_0=0$，将此式代入式（5-89），可得

$$
\begin{aligned}
&EI_x(v^{\mathrm{IV}}-v_0^{\mathrm{IV}})+Nv''=0\\
&EI_y(u^{\mathrm{IV}}-u_0^{\mathrm{IV}})+Nu''=0\\
&EI_{\mathrm{w}}(\theta^{\mathrm{IV}}-\theta_0^{\mathrm{IV}})-GI_{\mathrm{t}}(\theta''-\theta_0'')+r_0^2N\theta''-\bar{R}\theta''=0
\end{aligned}
\tag{5-90}
$$

这说明，双轴对称截面轴心压杆在弹性阶段工作时，三个微分方程是互相独立的，可以分开单独研究。至于在弹塑性阶段，当研究第一式时，只要截面上的残余应力对称于 y 轴，同时又有 $u_0=0$，$\theta_0=0$，则第一式始终与其他两式无关，可以单独研究。这样压杆将只发生 y 方向的位移，整体失稳时呈弯曲变形状态，通常称为弯曲失稳。同样，第二式也是弯曲失稳，只是弯曲失稳的方向不同而已。

对于第三式，如果残余应力对称于 x 和 y 轴分布，同时假定 $u_0=0$，$v_0=0$，则压杆各截面只产生转角变形，整个杆件呈扭转变形状态，称为扭转失稳。

如果作为理想压杆来研究，则可得扭转屈曲临界力为

$$N_{w}=\frac{\left(\frac{\pi^{2}EI_{w}}{l^{2}}+GI_{t}+\overline{R}\right)}{r_{0}^{2}} \tag{5-91}$$

对于一般双轴对称截面，弯曲失稳时的极限承载力较扭转失稳时小。只有对某些特殊截面形式，如十字形等，扭转失稳的极限承载力会低于弯曲失稳的极限承载力。

2. 单轴对称截面的弯扭失稳　设压杆为单轴对称截面，x 轴为截面的对称轴，则截面的剪力中心在 x 轴上，有 $y_0=0$，代入方程（5-89），可得

$$\begin{aligned}&EI_{x}(v^{\mathrm{IV}}-v_{0}^{\mathrm{IV}})+Nv''-Nx_{0}\theta''=0\\&EI_{y}(u^{\mathrm{IV}}-u_{0}^{\mathrm{IV}})+Nu''=0\\&EI_{w}(\theta^{\mathrm{IV}}-\theta_{0}^{\mathrm{IV}})-GI_{t}(\theta''-\theta_{0}'')-Nx_{0}v''+r_{0}^{2}N\theta''-\overline{R}\theta''=0\end{aligned} \tag{5-92}$$

这说明这一类单轴对称截面在弹性阶段的三个微分方程中有两个是相互联立的，即 y 方向发生弯曲变形 v 时必定伴随扭转变形 θ；反之亦然。这种形式的失稳称为弯扭失稳。

单轴对称截面在对称平面内仍可能发生弯曲失稳。

当压杆的截面无对称轴时，杆件失稳时必然是弯扭变形状态，也属于弯扭失稳。

七、实腹式轴心压杆整体稳定的计算

实腹式轴心受压构件的稳定性应按式（5-88），有

$$\frac{N}{\varphi A}\leqslant f \tag{5-93}$$

轴心受压构件的稳定系数 φ 应根据构件的长细比、钢材的屈服强度（屈服点）和截面的分类分别取用。当为双轴对称截面时，取长细比为

$$\lambda_{x}=\frac{l_{0x}}{i_{x}},\ \lambda_{y}=\frac{l_{0y}}{i_{y}} \tag{5-94}$$

式中　l_{0x}、l_{0y}——构件对主轴 x—x、y—y 的计算长度（m 或 mm）；

i_x、i_y——构件对主轴 x—x、y—y 的回转半径（mm）。

1. 几个常用截面几何特性

（1）抗扭惯性矩（或称扭转常数）　非圆杆，如其截面为工字形、矩形或槽形等在扭转时，原先在平面的截面不再保持平面而发生翘曲。杆件在扭转时其截面能自由翘曲，这种扭转称为自由扭转。截面翘曲受到约束时的扭转则称为约束扭转。抗扭惯性矩为自由扭转时的截面特性。在自由扭转时，由抗扭惯性矩 I_t 可得到自由扭转扭矩 M_s 与扭转率 θ（即单位长度的扭转角）的关系和截面上剪应力的分布，即

$$M_{s}=GI_{t}\theta \tag{5-95}$$

$$\tau_{max}=\frac{M_{s}t}{I_{t}} \tag{5-96}$$

式中　GI_t——扭转刚度；

G——钢材的剪变模量（N/mm² 或 MPa）；

t——组成截面的各薄壁部分的壁厚（mm）。

矩形狭长截面的抗扭惯性矩为

$$I_t = \frac{1}{3}bt^3 \tag{5-97}$$

对由狭长矩形截面组成截面的抗扭惯性矩为

$$I_t = \frac{k}{3}\sum_{i=1}^{m} b_i t_i^3 \tag{5-98}$$

式中 b_i、t_i——组成截面各狭长矩形的宽度和厚度；

k——考虑各组成截面实际是连续的影响而引入的增大系数，可取 $k=1.30$（双轴对称工字截面）、$k=1.25$（单轴对称工字截面）或 $k=1.20$（T形截面）。

（2）扇性惯性矩（或称翘曲常数） 扇性惯性矩是开口薄壁杆件在约束扭转时的截面特性，记作 I_w。EI_w 是构件的翘曲刚度，与前述弯曲刚度 EI_x 和扭转刚度 GI_t 相对应。一般截面的 I_w 由公式计算，例如单轴对称工字形截面的 I_w 为

$$I_w = \frac{I_1 I_2}{I_y}h^2 \tag{5-99}$$

式中 I_1、I_2——工字形截面较大翼缘和较小翼缘各对工字形截面对称轴 y 的惯性矩：$I_y = I_1 + I_2$；

h——上、下翼缘板形心间的距离，当 h 较大时，也可近似地取工字形截面的全高。

I_w 的量纲是长度的 6 次方。

2. 单轴对称截面轴心压杆的弯扭屈曲弹性稳定临界力 根据弹性稳定理论，单轴对称截面轴心压杆绕对称轴弯扭屈曲的临界力可由下列稳定特性方程求得：

$$(N_y - N)(N_w - N) - \frac{e_0^2}{i_0^2}N^2 = 0 \tag{5-100}$$

式中 N_y——对轴的欧拉力（kN 或 N），$N_y = \frac{\pi EI_y}{l^2}$；

N_w——扭转屈曲时的临界力（kN 或 N），有

$$N_w = \frac{1}{i_0^2}\left(\frac{\pi^2 EI_w}{l_w^2} + GI_t\right) \tag{5-101}$$

e_0——截面形心至剪心的距离（mm），亦即剪心的纵坐标，$e_0 = y_0$；

i_0——截面对剪心的极回转半径（mm），

$$i_0^2 = e_0^2 + i_x^2 + i_y^2。 \tag{5-102}$$

由二次方程解得 N 的最小根即为弯扭屈曲的临界力 N_{cr}。

又，当截面为双轴对称时，剪心与形心重合，即 $e_0 = 0$。由初始方程可解得此时的临界力为 $N = N_{Ey}$ 和 $N = N_w$。N_w 为扭转屈曲的临界力，即双轴对称截面在轴心压力作用下，不会发生弯扭屈曲。

式（5-101）中包含约束扭转和自由扭转两个因素，l_w 为约束扭转屈曲的计算长度。对杆件两端为铰接、端部截面可自由翘曲，或杆件两端为嵌固、端部截面的翘曲受到约束时，取 $l_w = l_{0y}$。前者 $l_{0y} = 1.0l$，后者 $l_{0y} = 0.5l$，l 为杆件的几何长度。

3. 单轴对称实腹式截面轴心压杆弯扭屈曲稳定的实用计算方法 上面介绍的是按弹性稳定理论求得的弯扭屈曲临界力，如考虑进入弹塑性阶段和初始缺陷的影响，那就更加复

杂。目前国内外设计规范中对轴心压杆弯扭屈曲稳定性的计算大多采用实用方法，即可由稳定特征公式导出考虑扭转效应的换算长细比 λ_{yz} 以代替弯曲屈曲时的长细比 λ_y，用 λ_{yz} 查表求得稳定系数 φ，再按公式 $N/\varphi A \leqslant f$ 验算杆件的稳定性。

为求换算长细比 λ_{yz}，取 $N_y=\frac{\pi^2 EA}{\lambda_y^2}$，$N_w=\frac{\pi^2 EA}{\lambda_w^2}$ 和 $N=\frac{\pi^2 EA}{\lambda_{yz}^2}$，代入式(5-100)得扭转屈曲时的长细比为

$$\lambda_w^2=\frac{i_0^2 A}{\frac{I_t}{25.7}+\frac{I_w}{l_w^2}} \tag{5-103}$$

代入式（5-94），解得换算长细比为

$$\lambda_{yz}=\frac{1}{\sqrt{2}}(B+\sqrt{B-4FC})^{\frac{1}{2}} \tag{5-104}$$

其中，$B=\lambda_y^2+\lambda_w^2$，$C=\lambda_y^2\times\lambda_w^2$，$F=1-\frac{e_0^2}{i_0^2}$。

此式为《钢结构设计规范》(GB 50017—2003) 中采用的公式。

【例 5-9】如图 5-8 所示为一轴心受压焊接 T 形截面实腹构件，翼缘为焰切边。轴心压力设计值，包括构件自重 $N=3\,000$ kN，计算长度 $l_{0x}=l_{0y}=3$ m。钢材为 Q235，屈服点 $f_y=345$ N/mm²，强度设计值 $f=315$ N/mm²，弹性模量 $E=2.06\times10^5$ N/mm²。验算该轴心受压构件的整体稳定性和局部稳定性。

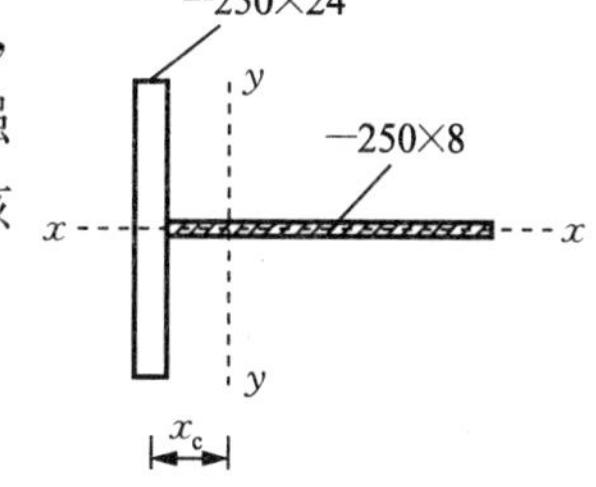

图 5-8　例 5-9 图

解：①截面及构件几何特性验算。

$$A=25\times2.4+25\times0.8=80(\text{cm}^2)$$

截面重心：$x_c=\frac{25\times0.8\times(12.5+1.2)}{80}=3.425(\text{cm}^2)$

$$I_x=\frac{1}{12}(2.4\times25^3+25\times0.8^3)=3\,126(\text{cm}^4)$$

$$I_y=\frac{1}{12}\times25\times2.4^3+25\times2.4\times3.425^2+\frac{1}{12}\times0.8\times25^3+25\times0.8\times(12.5-2.225)^2$$
$$=3.886(\text{cm}^4)$$

$$i_x=\sqrt{\frac{I_x}{A}}=\sqrt{\frac{3\,126}{80}}=6.25(\text{cm})$$

$$i_y=\sqrt{\frac{I_y}{A}}=\sqrt{\frac{3\,886}{80}}=6.97(\text{cm})$$

② 整体稳定计算。

$$\lambda_x=\frac{l_{0x}}{i_x}=\frac{300}{6.25}=48.0，\lambda_y=\frac{l_{0y}}{i_y}=\frac{300}{6.97}=43.0$$

$$e_0^2=x_c^2=11.73\ \text{cm}^2$$

$$i_0^2=e_0^2+i_x^2+i_y^2=11.73+6.25^2+6.97^2=99.37(\text{cm}^2)$$

$$I_t=\frac{k}{3}\sum b_i t_i^3=\frac{1.15}{3}\times(25\times2.4^3+25\times0.8^3)=137.39(\text{cm}^4)$$

$$I_w=0$$

$$\lambda_z^2=\frac{i_0^2A}{I_t/25.7+I_w/l_w^2}=\frac{99.378\,0}{137.39/25.7}=1\,487.1$$

$$\lambda_{yz}=\frac{1}{\sqrt{2}}\left[(\lambda_y^2+\lambda_z^2)+\sqrt{(\lambda_y^2+\lambda_z^2)^2-4(1-e_0^2/i_0^2)\lambda_y^2\lambda_z^2}\right]^{\frac{1}{2}}$$

$$=\frac{1}{\sqrt{2}}\left[(43^2+1\,487.1)+\sqrt{(43^2+1\,487.1)^2-4\times\left(1-\frac{11.73}{99.37}\right)\times 43^2\times 1\,487.1}\right]^{\frac{1}{2}}$$

$$=47.6<\lambda x=48$$

$\lambda_x\sqrt{\dfrac{f_y}{235}}=48\sqrt{\dfrac{345}{235}}=58.2$，$\varphi_x=0.817$，属于 b 类截面。

$$\frac{N}{\varphi_x A}=\frac{2\,000\times10^3}{0.817\times80\times10^3}=306.0(\mathrm{N/mm^2})<f=315\ \mathrm{N/mm^2}$$

整体稳定性满足。

③ 局部稳定性计算。翼缘外伸部分：

$$\frac{b'}{t}=\frac{(250-8)/2}{24}=5.04<(10+0.1\lambda)\sqrt{\frac{235}{f_y}}=12.2$$

满足稳定性要求。

腹板高厚比：

$$\frac{h_0}{t_w}=\frac{250}{8}=31.2>(13+0.17\lambda)\sqrt{\frac{235}{f_y}}=17.5，不满足要求。$$

腹板局部稳定性不满足要求，应加厚。

八、偏心受压（压弯）杆件整体稳定的计算

当杆件同时承受轴向压力和侧向作用力时，或同时承受压力和弯矩时，则杆件受力为偏心受压。下面给出一个偏心受压杆件的承载力计算例题，供参考。

【例 5－10】如图 5－9 所示 Q235 钢焰切边工形截面柱，截面无削弱，两端铰支，中间 1/3 长度处有侧面支承，承受轴心压力设计值 900 kN，跨中集中力设计值为 100 kN。验算此柱的稳定承载力。

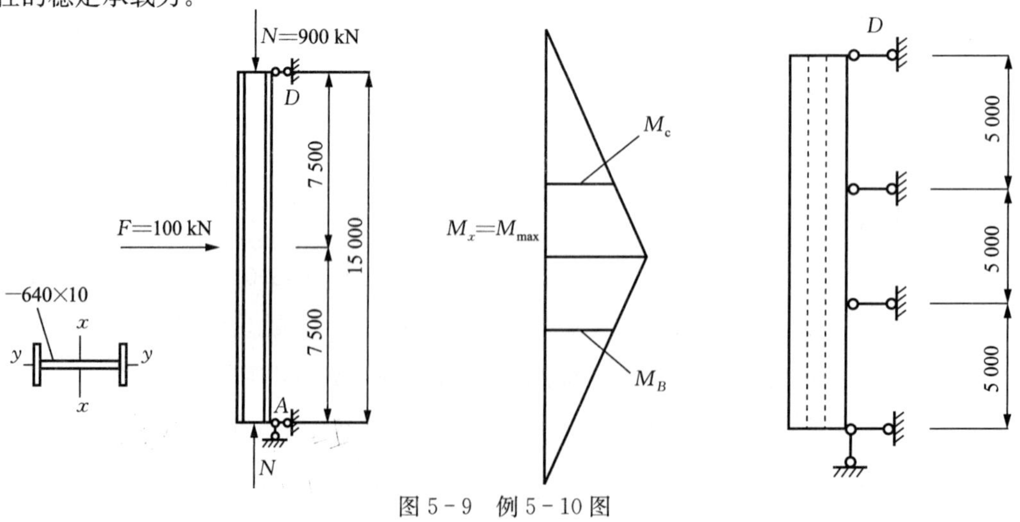

图 5－9　例 5－10 图

解：①截面的几何特性。

$$A=2\times32\times1.2+64\times1.0=140.8(\text{cm}^2)$$

$$I_x=\frac{1}{12}\times(32\times66.4^3-31\times64^3)=103\ 475(\text{cm}^4)$$

$$i_x=\sqrt{\frac{I_x}{A}}=\sqrt{\frac{103\ 475}{140.8}}=27.11(\text{cm})$$

$$i_y=\sqrt{\frac{I_y}{A}}=\sqrt{\frac{6\ 554}{140.8}}=6.82(\text{cm})$$

② 验算弯矩作用平面内稳定承载力。

$$\lambda_x=\frac{1\ 500}{27.11}=55.3<[\lambda]=150$$

按 b 类截面查出稳定系数 $\varphi_x=0.831$。

$$N_{\text{E}x}=\frac{\pi^2EA}{\lambda_x^2}=\pi^2\times206\ 000\times140.8\times10^2/55.3^2=9\ 361(\text{kN})$$

$$\beta_{\text{m}x}=1.0$$

$$\frac{N}{\varphi_xA}+\frac{\beta_{\text{m}x}M_x}{\gamma_xW_{1x}\left(1-0.8\frac{\gamma_{RP}}{P_{\text{E}x}}\right)}=202\ \text{N/mm}^2<f=215\ \text{N/mm}^2$$

满足要求。

③ 验算弯矩作用平面外稳定承载力。

$$\lambda_y=\frac{500}{6.82}=73.5<[\lambda]=150$$

按 b 类截面查出稳定系数 $\varphi y=0.730$，而

$$\varphi_{\text{b}}=1.07-\frac{\lambda_y^2}{44\ 000}\cdot\frac{f_y}{235}=1.07-\frac{73.3^2}{44\ 000}=0.948$$

计算构件为中间段，有端弯矩和横向荷载作用，但使构件段产生同向曲率，故取 $\beta_{\text{m}x}=1.0$，且 $\eta=1.0$，则

$$\frac{N}{\varphi_yA}+\eta\frac{\beta_{\text{m}x}M_x}{\varphi_{\text{b}}W_{1x}}=\frac{900\times10^3}{0.730\times140.8\times10^2}+\frac{1.0\times1.0\times375\times10^6}{0.948\times3\ 117\times10^3}$$

$$=214.5(\text{N/mm}^2)<f=215\ \text{N/mm}^2$$

通过计算结果比较，该压弯构件稳定控制设计由平面外弯矩设计决定。

九、混凝土构件和砌体构件的稳定设计

混凝土构件的受压、受拉强度都远小于钢构件，故工程上采用混凝土构件作为受压、受弯、受扭构件时都采用较大的截面面积，其构件稳定性设计基本采用控制截面尺寸的方法来解决，由于温室工程中涉及混凝土构件受压、受弯、受扭的内力都较小，此部分内容就不作介绍，如需要请参考混凝土结构相关书籍中关于构造要求的内容。

砌体构件的受压强度也都远小于钢构件，而且砌体构件的受拉强度也远小于其本身的受压强度，故工程上采用的砌体构件大部分作为受压构件，且采用较大的截面面积（即墙厚较厚），其稳定性依赖于砖墙、砖柱高厚比以及增强墙体之间的拉结。

墙、柱高厚比是指砖墙、砖柱的计算高度 H_0 与墙厚（或柱边长）的比值，工程上通过控制高厚比来保证墙和柱的稳定性。

$$\beta=\frac{H_0}{h}\leqslant\mu_1\mu_2[\beta] \tag{5-105}$$

式中 $[\beta]$ ——墙、柱允许高厚比，见表 5-16；

μ_1——非承重墙体允许高厚比修正系数，见表 5-17；

μ_2——有洞口墙体允许高厚比修正系数；

h——墙体厚度、矩形柱与计算高度相对应的边长（m 或 mm）；

H_0——墙、柱计算高度（m 或 mm）（详见有关砌体结构设计文献）。

表 5-16 墙、柱高厚比允许值 $[\beta]$

砂浆强度等级	普通砌体		组合砌体	
	墙	柱	墙	柱
M5	24	16	28	19.2
M7.5 以上	26	17	28	20.4

表 5-17 非承重墙体允许高厚比修正系数 μ_1

墙厚	上端支承情况	
	上端有支承点	上端自由
240	1.2	1.56
180	1.32	1.72

$$\mu_2=1-0.4\frac{b_s}{s} \tag{5-106}$$

式中 μ_2——有洞口墙体允许高厚比修正系数，当 $\mu_2<0.7$ 时取 0.7；

s——相邻横墙或壁柱之间的宽度（m 或 mm）；

b_s——在宽度 s 范围内洞口的宽度（m 或 mm）。

当洞口的高度小于或等于墙高的 1/5 时，可不考虑洞口的影响。

复习思考题

1. 为什么混凝土的局部受压强度会高于混凝土柱体的抗压强度？
2. 最大配筋率和最小配筋率的含义是什么？它们是如何确定的？
3. 试说明对称配筋矩形截面偏心受拉构件，在大小偏心受拉界限条件下的 N-M 关系式。
4. 简要说明 T 形截面纯弯件的计算方法及公式。
5. 试从箍筋作用、承载力、变形性能等方面说明普通箍筋和螺旋箍筋轴心受压构件的不同。
6. 轴心受力构件各需验算哪几个方面的内容？
7. 梁如何丧失整体稳定？整体稳定性与哪些因素有关？
8. 试述实腹式偏心受压构件的计算特点。

9. 对轴心受力构件为什么要规定允许长细比？

10. 什么是构件的强度问题？什么是构件的稳定问题？

11. 什么是截面的剪切中心？它有哪些特性？

12. 单轴对称截面的轴心压杆的整体稳定实用计算中，绕对称轴采用哪个长细比？对非对称轴又采用哪个长细比？

13. 用于砌体结构的块体材料有几种？写出每种块体材料的最低强度等级。

14. 影响砖砌体强度的因素有哪些？哪一个是主要因素？

15. 规范中砌体抗压强度设计值是根据哪几方面控制规定的？当施工质量控制为C级时，砌体抗压强度设计值如何调整？

16. 规范中单排孔混凝土砌块砌体抗压强度设计值在什么情况下需要修正？如何修正？

第六章 典型温室结构计算

本章结合前面几章关于温室类型、结构及其受力特点的分析介绍，针对常见几种温室——塑料大棚、日光温室和连栋温室，分别选择典型结构体系进行详尽的分析和计算，以供读者分析其他类似温室结构时作参考。

第一节 结构内力计算模型

一、塑料大棚

塑料大棚的结构形式从外形上分主要有落地式和侧墙式两种，从用材上分有竹木结构、钢筋焊接桁架结构、钢筋混凝土结构和装配式钢管结构等。

落地式塑料大棚结构没有明显的侧墙，从屋顶到地面结构采用单一圆拱结构；侧墙式塑料大棚则有明显的侧墙，这种侧墙可以是直立的，也可以是倾斜的。

1. 竹木结构 竹木结构塑料大棚在农村有大量应用，但很少做结构强度计算。因此，在实践中一般不对其结构作详细计算，在工程中一般以经验来确定构件的尺寸和建筑结构构造方式。

2. 焊接桁架结构 国内最早的钢结构大棚结构为钢筋焊接桁架结构。该大棚结构基本为现场焊接，工厂化水平较低。结构表面防腐处理技术基本为刷银粉或刷油漆，防腐能力较差。这种结构形式没有形成定性产品，但能适应各种场合，尤其是在水产养殖中可将跨度设计到 20 m 以上。

3. 钢筋混凝土结构 钢筋混凝土结构的塑料大棚骨架有耐腐蚀和造价低的特点，该结构类型的跨度一般不大于 12 m。结构计算力学模型多简化为半圆拱形，一般不采用专门的基础，所以，与地面的交界处可视为铰接。

由于混凝土结构的抗压能力强，而抗拉能力较差，所以，在结构设计中应尽量避免结构内部出现拉应力。

4. 装配式镀锌钢管结构 装配式镀锌钢管结构由于全部采用了热镀锌钢材，加之在结构上采用了平面桁架的结构的形式，因此，不但有很好的受力特性，而且具有良好的防腐性能。非常适合温室中的高温、高湿环境。

在实践的施工中，需要注意两个问题：其一，由于平面桁架结构在平面外的稳定性较平面内稳定性差很多，因此需要在安装施工中保证支点的刚度和桁架结构安装的垂直度，尽量做到让桁架结构所处平面与地面和墙面垂直；其二，由于装配式镀锌钢管结构各个构件的连接均采用夹具等连接件固定，因此，需特别注意安装应力的大小，保证整个桁架结构各个连接点在受力状态下的稳定性。

二、日光温室

按照承力构件的材料分类，日光温室结构分为竹木结构日光温室、悬索结构日光温室、钢筋混凝土结构日光温室、钢结构日光温室。其中，钢结构日光温室骨架又分为钢筋焊接桁架结构日光温室、钢管装配式结构日光温室和薄壁型钢结构（矩形钢管、外卷边C型钢）日光温室。生产中还经常有不同材料的混合结构，如钢木结构、钢筋-钢筋混凝土结构等。

日光温室结构形式介绍如下：

1. 竹木结构日光温室和悬索结构日光温室　竹木结构和悬索结构在实践中一般不进行严格的结构计算，因此，一般也不去深究其结构模型。

2. 钢筋-钢筋混凝土结构日光温室　钢筋-钢筋混凝土结构日光温室前屋面结构为桁架结构，在结构计算上以平面桁架为其计算模型；钢筋混凝土梁的部分以混凝土相关构件的计算为依据，一般简化为受压柱或者是压弯构件来进行结构计算。

3. 装配式日光温室　钢管装配式结构日光温室、钢筋焊接桁架结构日光温室、钢管装配式连跨日光温室结构计算模型都按照平面桁架结构来进行计算。如图6-1、图6-2所示。

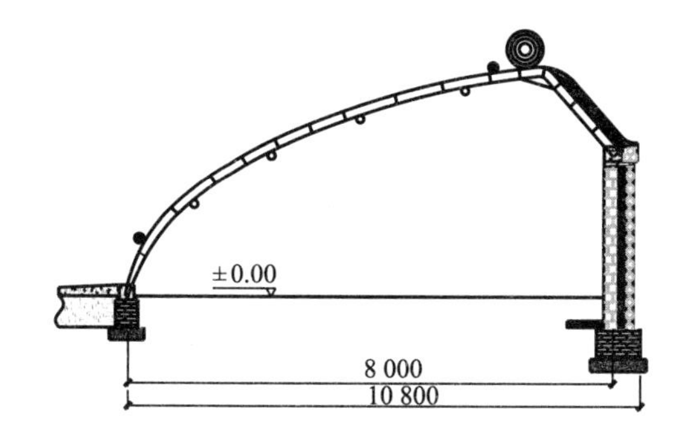

图6-1　钢管装配式结构日光温室（单位：mm）

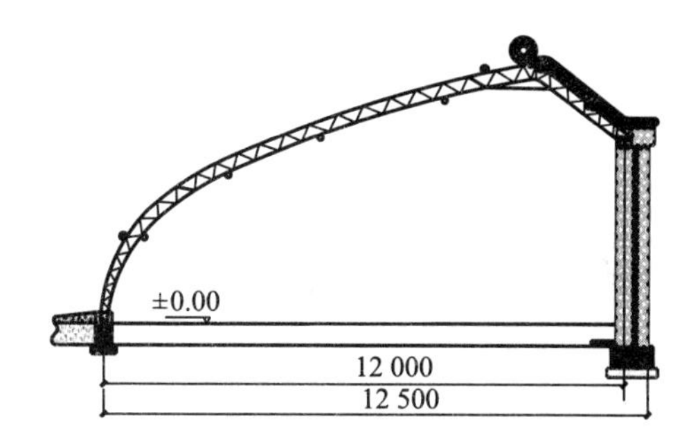

图6-2　钢筋焊接桁架结构日光温室（单位：mm）

4. 单管结构日光温室　单管结构日光温室可以按照三铰拱结构来进行结构计算。如图6-3所示。

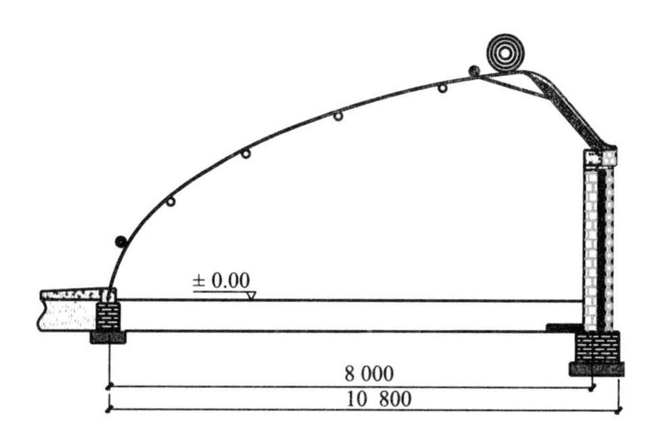

图6-3　单管结构日光温室（单位：mm）

三、玻璃温室结构

玻璃温室的屋面形式基本为平坡屋面，一面坡温室屋面为多折式，连栋温室基本为人字形屋面。人字形屋面的结构形式包括门式刚架结构、组合式屋面梁结构、桁架结构屋面、Venlo 型结构。

1. 门式刚架结构 门式刚架结构的特点是屋面梁和立柱以及屋面梁在屋脊处的连接为固结形式。这种结构形式内部的弯矩较大，结构用材较多，单位面积用钢量为 12～14 kg/m²，甚至更高。为了减少构件内部的弯矩，常在门式刚架屋面结构上增加拉杆，这样可使结构内部的应力分配更加均匀，有利于全面发挥结构的作用。如图 6－4 所示。

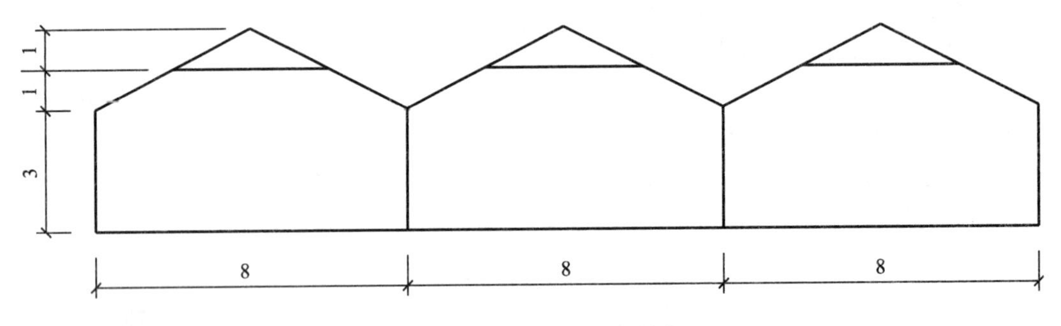

图 6－4 门式刚架温室结构（单位：m）

2. 桁架结构屋面梁结构 桁架结构屋面梁结构是沿用传统民用建筑的结构形式。采用这种结构，构件的截面尺寸可以大大减少，温室的跨度可以扩大到 10 m 以上，最大跨度结构的温室可以达到 21～24 m，大大增大了温室的内部空间。一些展览温室、养殖温室等常采用这种结构形式。如图 6－5、图 6－6 所示。

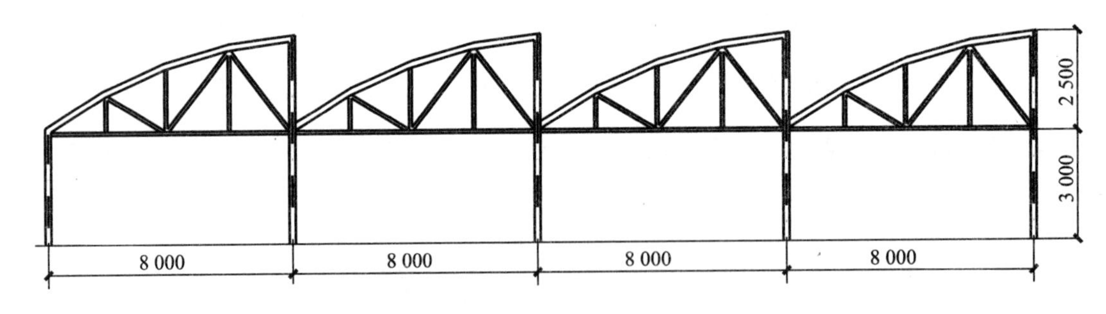

图 6－5 锯齿形温室结构（单位：mm）

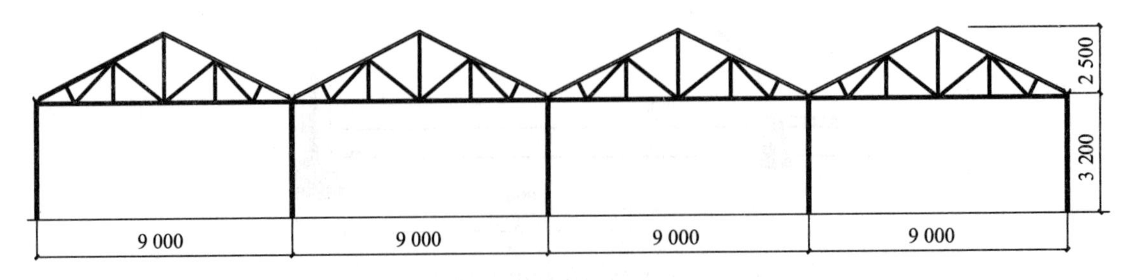

图 6－6 三角形屋架温室（单位：mm）

3. 屋面组合梁结构形式　屋面组合梁结构的屋面梁采用了桁架，拉杆和腹杆采用简单的钢管或型钢，使温室的承载力大大加强，温室同样可以做成大跨度形式。如图 6－7 所示。

4. Venlo 型结构　Venlo 型结构是目前比较流行的一种结构形式。这种结构采用了水平桁架做主要承力构件，与立柱形成稳定结构。水平桁架与立柱之间为固接，立柱与基础之间的连接采用铰接。水平桁架上承担 2 个以上小屋面。传统的 Venlo 型结构每跨水平桁架上支承 2～4 个 3.2 m 跨的小屋面，形成标准的 6.4 m、9.6 m、12.8 m 跨温室，如图 6－8 所示。这种结构的屋面承力材料全部选用铝合金材料，既充当屋面结构材料，又兼做玻璃镶嵌材料。结构计算中，屋面结构和下部钢结构分别计算。屋面铝合金材料按三铰拱结构单独计算，下部水平桁架和立柱组成的受力体系，按照钢结构的要求单独计算。

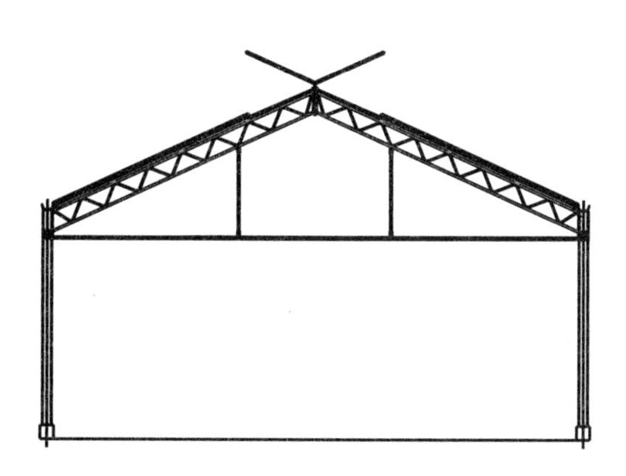

图 6－7　组合屋面梁结构玻璃温室结构形式

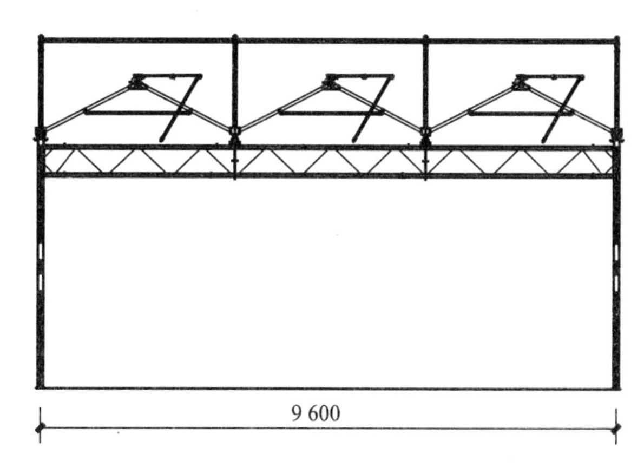

图 6－8　Venlo 型温室结构形式（单位：mm）

近年来，国内经过多年的实践工程，对引进的标准 Venlo 型温室结构进行了改进，改变了标准的 3.2 m 单元跨度，将标准的单元跨度做成 3.6 m 或 4.0 m，这样在工程实践中就出现了 8.0 m 和 10.8 m 跨度的温室结构，如图 6－9 所示。相比原引进的标准 Venlo 型温室，屋面承载力构件改用了小截面的钢材，传统铝合金的双重作用就简化成了只起玻璃镶嵌的作用，铝合金的用量和铝合金的断面尺寸大大减小。在改良型的结构中，计算模型应将屋面构件和水平桁架以及立柱结构结合在一起形成整体计算模型来进行内力分析和强度验算。

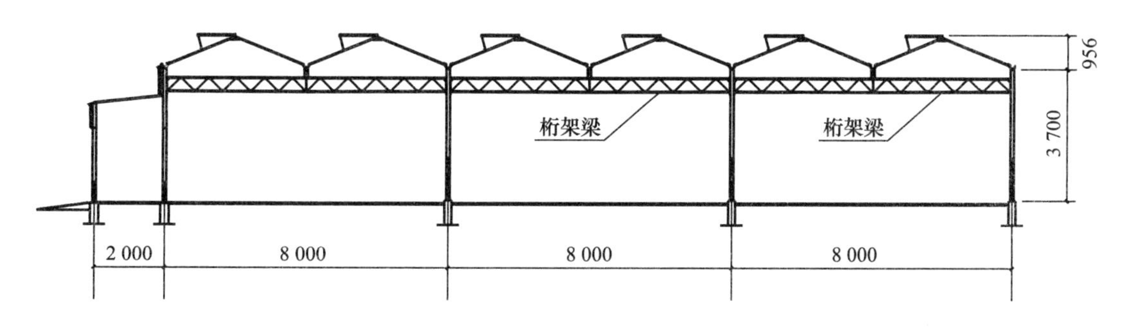

图 6－9　改良型 Venlo 型温室结构形式（单位：mm）

四、塑料温室结构

1. 连栋塑料温室结构计算模型的确定 连栋塑料温室结构很复杂，它由柱子、拱杆、天沟、纵杆和支承等一系列构件组成。完全按照结构的实际工作状态进行力学分析是不可能的，也是不必要的。因此，对连栋塑料温室结构进行力学计算以前必须加以简化，略去不重要的细节，用一个能反映其基本受力和变形性能的简化计算模型来代替实际结构。结构的受力分析都是在计算模型中进行的。因此，计算模型的选择，是结构受力分析的基础。如果选择不当，那么计算结果则不能反映结构的实际工作状态，严重的将会引起工程事故。

2. 连栋塑料温室结构计算模型的选取原则 计算模型的选取原则如下：①计算模型应能反映实际结构的主要受力和变形性能；②保留主要因素，略去次要因素，使计算模型便于计算；③结构计算模型和适用计算方法所依据的模型应该一致；④结构稳定计算和结构布置方案相符合；⑤结构稳定计算和构造设计相符合。

应当指出，计算模型的选取在上述原则指导下，要根据当时当地的具体要求和条件来选用，并不是一成不变的。如对重要的结构允许公众进入的零售温室及有特殊要求的温室应采用比较精确的计算模型，对不重要的结构简易温室可以使用较为简单的计算模型。如在初步设计的方案阶段可使用较为粗糙的计算模型，而在技术设计阶段再使用比较精确的计算模型。如用手算，可采用较为简单的计算模型，而用电算则可以采用较为复杂的计算模型。

不同计算模型的结构分析为了方便比较，以华东型连栋塑料温室为例，利用有限元法，按三维梁单元对不同计算模型下的结构强度进行分析。暂不考虑稳定的影响。温室主要技术参数：跨度 7 m、顶高 5 m、肩高 3 m、柱距 3 m、拱距 1 m；材料为 Q235（A3）钢材、弹性模量为 $2.06\times10^5\ N/mm^2$，重力密度为 $78.5\ kN/m^3$。抗风荷载能力最大风速为 30 m/s（相当于 11 级风力）；抗雪荷载能力：最大积雪厚度为 30 cm；作物荷载：$0.15\ kN/m^2$。温室主体骨架结构的单位面积耗钢量为 $6.7\ kg/m^2$。

3. 常用的圆拱结构塑料温室 圆拱结构是塑料温室最常用的建筑外形，但组成这种建筑外形的结构形式却有多种。最简单而且常用的结构形式为吊杆桁架结构。这种结构屋面梁采用单根或两根拼接的圆拱型单管，通常为圆管、方管或外卷边 C 型钢，拱杆底部有一根水平拉杆，一般为钢管，在拱杆与水平拉杆之间垂直连接 2 根或 3 根吊杆，拱杆矢高为 1.7～2.2 m。这种温室结构简洁，受力明确，用材量少，在风荷载较小的地区应用较多。为了增强温室结构的承载能力，在大风或者多雪地区，温室的屋面结构常做成整体桁架结构，其中完全桁架结构也用于大跨度温室。

第二节　典型温室结构计算

一、温室钢结构设计方法

1. 温室结构的功能要求 温室结构设计的目的是要保证所设计的结构安全，适用，经济合理，并具有足够的可靠性，即在设计基准期内，在规定的条件下（正常设计、正常施工、正常使用和正常维护）结构能完成预定的各项功能。温室结构应包括以下基本功能：

（1）安全性　温室结构能够承受正常施工、正常使用时可能出现的各种荷载，不发生在荷载作用下超过材料强度极限或结构丧失稳定性的情况。

（2）适用性　温室结构在正常使用荷载作用下具有良好的工作性能，比如不发生影响正常使用的过大变形。

（3）耐久性　温室结构在正常使用和正常维护条件下，在规定的使用期限内具有足够的耐久性，不发生因腐蚀等因素而影响结构使用寿命。

满足以上三个要求即认为温室结构具有可靠性。很显然，在设计中采用提高安全余量的办法总是能够满足结构可靠性的要求的，但是这必然会降低结构设计的经济性。结构的可靠性和经济性往往是相互矛盾的。因此科学的设计要求在保证结构可靠性的基础上力求结构的经济合理。

温室结构设计期限应根据温室类型与用途确定，一般为 15 年、10 年或 5 年。玻璃温室的最低设计使用年限应不小于 15 年。种植珍贵作物或室内有昂贵设备的温室，建议最低设计使用年限不少于 10 年。

2. 温室钢结构的极限状态设计法　温室应以不超过某种极限状态来进行结构设计。极限状态指“整个结构或结构的一部分超过某一特定的状态就不能满足设计规定的某一功能要求，此特定状态称为该功能的极限状态”。结构的极限状态分为两类，即承载力极限状态和正常使用极限状态。

（1）承载力极限状态　承载力极限状态是指结构或构件达到最大承载能力或达到不适于继续承受荷载的巨大变形的状态。当结构出现下列情况之一，即认为超过了承载力极限状态：

① 整个结构或结构的一部分作为刚体失去平衡。如无柱式日光温室后墙发生倾覆。

② 结构构件或其连接超过材料强度发生破坏。如温室外遮阳骨架斜拉筋在遮阳驱动系统作用下受拉断裂，温室屋面梁与柱连接板受挤压破坏。

③ 结构变为机动体系。如两端铰接的山墙抗风柱截面达到抗弯强度使结构变为机动体系（三铰位于一条线上）而丧失承载能力。

④ 结构或构件丧失稳定性。如立柱达到临界荷载而失稳，在风载作用下拉杆受压失稳等。

（2）正常使用极限状态　正常使用极限状态是指结构或构件虽然保持承载能力，但其变形使结构或构件已不满足正常使用的要求或耐久性要求的状态。当结构或构件出现下列状态之一时，即认为超过了正常使用极限状态：

① 影响正常使用或外观的变形。如玻璃温室构件产生过大变形造成玻璃开裂或密封性能很差，温室结构产生过大变形引起使用者不安等。

② 影响正常使用或耐久性的局部损坏。如温室外露钢结构部分发生明显腐蚀，影响构件寿命。

③ 影响正常使用的振动。

④ 影响正常使用的其他特定状态。在结构设计中，应根据温室的类别和具体的构件确定采取承载力极限状态或正常使用极限状态进行设计。对于外覆盖材料不能承受由于设计荷载产生的位移的温室（如玻璃温室、硬质塑料板温室、密封性要求非常高的试验温室等）应按照上述两种极限状态进行设计，通常是按承载力极限状态进行设计，再按照正常使用极限状态对构件进行校核。对于覆盖材料能够承受由于设计荷载产生的位移的温室只需按照承载力极限状态进行设计，如塑料薄膜覆盖的温室。

3. 温室钢结构设计的基本规定 温室一般采用轻型钢结构，因此本文所涉及的基本规定主要参照《轻型钢结构设计手册》。

(1) 结构的强度设计值 钢材的设计强度 f 以钢材强度标准值 f_k(屈服点 f_y) 除以相应的抗力分项系数得出，它与钢材的型号、钢材尺寸分组及结构安全度有关。对于温室结构而言，所用钢材厚度一般较小 (≤10 mm)，不必考虑钢材尺寸分组的影响；温室结构的安全等级可参照一般工业与民用建筑统一定为二级。根据上述分析，温室结构钢材的强度设计值按表6－1选用。

表 6－1 钢材的强度设计值 (N/mm²)

应力种类	钢材种类			
	薄壁型钢结构		普通钢结构	
	Q235	16Mn	Q235	16Mn
抗拉、抗压、抗弯 f	205	300	215	315
抗剪 f_v	120	175	125	185
端面承压 f_{ce}	310	425	325	445

注：钢材的抗拉、抗压、抗弯及抗剪强度设计值对于 Q235 镇静钢可按本表中数值增加 5%。

考虑结构受力状况及工作条件的不同，在有些情况下对结构要提高安全余量，因此对于表 6－1 中钢材的强度设计值要进行折减。折减系数见表 6－2。

(2) 连接强度设计值 焊缝的强度设计值采用表 6－3 中的数值，并按表 6－2 中的系数进行折减。

(3) 普通螺栓的强度设计值 按表 6－4 选用，并采用表 6－2 中的系数进行折减。

表 6－2 强度设计值折减系数

结构类别	考虑情况	折减系数
普通钢结构	单面连接的单角钢杆件	
	1. 按轴心受力计算强度和连接；	0.85
	2. 按轴心受压计算稳定性：	
	(1) 等边角钢 $\lambda<20$	$0.6+0.0015\lambda\leqslant1.0$
	(2) 短边相连的不等边角钢 $\lambda=20$	$0.5+0.0025\lambda\leqslant1.0$
	(3) 短边相连的不等边角钢	0.7
圆钢、小角钢结构	除按普通钢结构考虑外还需考虑：	
	1. 一般杆件和连接；	0.95
	2. 双圆钢拱拉杆及其连接；	0.85
	3. 平面桁架式檩条和三铰拱斜梁端部主要受压腹板	0.85
薄壁型钢结构	同普通钢结构，但式中 0.0015λ 改为 0.0014λ，此外考虑：	
	1. 在屋架、刚架横梁中采用槽钢等拼焊为方管的受压弦杆及支座斜杆；	0.95
	2. 无垫板的单面对接焊缝；	0.85
	3. 两构件连接采用搭接或其间填有垫板的连接以及单盖板的不对称连接	0.85

表 6-3　焊缝的强度设计值（N/m^2）

焊缝类型	应力种类	符号	钢材种类			
			薄壁型钢结构		普通钢结构	
			Q235	16Mn	Q235	16Mn
	抗压	f_c^w	205	300	215	315
对接焊接	抗拉、抗弯	f_t^w	175	225		
	焊缝质量一级、二级				215	315
	三级				185	270
	抗剪	f_v^w		175	125	185
角焊缝	抗拉、抗压和抗剪	f_t^w	140	195	160	200

注：Q235 和 16Mn 钢的手工焊分别采用 E43XX 和 E50XX 焊条。

表 6-4　普通螺栓的强度设计值（N/m^2）

应力种类	符号	钢材种类						
		薄壁型钢结构			普通钢结构			
		螺栓钢号	构件钢号		螺栓钢号		构件钢号	
		Q235 C级（A、B）	Q235	16Mn	Q235	Q235		16Mn
					C级（A、B）	C级	A、B级	C级（A、B）
抗压	f_t^b	165	—	—	170	—	—	—
抗剪	f_v^b	125	—	—	130(170)	—	—	—
承压	f_c^b	140	290	420	—	305	400	420(550)

4. 结构的允许变形条件　对温室而言，受弯构件的允许挠度为：屋面檩条，允许挠度为其跨度的 1/200；立柱允许挠度为其跨度的 1/400；玻璃温室墙体横梁、墙柱，允许挠度为其跨度的 1/200。正常使用条件下，温室在天沟高度处的位移不得大于柱高的 0.02 倍，柱高指基础顶面到天沟下沿的高度。

5. 温室钢结构设计方法　温室的承重结构是由檩条、屋架、柱、基础等部分组成。屋架承受风荷载、雪荷载以及屋面材料的重量。屋架受力后，连同其自身重力把力传给柱子。最后由柱子再传给基础，由基础再传给地基。支承这些荷载而起承重作用的就称为结构，结构的各个组成部分称为构件。结构（构件）在承受荷载时，如果受力过大，超过了它的承载能力，就有可能造成温室、塑料棚的较大变形，甚至破坏倒塌。为了保证使用过程中的安全，符合经济、实用的要求，就必须对温室、大棚的构件进行设计，并对各构件受力后的情况进行分析计算，从而决定它的形状和尺寸。

基本条件为基础，要建造坚固、安全、经济、实用的温室和大棚，必须进行细致的设计工作。

现代温室建筑的设计步骤：

（1）*设计前的准备工作*　设计前的准备工作包括：①熟悉设计任务书；②收集必要的设计原始数据；③设计前的调查研究。

（2）*初步设计阶段*　初步设计的图纸和设计文件有：①温室总平面；②温室平面及主要

剖面、立面；③说明书（设计方案的主要意图，主要结构方案及构造特点，以及主要技术经济指标等）；④温室建筑概算书；⑤根据设计任务的需要，可能辅以温室建筑透视图或温室建筑模型。

(3) 技术设计阶段　技术设计的主要任务是在初步设计的基础上，进一步确定房屋各工种和工种之间的技术问题。技术设计的内容为各工种互相提供资料、提出要求，并共同研究和协调编制拟建工程各工种的图纸和说明书，为各工种编制施工图打下基础。

(4) 施工图设计阶段　施工图设计是温室建筑设计的最后阶段。它的主要任务是把满足工程施工的各项具体要求反映在图纸中，做到整套图纸齐全统一，明确无误。

施工图设计的内容包括：确定全部工程尺寸和用料，绘制建筑、结构、设备等全部施工图纸，编制工程说明书、结构计算书和预算书。

施工图设计的图纸及设计文件有：①温室建筑总平面；②各个立面及必要的剖面；③钢结构构造节点详图（主要为檐口、墙身和各连接点大样等）；④各工种相应配套的施工图，如基础平面图和基础详图，结构构造节点详图等结构施工图，给排水、电器照明以及暖气或空气调节等设备施工图；⑤建筑、结构及设备等的说明书；⑥结构及设备的计算书：⑦工种预算书。

二、塑料大棚类型及结构计算模型

塑料大棚类型虽然多种多样，但归纳起来总体上都可以简化为拱结构来进行结构计算。因此，可以依照结构力学中关于拱结构计算的方法来对塑料大棚进行结构设计。

(一) 拱的设计和计算

拱在竖向荷载作用下的水平反力方向是指向内的，常称为推力。由于这种推力的存在，拱结构任意截面内的弯矩，将比相当的梁在相同截面内的弯矩小。因而拱结构一般比梁结构经济，因此，拱结构可以跨越较大的跨度。

(二) 拱的结构形式

1. 结构特点　轴线为曲线，竖向荷载作用下支座产生水平推力。

2. 分类　如图 6－10 所示，拱结构形式分为三铰拱、两铰拱和无铰拱。

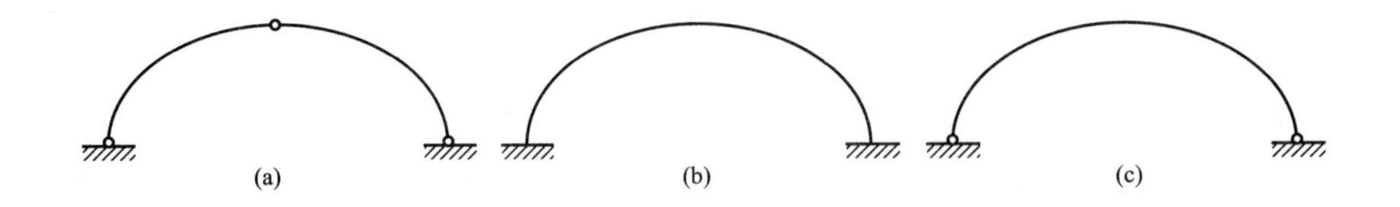

图 6－10　拱结构分类图

(a) 三铰拱　(b) 无铰拱　(c) 两铰拱

(三) 三铰拱的计算

如图 6－11 所示，拱的整体有三个平衡方程，此外铰 C 又增加一个静力平衡方程，即 C 点的弯矩为零。所以，三铰拱是静定结构。

同时，为了便于比较，构建了一个简支梁（以下简称代梁），如图 6－12 所示。跨度和荷载都与三铰拱相同。因为荷载是竖向的，代梁没有水平反力，只有竖向反力 V_A^0 和 V_B^0 可

分别由平衡方程 $\sum M_A = 0$ 和 $\sum M_B = 0$ 求出。

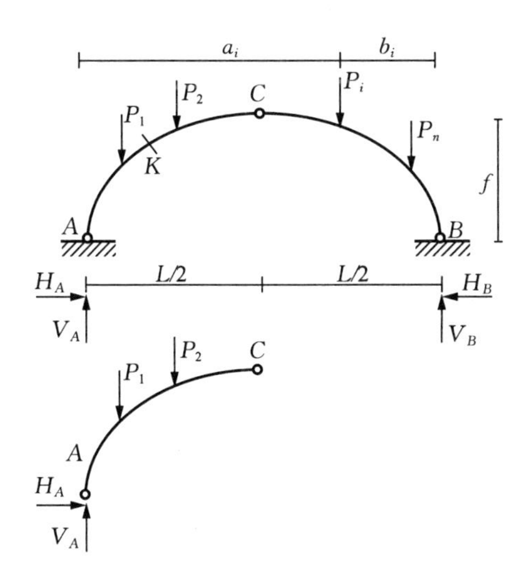

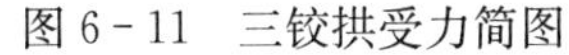

图 6－11　三铰拱受力简图

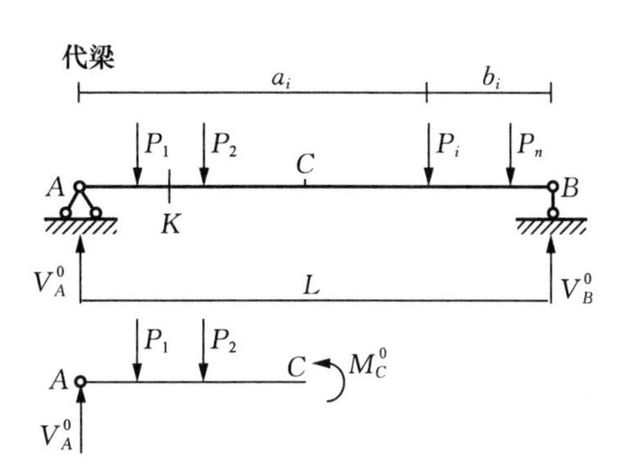

图 6－12　拱结构代梁受力分析图

考虑拱的整体平衡，可求出拱的竖向反力，通过计算可以得出拱的竖向反力与简支梁（代梁）的竖向反力相同。

1. 竖向反力计算

$$\sum M_B = 0，V_A = \frac{\sum P_i b_i}{L} = V_A^0 \tag{6-1}$$

$$\sum M_A = 0，V_B = \frac{\sum P_i a_i}{L} = V_B^0 \tag{6-2}$$

2. 水平反力计算　A、B 两点的水平反力方向相反，数量相等，以 H 表示推力的数量。为了求出推力 H，应用铰 C 提供的条件 $\sum M_C = 0$：

$$\sum X = 0, H_A = H_B$$

$$\sum M_C = 0, H_A f = V_A \frac{L}{2} - \sum P_i \left(\frac{L}{2} - a_i\right) \tag{6-3}$$

所以

$$H = H_A = H_B = V_A^0 \frac{L}{2} - \sum P_i \left(\frac{L}{2} - a_i\right) = \frac{M_C^0}{f} \tag{6-4}$$

由此可知，推力与拱轴的曲线形式无关，而与拱高 f 成反比，拱愈低推力愈大。荷载向下时，H 得正值，推力是向内的。如果 f 趋向于零，推力趋于无限大，这时 A、B、C 三个铰在一条直线上，成为几何可变体系。

$$V_A^0 = \frac{P_1 b_1 + P_2 b_2 + \cdots + P_i b_i + \cdots + P_n b_n}{L} = \frac{\sum P_i b_i}{L}$$

$$V_B^0 = \frac{P_1 a_1 + P_2 a_2 + \cdots + P_i a_i + \cdots + P_n a_n}{L} = \frac{\sum P_i a_i}{L}$$

$$M_C^0 = V_A^0 \frac{L}{2} - \sum P_i \left(\frac{L}{2} - a_i\right)$$

M_0^C 为相应代梁对应 C 点弯矩；$H=M_0^C/f$，为水平推力。

3. 内力计算

$$\sum m_k = M_k - V_A x_k + p_1(x_k - a_1) + H y_k$$

$$\sum m_k = 0$$

故
$$M_k - V_A x_k + p_1(x_k - a_1) + H y_k = 0$$
$$M_k = [V_A x_k - P_1(x_k - a_1)] - H y_k$$
$$= M_k^0 - H y_k \text{（下侧受拉为正）}$$

$$\sum t = Q_k - V_A \cos\phi_k + p_1 \cos\phi_k + H \sin\phi_k$$

$$\sum t = 0$$

故
$$Q_k - V_A \cos\phi_k + p_1 \cos\phi_k + H \sin\phi_k = 0$$
$$Q_k = (V_A - P_1)\cos\phi_k - H\sin\phi_k$$
$$= Q_k^0 \cos\phi_k - H\sin\phi_k$$

$$\sum n = N_k - V_A \sin\phi_k + P_1 \sin\phi_k - H\cos\phi_k$$

$$\sum n = 0$$

故
$$N_k - V_A \sin\phi_k + P_1 \sin\phi_k - H\cos\phi_k = 0$$
$$N_k = (V_A - P_1)\sin\phi_k + H\cos\phi_k$$
$$= Q_k^0 \sin\phi_k + H\cos\phi_k \text{（压为正）}$$

式中　ϕ_k 为截面 K 处拱轴切线倾角。

拱与代梁对比，有如下优点：① 有水平推力 H，$M_k = M_K^0 - H y_K$ 比相应简支梁 M_k^0 小，材料利用率高；②Q_k 比相应简支梁 Q_k^0 小；③拱内产生受压轴力 N，可以利用一些廉价、抗拉性能差的材料，如砖石、混凝土。

4. 拱的合理轴线　一定荷载作用下，拱的内力还与轴线的形状有关，虽有轴力，但仍有 M 存在（有拉应力存在）。为了充分发挥材料性能，使截面只有轴力 N，没有剪力 Q 和弯矩 M，这样设计截面尺寸最经济。

使拱内所有截面弯矩 M 等于零的拱轴线即为拱的合理轴线，具体内力平衡公式见式 6－5。

$$M(x) = M^0(x) - Hy \tag{6-5}$$

$$y = \frac{M^0(x)}{H} \tag{6-6}$$

式中　$M_0(x)$——相应简支梁弯矩，由跨度、荷载决定；

y——合理拱轴线。

（四）塑料大棚结构计算

塑料大棚一般可按两铰拱建立数学模型，如图 6－13。

8 m 跨圆弧塑料大棚计算：大棚跨度为 8 m，矢高 3 m。均匀布置三根纵向拉杆。拱间距为 0.5 m，拱杆截面采用 ϕ25 mm×1.5 mm 镀锌钢管，试进行校核。

基本雪压：0.3 kN/m^2。

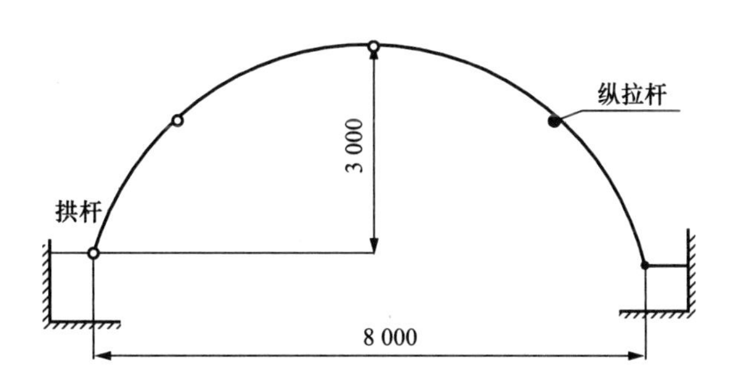

图 6-13　大棚计算简图

基本风压：0.35 kN/m^2。

1. 荷载计算(图 6-14)

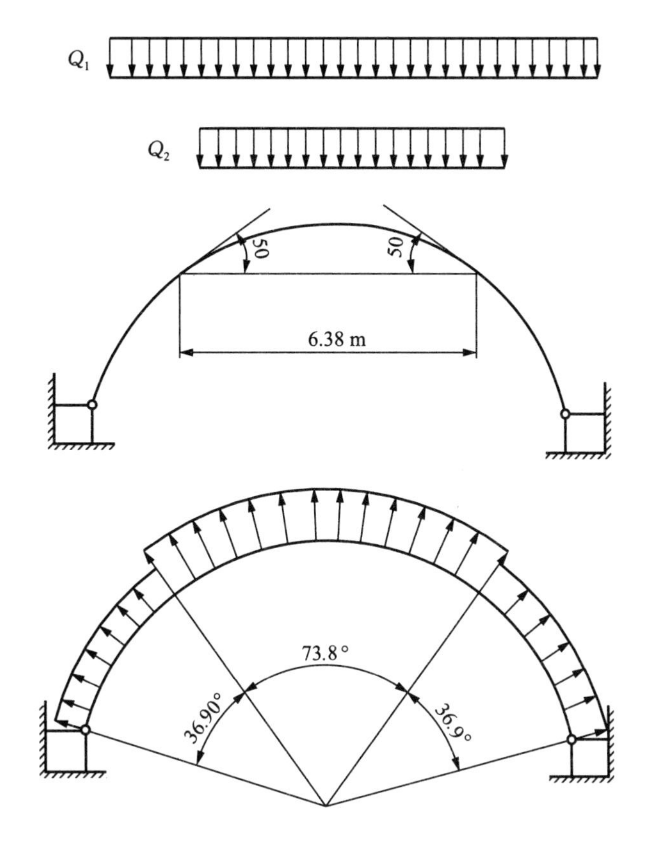

图 6-14　拱棚荷载计算简图

(1) 恒载 Q_1　ϕ25 mm×1.5 mm 镀锌钢管单位质量为 0.703 kg，将自重折合为水平面上质量：

$$Q_1=0.703\times10.77/8=0.936\ (\text{kg/m})$$

(2) 雪载 S_1　对于单跨拱顶温室，只考虑雪荷载均匀分布的情况。

$$S_k=S_0C_t\mu_r=0.3\times1.0\times0.125\times8/3=0.1\ (\text{kN/m}^2) \qquad (6-7)$$

拱间距为 0.5 m，Q_2＝0.1×0.5＝0.05（kN/m）。

（3）风荷载　大棚风荷载标准值计算式：

$$W_k = W_0 \mu_z \mu_s \tag{6-8}$$

大棚上风荷载的作用分三段考虑，对应的风荷载体型系数分别为 μ_{s1}（0.375）、μ_{s2}（－0.8）和 μ_{s3}（－0.5）：

$$W_1 = 0.35 \times 1.0 \times 0.375 \times 0.5 = 0.066\ (\text{kN/m})$$

第二段、第三段上塑料膜所承受的风荷载为吸力，因此在结构计算中不予考虑。

2. 荷载组合　考虑两种荷载组合：①自重＋雪载；②自重＋风荷载。内力分析采用结构计算软件对上述两种荷载组合工况下拱杆的内力分别进行计算，计算结果分别如图 6－15 和图 6－16 所示。对于荷载组合①，拱杆最大轴力为－0.35 kN，最大正弯矩为 0.066 kN·m，最大负弯矩为－0.056 kN·m；对于荷载组合②，最大正弯矩为 0.054 kN·m，最大负弯矩为－0.075 kN·m。

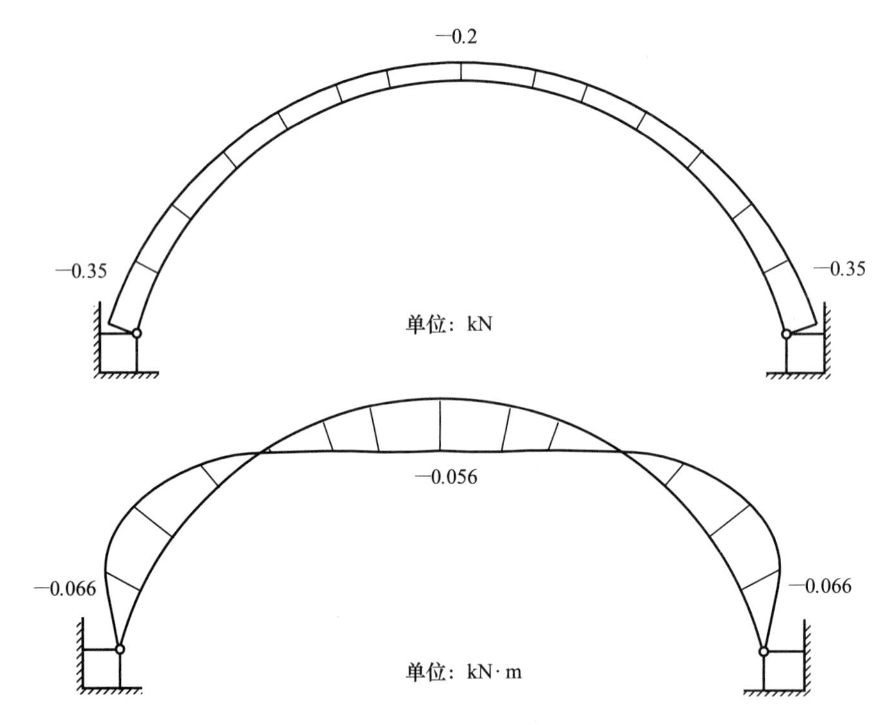

图 6－15　荷载组合①下的内力图

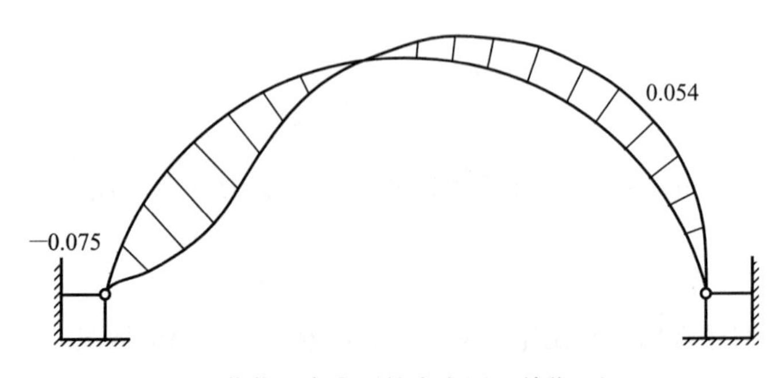

图 6－16　荷载组合②下的内力图（单位：kN·m）

3. 强度校核　计算结构表明，拱杆内轴力很小，强度校核主要考虑弯矩作用。

$$\frac{M_x}{W_x}=\frac{0.075\times10^6}{0.51\times10^3}=147(\text{N/mm})^2<215(\text{N/mm})^2 \qquad (6-9)$$

说明拱杆截面满足强度要求。

三、日光温室类型及结构计算模型

（一）日光温室荷载分析

日光温室主要构件计算：对于荷载及荷载组合的计算，我国尚无公开颁布的温室荷载标准，因此在计算中，行业中普遍采用国家建筑荷载规范规定的标准值和荷载组合方法对温室荷载进行计算。对于日光温室，按表 6－5 的组合工况进行荷载组合设计。

表 6－5　计算桁架的荷载组合表

工况	荷载组合	发生情况	备　注
1	$G+K+Q_1+Q_2+S$	雪后人上屋顶操作	
2	$G+Q_1+Q_2+Q_3$	人站在屋顶卷放保温被	
3	$G+K+Q_1+Q_2+W_s$	刮南风，人站在屋顶操作	
4	$G+K+Q_1+Q_2+W_n$	刮北风，人站在屋顶操作	
5	$G+C$	覆膜施工操作	

表中：G 为桁架、系杆自重及后坡重；K 为保温被自重（前屋面均布）；Q_1 为屋脊集中活荷载；Q_2 为作物吊重；Q_3 为保温被卷重（作用在屋脊）；W_s 为风荷载（南风）；W_n 为风荷载（北风）；C 为施工荷载（均布）。

（二）8 m 跨日光温室结构计算

跨度为 8 m（外皮尺寸），脊高 3.5 m。骨架采用桁架式。上弦为圆管 ϕ26.8 mm×2.75 mm，下弦为圆管 ϕ20 mm×1.5 mm，腹杆为 ϕ8 mm 钢筋。试进行校核。

基本雪压：0.4 kN/m^2

基本风压：0.35 kN/m^2

1. 荷载计算（图 6－17）

（1）恒载 q_1、q_2　日光温室钢骨架自重 q_1 可由结构计算软件自动计算。

后屋面的自重（板、保温层）：q_2 计算后屋面自重时只考虑 80 mm 厚的混凝土板和 50 mm厚的聚苯板的自重。

$$q_2=[(0.08\times2\,500+0.05\times150)\times9.8\times10^{-3}]/\cos36^\circ=2.510(\text{kN/m}^2)$$

（2）雪载 S_1　只考虑雪载均匀分布的情况。

$$S_k=S_0C_t\mu_r=0.4\times1.0\times0.5=0.2(\text{kN/m}^2) \qquad (6-10)$$

温室骨架间距为 1 m，则雪荷载 q_3 为 0.2 kN/m。

（3）作物吊重 q_4　作物荷载一般按照 0.15 kN/m^2 考虑。

（4）屋面集中活荷载 Q_1　日光温室屋面集中活荷载主要考虑工作人员上屋面操作或维修，可按 0.8 kN 考虑。

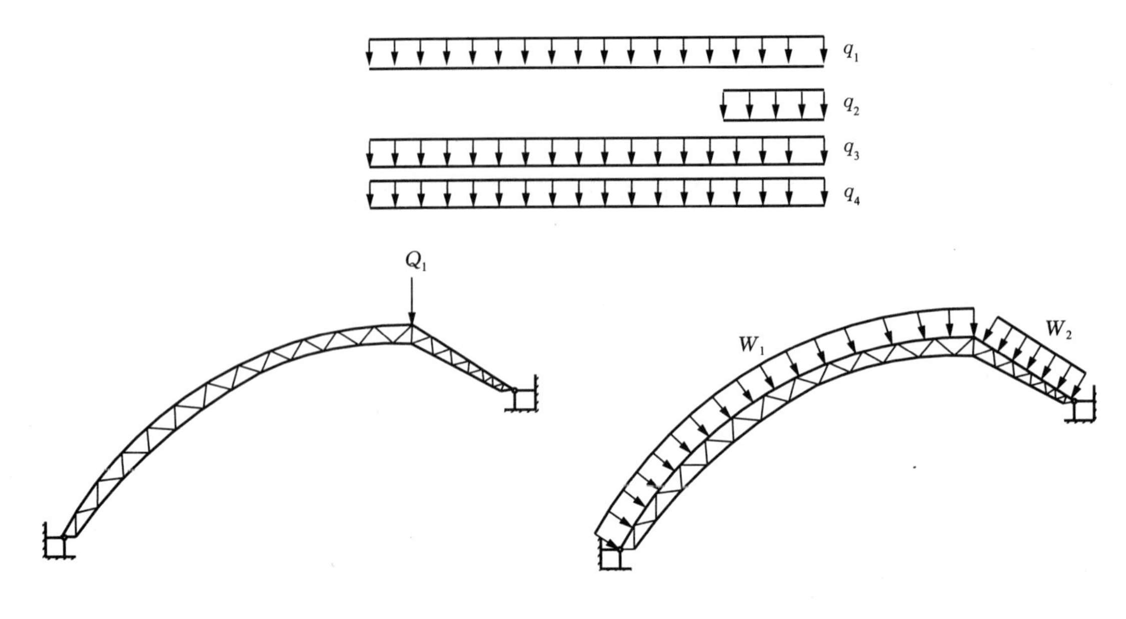

图 6-17　日光温室荷载分析图

（5）风荷载　对于风荷载分两段考虑，温室前屋面受正压作用，体型系数为 0.6；温室后屋面受负压作用，体型系数为−0.5。风荷载标准值计算式为

$$W_1 = W_0\mu_z\mu_s = 0.35\times1.0\times0.6 = 0.21(\text{kN/m}^2) \quad (6-11)$$

$$W_2 = W_0\mu_z\mu_s = 0.35\times1.0\times(-0.5) = -0.175(\text{kN/m}^2) \quad (6-12)$$

（6）荷载组合　考虑两种荷载组合：①恒载＋雪荷载＋作物荷载＋屋面集中荷载；②自重＋风荷载＋作物荷载＋屋面集中荷载。

2. 内力分析　采用结构计算软件对以上两种荷载组合工况下各杆件的内力进行计算，结果见表 6-6。

表 6-6　日光温室内力计算结果

杆件编号	荷载组合①		荷载组合②	
	轴力（kN）	弯矩（kN·m）	轴力（kN）	弯矩（kN·m）
101	−5.41		−4.48	0.01
102	−3.09		−3.4	0.02
103	−1.45	0.01	−2.61	0.02
104	−0.46	0.01	−2.08	0.02
105	0.02	0.01	−1.74	0.02
106	0.06	0.02	−1.58	0.02
107	−0.26	0.02	−1.58	0.02
108	−0.72	0.02	−1.59	0.02

（续）

杆件编号	荷载组合①		荷载组合②	
	轴力（kN）	弯矩（kN·m）	轴力（kN）	弯矩（kN·m）
109	−1.51	0.02	−1.71	0.02
110	−2.30	0.02	−1.8	0.02
111	−3.17	0.02	−1.90	0.02
112	−4.06	0.02	−1.99	0.02
113	−5.54	0.04	−2.42	0.03
114	−9.55	0.05	−5.38	0.03
115	**−11.68**	**0.04**	−7.28	0.03
116	**−12.35**	**0.02**	−8.22	0.02
117	**−12.65**	**0.01**	−8.74	0.01
118	−11.06	0.01	−8.11	0.01
119	−10.02	0.01	−7.62	0.01
201	−2.32	0.01	−1.04	
202	−3.60	0.01	−1.62	
203	−4.63		−2.13	
204	**−5.09**		−2.42	
205	**−5.10**		−2.55	
206	−4.73		−2.50	
207	−4.14		−2.40	
208	−3.34		−2.25	
209	−2.44		−2.10	
210	−1.54		−1.96	
211	−0.57		−1.82	
212	0.33		−1.77	
213	3.54		0.33	
214	6.31		2.44	
215	6.96		3.21	
216	7.27		3.70	
217	6.38		3.43	
218	4.27		2.35	
301	1.80		0.84	
302	−0.81		−0.38	
303	1.12		0.56	
304	−1.0		−0.48	
305	0.55		0.33	
306	−0.64		−0.35	
307	0.12		0.16	
308	−0.34		−0.25	
309	−0.22		0.03	
310	−0.06		−0.12	
311	−0.46		−0.1	

（续）

杆件编号	荷载组合①		荷载组合②	
	轴力（kN）	弯矩（kN·m）	轴力（kN）	弯矩（kN·m）
312	0.17		−0.04	
313	−0.54		−0.11	
314	0.28		−0.05	
315	−0.73		−0.19	
316	0.50		0.03	
317	−0.68		−0.14	
318	0.57		0.02	
319	−0.64		−0.13	
320	0.67		0.03	
321	−0.62		−0.14	
322	0.67		0	
323	−0.55		−0.06	
324	2.61		0.87	
325	**−2.94**		−2.16	
326	2.10		1.57	
327	−2.03		−1.6	
328	0.4		0.53	
329	−0.60		−0.63	
330	0.1		0.29	
331	−0.38		−0.45	
332	−0.52		−0.13	
333	0.78		0.24	
334	−1.92		−0.99	
335	1.8		0.93	
336	−2.20		−1.2	

3. 截面计算

（1）上弦杆　由表 6－6 可以看出，杆件 105、106 及 107 在荷载组合①工况下的内力对杆件是最不利的，以杆件 107 为代表分析上弦杆。

杆件所受弯矩很小，可以近似按轴心受压构件计算。具体计算方法可参照表 6－7 至表 6－10 中所对应的计算方法进行结构校核。

杆件截面特性为：

$A=207.78\ \text{mm}^2$

$i_x=i_y=8.56\ \text{mm}$

$\lambda_x=0.6/(8.56\times10^{-3})=70$，查轴心受压构件稳定性系数 $\varphi=0.643$。

$$\sigma=\frac{N}{\varphi A_n}=\frac{12.65\times10^3}{0.643\times207.78}=94.68(\text{N/mm}^2)<205\ \text{N/mm}^2 \qquad (6-13)$$

满足强度和稳定性要求。

从上述计算结果看，杆件内部的实际应力较杆件的允许应力有较大的富余，从优化结构、节约用材的角度出发，应该重新选择杆件规格，减小截面面积，重新进行计算，直到杆件实际应力接近允许应力，一般控制在5%之内。

表 6-7　冷弯薄壁型钢结构轴心受力构件计算公式

项次	构件	计算内容	普通钢结构 计算公式	薄壁型钢结构 计算公式	符号说明
1	轴心受拉	强度	$\sigma=N/A_n\leqslant f$	$\sigma=N/A_n\leqslant f$	N——轴心力（kN）； A、A_n——毛截面面积和净截面面积（mm^2）； A_e、A_{en}——有效截面面积和有效净截面面积（mm^2）； f——钢材设计强度（MPa）； φ——轴心受压构件稳定性系数
	轴心受压			$\sigma=N/A_{en}\leqslant f$	
2	轴心受压	稳定性	$\sigma=N/\varphi A\leqslant f$	$\sigma=N/\varphi A_e\leqslant f$	

表 6-8　受压构件的允许长细比

项次	构件类别	允许长细比
1	主要构件（如主要承重柱、钢架柱、桁架河格构式刚架弦杆及支座压杆等）	150
2	其他构件及支承	200

注：受拉构件的允许长细比为350。

表 6-9　冷弯薄壁型钢结构压弯构件计算公式

项次	构件	计算 内容	弯矩作用 平面	薄壁型钢结构 计算公式	符号说明
1	压弯 构件	强度	弯矩作用在主平面时	$\sigma=N/A_{en}\pm M_x/W_{enx}\pm M_y/W_{eny}\leqslant f$	N——轴心力（N）； M——计算弯矩，取构件全长范围内的最大弯矩（N·m）； β_m——等效弯矩系数； N'_E——钢材的弹性模量（MPa）； W_e——对最大受压边缘的有效截面模量（mm^3）； W_{enx}——构件截面对对称轴 x 轴的截面模量； A_e、A_{en}——有效截面面积和有效净截面面积（mm^2）； f——钢材设计强度（N/mm^2）； φ——轴心受压构件稳定性系数； η——截面系数，对闭口截面 $\eta=0.7$，对其他截面 $\eta=1.0$； φ_y——对 y 轴的轴心受压构件稳定性系数； φ_{bx}——当弯矩作用于最大刚度平面时，受弯构件的整体稳定系数对于闭口截面可取 $\varphi_{bx}=1.0$； M_x——构件计算段最大弯矩（N·m）； W_{ex}——对双轴对称截面构件的截面模量（mm^3）
2		稳定性	双轴对称截面构件，当弯矩作用于对称平面内时	$\sigma=N/\varphi A_e+\beta_m M/(1-\varphi N/N'_E)W_e\leqslant f$	
			双轴对称截面构件，当弯矩作用于对称平面外时	$\sigma=N/\varphi_y A_e+\eta M_x/(\varphi_{bx}W_{ex})\leqslant f$	

表 6-10　薄壁型钢结构偏心受力构件的强度和稳定性计算

<table>
<tr><th>项次</th><th>构件</th><th>计算内容</th><th>弯矩作用平面</th><th>计算公式</th><th>备　注</th></tr>
<tr><td>1</td><td>偏心受拉构件</td><td>强度</td><td>弯矩作用在主平面时</td><td>$\sigma=N/A_n \pm M_x/W_{nx} \leqslant f$</td><td rowspan="4">$N$——轴心力（N）；
A、A_n——毛截面面积和净截面面积（mm^2）；
A_{ef}、A_{efn}——有效截面面积和有效净截面面积（mm^2）；
f——钢材设计强度（MPa）；
W_{nx}——有效截面对对称轴 x 轴的净截面抵抗矩（mm^3）；
W_{efx}、W_{efnx}——有效截面抵抗矩和有效净截面抵抗矩（mm^3）；
N_e——欧拉临界力（N）；
φ，φ_y——轴心受压构件稳定系数和对 y 轴轴心受压构件稳定系数；
β_{mx}——等效弯矩系数；
M_x——根据 β_{mx} 取值的计算弯矩（N·m）；
W_{1x}——弯矩作用平面内较大受压纤维毛截面抵抗矩（mm^3）</td></tr>
<tr><td>2</td><td rowspan="3">偏心受压构件</td><td>强度</td><td>弯矩作用在主平面时</td><td>$\sigma=N/A_{efn} \pm M_x/W_{efnx} \leqslant f$</td></tr>
<tr><td>3</td><td>弯矩作用平面内稳定性</td><td>弯矩作用在对称轴平面时（绕 x 轴）</td><td>$\frac{N}{\varphi A_{ef}}+\frac{\beta_{mx}M_x}{W_{efx}\left[1-\varphi\frac{N}{N_e}\right]} \leqslant f$</td></tr>
<tr><td>4</td><td>弯矩作用平面外稳定性</td><td></td><td>$\frac{N}{\varphi_y A}+\frac{\beta_{mx}M_x}{\varphi_y W_{1x}} \leqslant f$</td></tr>
</table>

（2）下弦杆　由表 6-6 可以看出，杆件 204 及 205 在荷载组合①工况下的内力对杆件最不利，以杆件 205 为代表分析下弦杆（虽然杆件 216 拉力略大于杆件 205 的压力，但受压较受拉的承载能力小得多，因此只验算受压杆件 205。如不能确定的情况下，也应验算受拉构件）。

杆件截面特性为：

$A=87.18\ mm^2$

$i_x=i_y=6.56\ mm$

$\lambda_x=0.6/(6.56\times10^{-3})=91$，查轴心受压构件稳定性系数 $\varphi=0.511$。

$$\sigma=\frac{N}{\varphi A}=\frac{5.10\times10^3}{0.511\times87.18}=114.50(N/mm^2)<205\ N/mm^2 \qquad (6-14)$$

满足强度和稳定性要求。

（3）腹杆　由表 6-2 可以看出，杆件 325 在荷载组合①工况下的内力对杆件最不利，以杆件 325 为代表分析腹杆。

杆件截面特性为：

$A=50.26\ mm^2$

$i_x=i_y=2\ mm$

$\lambda_x=0.3/(2\times10^{-3})\ =150$，查轴心受压构件稳定性系数 $\varphi=0.308$。

$$\sigma=\frac{N}{\varphi A}=\frac{2.94\times10^3}{0.308\times50.26}=190(N/mm^2)<205\ N/mm^2 \qquad (6-15)$$

满足强度和稳定性要求。

四、现代连栋温室的类型及结构计算模型

（一）现代连栋温室的类型

为了加大温室的规模，适应大面积甚至工厂化生产植物产品的需要，将两栋以上的单栋温室在屋檐处连接起来，去掉相连接处的侧墙，加上檐沟（或称天沟），就构成了连栋温室。它们又称为连跨温室、连脊温室。

连栋温室的保温比比单栋大，因此，其保温性好；单位面积的土建造价省；占地面积少，总平面的利用系数高；因此，有利于降低造价，节省能源。

但是，其单位建筑面积上的采光面积小于单栋温室；栋间加设天沟后，极易造成冬季集中堆雪，排雪困难，还给结构带来较大的负载，而且其宽度造成结构遮光；随着栋数的加大，采用开门窗进行自然通风换气比较困难，从而不得不采用机械强制通风，增设二氧化碳发生器，降温设备以及补光设备等。

常见的连栋温室类型有圆拱形连栋温室（图 6－18）、刚架温室（图 6－19）、锯齿形连栋温室（图 6－20）、三角形大屋面连栋温室（图 6－21）和 Venlo 型连栋温室（图 6－22 和图 6－23）等。除此之外，还有坡屋面温室、折线形屋面温室、哥特式尖顶屋面温室、平屋面温室等。从覆盖材料上说有连栋玻璃温室、双层充气温室、双层结构的塑料膜温室、聚碳酸酯板（PC 板）温室和 PET 温室等。其配套的设备有遮阳、通风、降温、加温、保温、自动化控制系统，栽培床、活动苗床、喷滴灌和自走式喷灌、自走式采摘车、自动化穴盘育苗、水培设备等先进的设备。

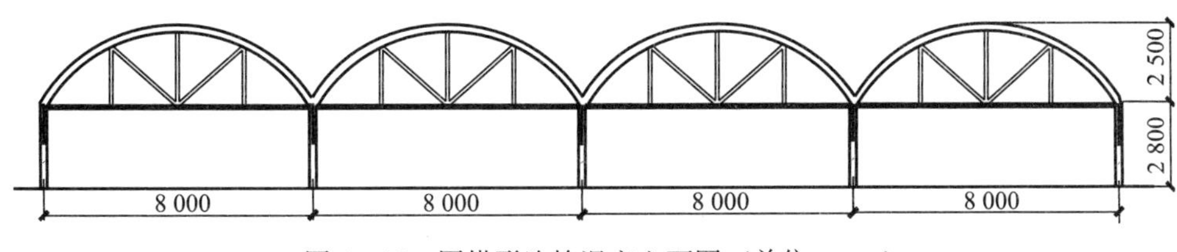

图 6－18　圆拱形连栋温室立面图（单位：mm）

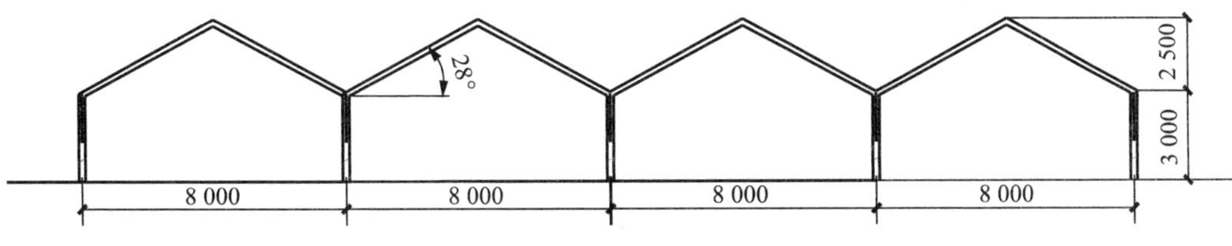

图 6－19　门式刚架连栋温室立面图（单位：mm）

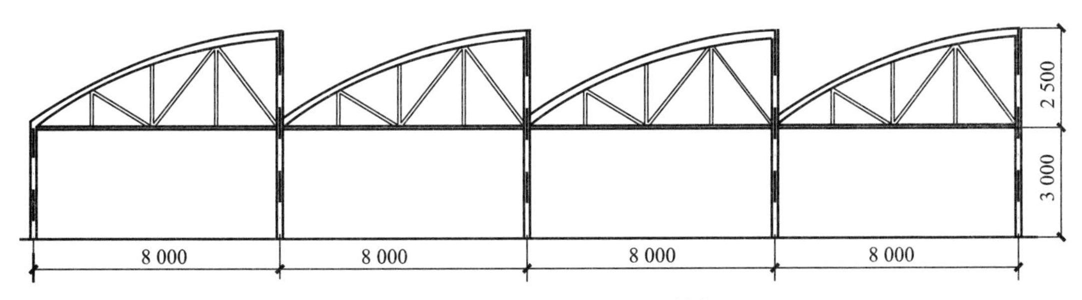

图 6－20　锯齿形连栋温室立面图（单位：mm）

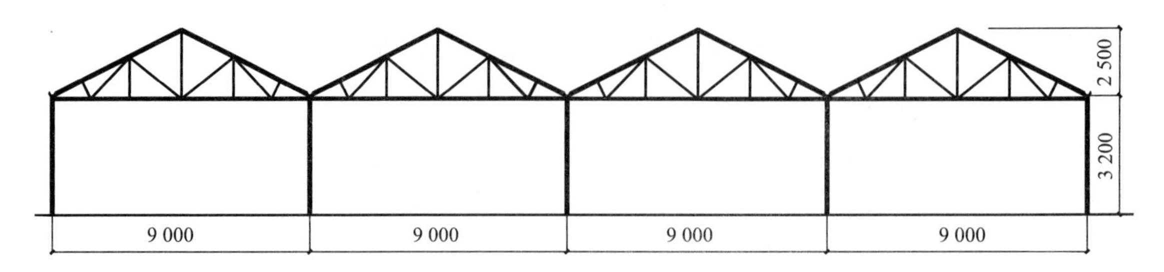

图 6-21 三角形大屋面连栋温室立面图（单位：mm）

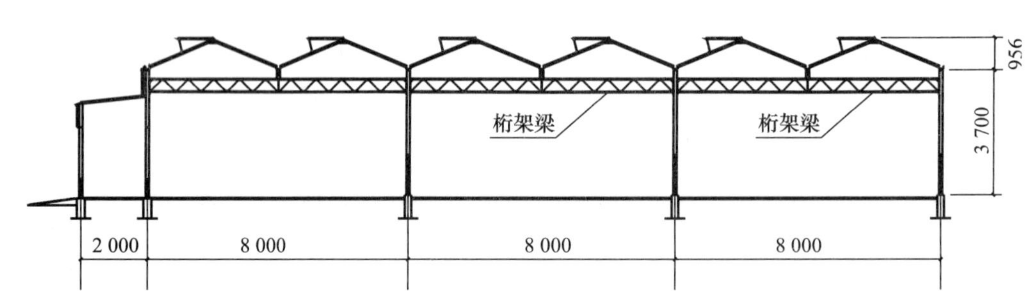

图 6-22 标准 Venlo 型连栋温室立面图

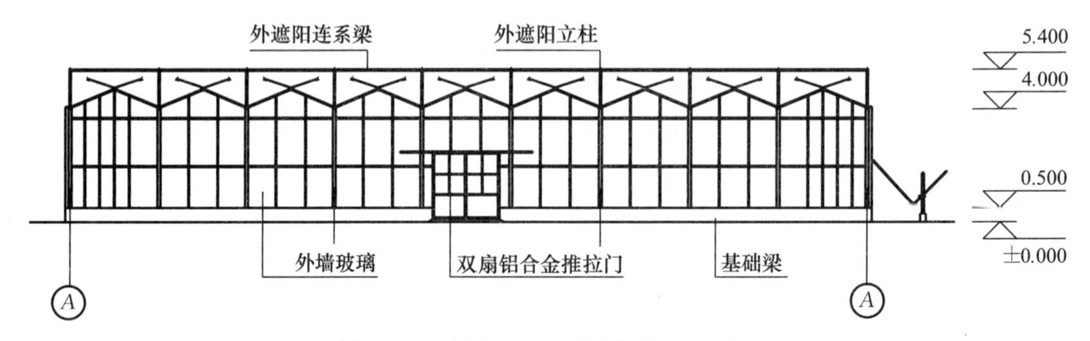

图 6-23 改良 Venlo 型连栋温室立面图（单位：mm）

连栋温室一般都采用性能优良的结构材料和覆盖材料，其结构经优化设计，具有良好的透光性和结构可靠性。连栋温室一般都配备智能环境控制设备，例如，为了达到良好的冬季保温节能性，连栋温室内部设置缀铝膜保温幕以及地中热交换系统贮存太阳能以用于夜间加温等技术与设施。连栋温室设有自然通风与强制通风以及湿帘降温与遮阴幕系统，以保证温室达到良好的通风条件，夏季有效降低室内气温，满足温室周年生产的需要。依靠温室计算机环境数据采集与自动控制系统，实时采集、显示和存储室内外环境参数，对室内环境实时自动控制。

1. Venlo 型玻璃温室 文洛型温室系我国引进的玻璃温室的主要形式，为荷兰研究开发而后流行全世界的一种多屋脊连栋小屋面玻璃温室，温室单间跨度为 6.4 m、8 m、9.6 m、12.8 m，开间距为 3 m、4 m 或 4.5 m，檐高 3.5～5.0 m，每跨由两个或三个（双屋面的）小屋面直接支承在桁架上，小屋面跨度为 3.3 m，矢高 0.8 m。近年有改良为 4.0 m 跨度的。根据桁架的支承能力，还可将两个以上的 3.2 m 的小屋面组合成 6.4 m、9.6 m、12.8 m 的多脊连栋型大跨度温室。可大量免去早期每小跨排水槽下的立柱，减少构件遮光，并使温室用钢量从普通温室的 12～15 kg/m^2 减少到 5 kg/m^2，其覆盖材料采用 4 mm 厚的园艺专用玻璃，透光率大于 92%。由于屋面玻璃安装从排水沟直通屋脊，中间不加檩条，减少了屋面承重构件的遮光，且排水沟在满足排水和结构承重条件下，最大限度地减少了排水沟的截面（沟宽从0.22 m缩小到0.17 m），提高了透光性。开窗设置以屋脊为分界线，左右交错开窗，每窗长1.5 m，一个开间（4 m）设两扇窗，中间1 m不设窗，屋面开窗面积与地面积比率（通风窗比）为19%。若窗宽从传统的0.8 m加大到1.0 m，可使通风窗比增加到23.43%，但由于窗的开启度仅0.34～0.45 m，实际通风面积与地面积之比（通风比）仅为8.5%和10.5%。在我国南方地区往往通风量不足，夏季热蓄积严重，降温困难。这是由于该型温室原来的设计只适于荷兰那种地理纬度虽高但冬季温度并不低的气候条件。近年各地正针对亚热带地区气候特点加大温室高度，檐高从传统的2.5 m增高到3.3 m，直至4.5 m、5 m，小屋面跨度从3.2 m增加到4 m，间柱的距离从4 m增加到4.5 m、5 m，并在顶侧通风、外遮阳，湿帘-风机降温，加强抗台风能力，加固基础强度，加大排水沟，增加夏季通风降温效果。

2. 里歇尔（Richel）温室 法国里歇尔温室公司研究开发的一种流行的塑料薄膜温室，在我国引进温室中所占比重最大。一般单栋跨度为6.4～8 m，檐高3.0～4.0 m，开间距为3.0～4.0 m。其特点是固定于屋脊部的天窗能实现半边屋面（50%屋面）开启通风换气，也可以设侧窗，屋脊窗通风，通风面为20%和35%，但由于半屋面开窗的开启度只有30%，实际通风比为20%（跨度为6.4 m）和16%（跨度为8 m），而侧窗和屋脊窗开启度可达45°，屋脊窗的通风比在同跨度下反而高于半屋面窗。就总体而言，该温室的自然通风效果均较好。且采用双层充气膜覆盖，可节能30%～40%，构件比玻璃温室少，空间大，遮阳面少，根据不同地区风力强度大小和积雪厚度可选择相应类型结构，但双层充气膜在南方冬季阴雨雪情况下影响透光性。

（二）现代连栋温室的结构计算模型

1. 连栋温室的结构分析和设计方法 温室结构的设计方法主要包括两部分：

① 根据结构体系的构成及结构所承受荷载的作用方式进行结构力学分析，得出结构各基本构件和节点的受力状态。

② 根据结构构件和节点的受力状态进行结构构件和节点的设计。

温室结构是由横向骨架和纵向连系构件组成的空间结构，一般构件的截面尺度远小于其纵向尺度，可按杆系结构来考虑。因此，温室结构的构件也通常被称为杆件。通常，温室结构是超静定次数较高的结构体系，要对其进行精确的力学分析，需要求解的方程个数较多，手算较为困难，可以借助成熟的力学分析程序（如Ansys等有限元分析程序）进行求解。但利用有限元程序进行力学分析往往需要对程序了解较为深入才能保证分析结果的正确，同时，分析所需要的时间和费用较高，对投资较小、工期较短的温室工程设计来说，并不是最佳的选择。反而，利用结构简化的方法，对复杂的空间结构进行合理的简化，使其转化为适当的平面结构体系，再利用结构力学中的基础计算方法，可以达到满足温室工程要求的结构受力分析和构件设计。

2. 连栋温室的结构的简化方法 在进行手算简化力学分析时，通常把空间温室结构简化为横向平面骨架体系和纵向连系构件。

横向骨架体系由屋架骨架系统、立柱和基础构成，承受屋面、天窗和侧墙等部分传来的荷载及自重。一般来说，屋架体系可以按照不同的平面桁架结构来进行结构力学分析，进而可以完成对各结构构件的设计。对于立柱系统的结构力学分析，则要假定屋架体系为轴向刚度无穷大的横梁，则横向立柱骨架系统可以简化为多跨平面排架结构。因此，对于横向立柱骨架系统，可以按照结构力学中有关排架结构的力学分析方法，对其进行受力计算和结构构件设计。纵向连系构件由天沟、檩条、柱间和屋面支承等组成，形成水平面内刚度较大的屋盖结构体系，可以协调横向骨架的受力和变形，使各横向骨架协同工作。

3. 横向平面骨架的受力分析和杆件设计 通过受力分析可知，横向平面骨架在雪荷载作用下，主要的受力计算内容为屋架体系，在结构分析时，可以把立柱简化为屋架的铰支座，利用求解平面桁架结构体系的方法，如节点法、截面法、图解法等，就可以解得屋架各杆的内力。同时，也可以得到支座的反力，该反力也就是立柱的纵向轴力，可以用轴向受力的方法初步校验立柱系统的安全稳定性。

温室结构在横向风荷载作用下的内力分析，可以取温室中部的一榀排架，同时考虑该榀桁架左右各半个柱距和屋面面积上的风荷载进行分析。考虑温室结构的空间性能后，风荷载对温室结构所产生的水平力将不完全由中间排架承担，其中一部分通过屋盖传给山墙。另外，实际情况中，水平力在中间排架中的分配也是不均匀的，一般来说，中部最大，越靠近山墙越小。由于存在空间工作性能的影响，计算排架的位移要比没有空间性能时小，相当于在排架柱顶增加了一个弹性的水平支座。因此，在温室排架结构的力学分析中，可以利用单位位移法来进行力学分析和构件设计。

4. 纵向连系结构的受力分析和杆件设计 纵向的连系构件，其主要的计算内容为天沟。根据对天沟的受力分析，计算时可以按照连续梁的计算方法来对其进行力学分析和构件设计。

（三）门式刚架温室结构计算

三连跨玻璃温室结构计算：刚架跨度为 8 m，开间 3 m，柱高 3 m，屋面及四周覆盖材料为 5 mm 厚玻璃。

刚架立柱和梁均采用 100 mm×80 mm×3 mm 矩形钢管，屋面檩条间距 1.1 m，檩条采用内卷边 C 型钢 60 mm×40 mm×15 mm×2.5 mm，试对结构立柱、横梁和檩条 3 种主要构件分别进行验算。

基本雪压：0.3 kN/m²

基本风压：0.35 kN/m²

横梁和立柱计算结构计算模型如图 6－24。

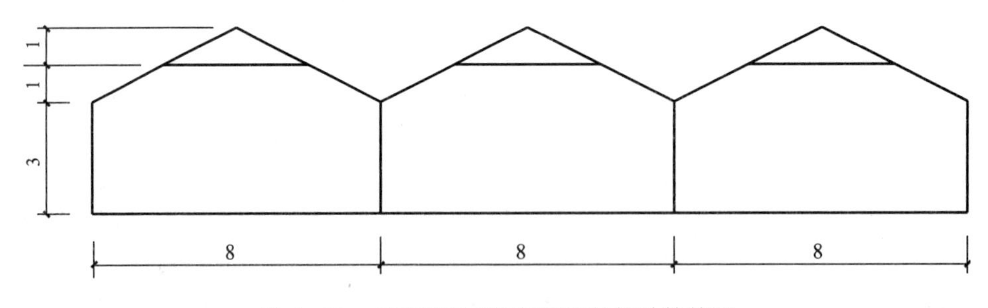

图 6－24 三连跨门式刚架温室结构计算简图

1. 荷载计算

（1）恒载 恒载包括温室钢结构自重和温室外覆盖材料自重。对于温室屋面，可以忽略铝合金与玻璃重量的差异，近似视为全玻璃覆盖。

钢结构自重： $g_1=0.06+0.009\times8=0.132(\text{kN/m}^2)$

$q_1=0.132\times3=0.396(\text{kN/m})$

屋面外覆盖材料自重：$g_2=0.125\ \text{kN/m}^2$，

$q_2=0.125\times3=0.375(\text{kN/m})$

（2）雪荷载　雪荷载计算公式为：$S_k = S_0 C_t \mu_r$　　(6-16)

均匀雪荷载：$\mu_r = 1.0$，$C_t = 0.6$

$S_{k1} = 0.3 \times 0.6 \times 1.0 = 0.18(\mathrm{kN/m^2})$

$q_3 = 0.18 \times 3 = 0.54(\mathrm{kN/m})$

不均匀雪荷载：$C_t = 0.6$，μ_r 较大值取 1.4，较小值为 0.94。

$S_{k2} = 0.3 \times 0.6 \times 1.4 = 0.252(\mathrm{kN/m^2})$

$S_{k3} = 0.3 \times 0.6 \times 0.94 = 0.169(\mathrm{kN/m^2})$

$q_4 = 0.252 \times 3 = 0.756(\mathrm{kN/m})$

$q_5 = 0.169 \times 3 = 0.507(\mathrm{kN/m})$

（3）施工荷载　考虑集中力作用在温室屋脊上，集中力大小为 $Q_1 = 1\ \mathrm{kN}$。

（4）风荷载　考虑两种风向，即平行于屋脊方向和垂直于屋脊方向，其风荷载体形系数和荷载分布如图 6-25。

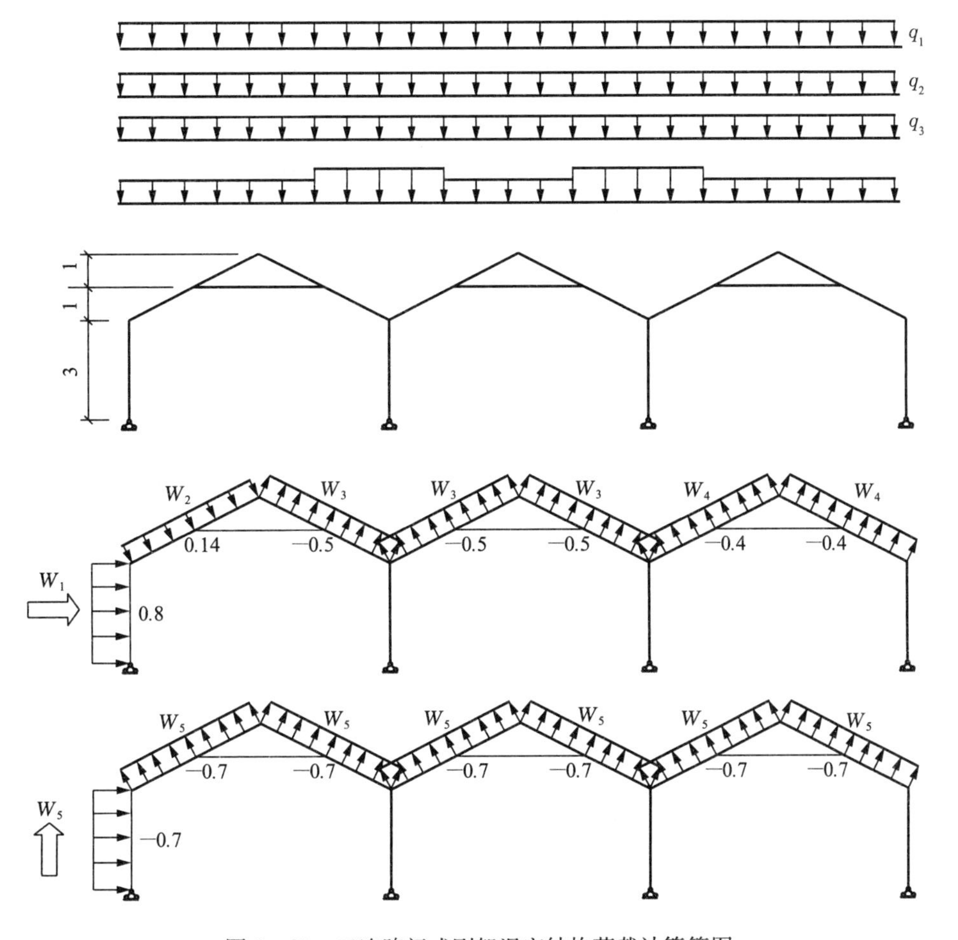

图 6-25　三连跨门式刚架温室结构荷载计算简图

本例中忽略风压高度变化系数和风荷载内部压力系数，因此风荷载标准值计算式为 $W_k = W_0 \mu_s$。

垂直于屋脊方向：

$W_1=0.35\times0.8\times3.0=0.84(\text{kN/m})$

$W_2=0.35\times0.14\times3.0=0.147(\text{kN/m})$

$W_3=0.35\times0.5\times3.0=-0.52(\text{kN/m})$

$W_4=0.35\times0.4\times3.0=-0.42(\text{kN/m})$

平行于屋脊方向：$W_5=0.35\times0.7\times3.0=-0.735(\text{kN/m})$

（5）荷载组合　在本例中，考虑 4 种最不利荷载组合：①恒载＋雪荷载（均匀）＋施工荷载；②恒载＋雪荷载（不均匀）＋施工荷载；③恒载＋风荷载（平行屋脊方向）；④恒载＋风荷载（垂直于屋脊方向）。

2. 内力分析　采用结构计算软件分别计算上述 4 种荷载组合工况下杆件内力。根据内力图（图 6－26、图 6－27 和图 6－28）可以看出，对于横梁，最不利荷载组合为组合①工况，对应的弯矩 $M=3.857\ \text{kN}\cdot\text{m}$，轴力为 $N=-11.35\ \text{kN}$；对于立柱，最不利荷载组合为组合②工况，对应的轴力为 N＝－15.39 kN。

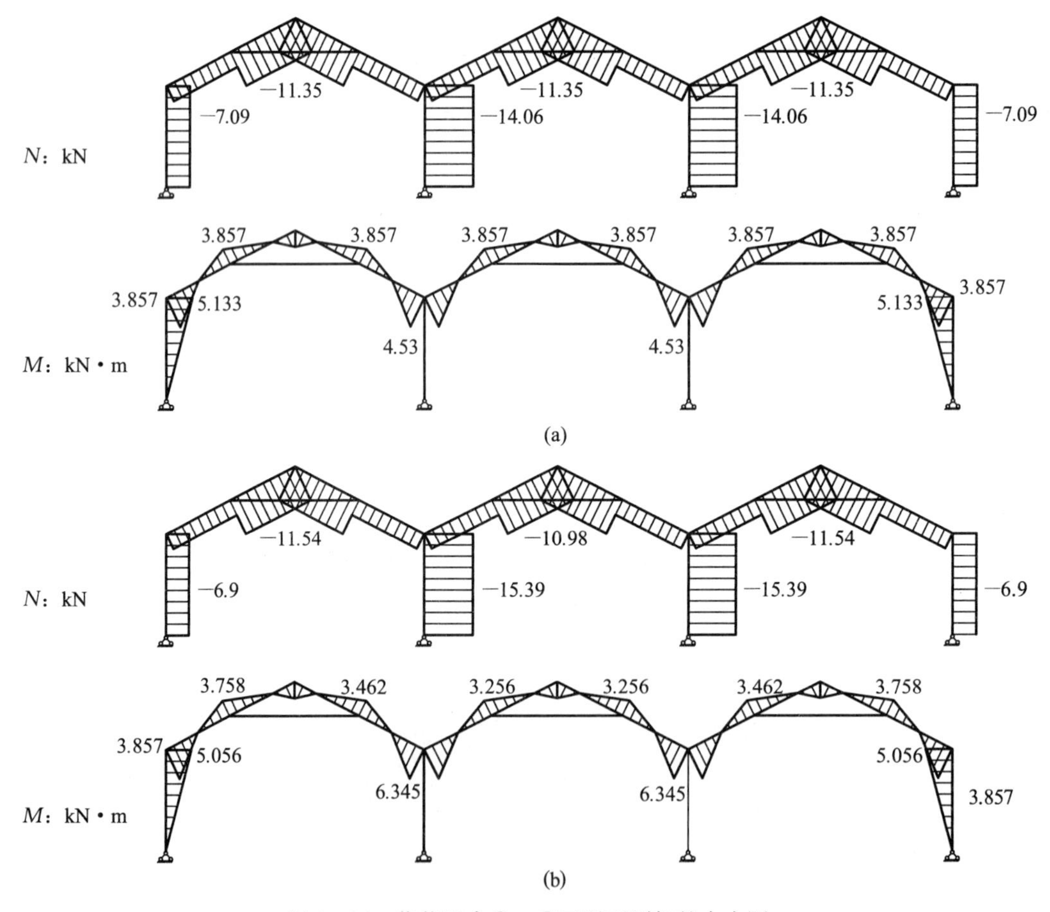

图 6－26　荷载组合①、②工况下刚架的内力图

（a）荷载组合①工况下内力图　（b）荷载组合②工况下内力图

3. 截面计算

（1）横梁

① 强度计算：

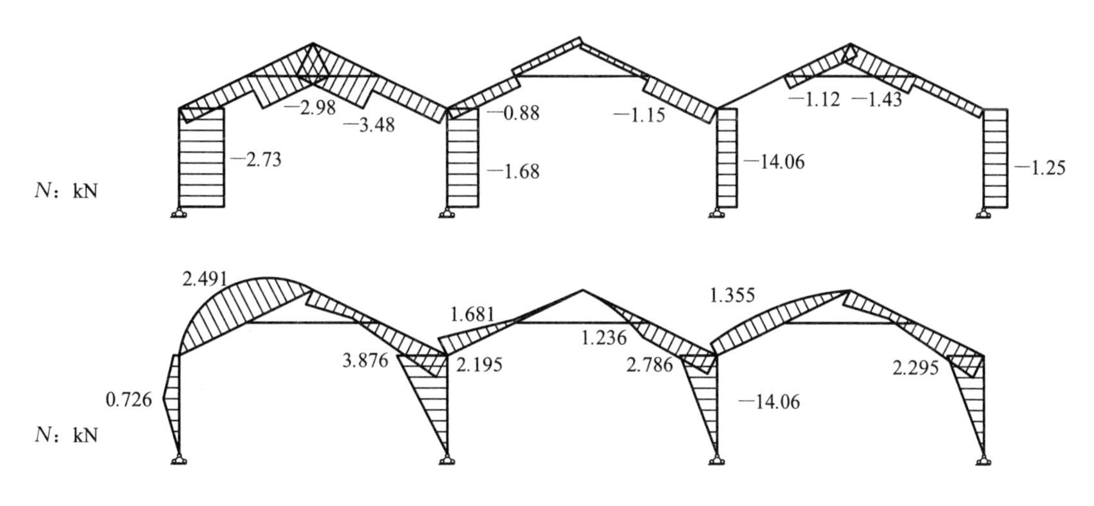

图 6-27　荷载组合③工况下刚架的内力图

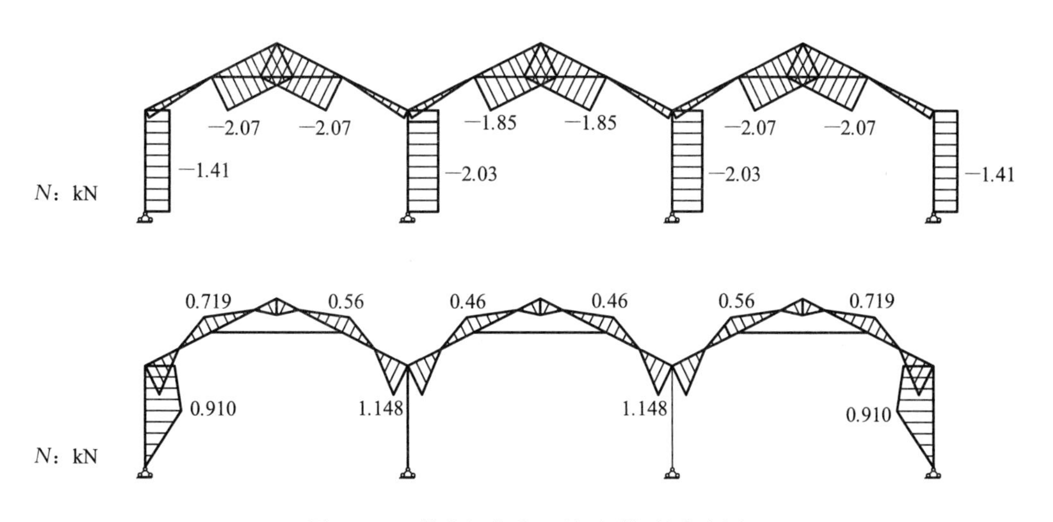

图 6-28　荷载组合④工况下刚架的内力图

横梁截面特性如图 6-29 所示，计算如下：

$A=864\ mm^2$

$I_x=977\ 832\ mm^4$，$I_y=517\ 752\ mm^4$

$i_x=33.641\ 5\ mm$，$i_y=24.479\ 6\ mm$

$W_x=21\ 729.6\ mm^3$，$W_y=17\ 258.4\ mm^3$

$$\sigma=\frac{N}{A_{efn}}\pm\frac{M_x}{W_{efnx}}=\frac{11.35\times10^3}{864}+\frac{3.857\times10^6}{21\ 729.6}=190.64$$

$(N/mm^2)<205\ N/mm^2$　　　　(6-17)

满足强度要求。

② 平面外稳定性计算：

$\lambda_x=1.1/(24.4796\times10^{-3})=44.9$，查轴心受压构件稳定性系数 $\varphi_y=0.868$。

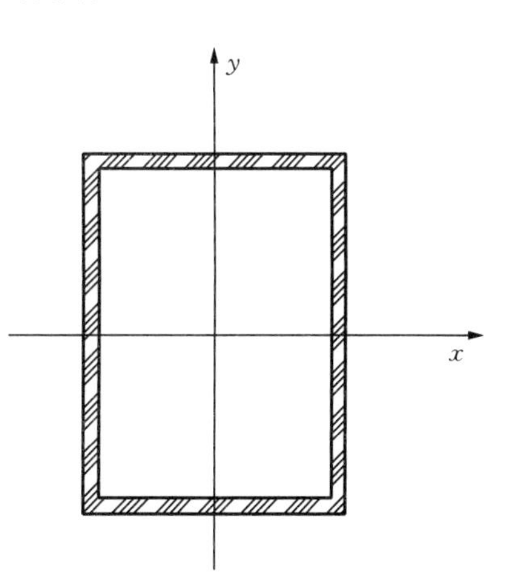

图 6-29　横梁截面图

对于闭口截面取 $\varphi_b=1.4$，

$$\frac{N}{\varphi_y A_{ef}} \pm \frac{M_x}{\varphi_b W_{efx}} = \frac{11.35\times10^3}{0.868\times864} + \frac{3.857\times10^6}{1.4\times21\,729.6} = 141.9(\text{N/mm}^2) < 205\ \text{N/mm}^2 \tag{6-18}$$

满足稳定性要求。

（2）刚架柱　按照轴心受压构件验算其稳定性。

$K_2/K_1=H/L=3/8.94=0.335\,6$，查得 $\mu=2.93$。

$L_x=2.93\times3=8.8$，$\lambda_x=8.8\times10^3/33.641\,5=261.65$，查 $\varphi=0.117$。

$$\sigma=\frac{N}{\varphi A}=\frac{15.39\times10^3}{0.117\times864}=152.25(\text{N/mm}^2)<205(\text{N/mm}^2) \tag{6-19}$$

满足稳定性要求。

（3）檩条计算　在本例中，檩条在 x 轴和 y 轴方向均按简支梁考虑。檩条为薄壁卷边 C 型钢 80 mm×40 mm×15 mm×2.0 mm，如图 6-30 所示。

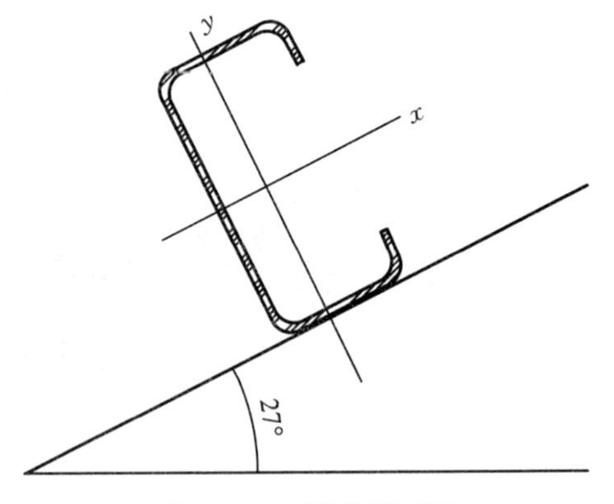

图 6-30　檩条截面图

① 荷载情况：恒载考虑玻璃重量和檩条自重，玻璃荷载为 0.125 kN/mm²，檩条自重取 0.068 kN/m；活载考虑均匀雪载，取 0.18 kN/mm² 檩条线荷载设计值为：

$q=1.2\times(0.125\times1.1+0.068)+1.4\times1.1\times0.18=0.523\,8(\text{kN/m})$

$q_x=q\sin\alpha_0=0.523\,8\times\sin26.6°=0.234\,3(\text{kN/m})$

$q_y=q\cos\alpha_0=0.523\,8\times\cos26.6°=0.468\,5(\text{kN/m})$

$M_x=0.125\,q_xL_2=0.125\times0.234\,3\times3^2=0.263\,6(\text{kN}\cdot\text{m})$

$M_y=0.125\,q_yL_2=0.125\times0.468\,5\times3^2=0.527\,1(\text{kN}\cdot\text{m})$

② 强度计算：

$A=347\ \text{mm}^2$

$I_x=34\,160\ \text{mm}^4$，$I_y=7\,790\ \text{mm}^4$

$i_x=31.4\ \text{mm}$，$i_y=15.0\ \text{mm}$

$W_x=8\,540\ \text{mm}^3$，$W_y=5\,360\ \text{mm}^3$

根据截面尺寸，按《冷弯薄壁型钢结构技术规范》对截面有效性的计算方法：

$b/t=40/2=20$，$h/t=80/2=40$，按照 $\sigma\approx200\ \text{N/mm}^2$，查得有效宽厚比分别为 20 和 30，因此应考虑截面的有效性。为简化计算，将截面抵抗矩统一取 0.9 的折减系数。

$W_{nx}=0.9\times8\,540=7\,686(\text{mm}^3)$，$W_{ny}=0.9\times5\,360=4\,824\ \text{mm}^3$

$$\sigma=\frac{M_x}{W_{nx}}+\frac{M_y}{W_{ny}}=\frac{0.263\,6\times10^6}{7\,686}+\frac{0.527\,1\times10^6}{4\,824}=143.56(\text{N/mm}^2)<205\ \text{N/mm}^2 \tag{6-20}$$

满足强度要求。

③ 刚度计算：檩条线荷载标准值为：

$$q_k=1.0\times(0.125\times1.1+0.068)+1.0\times1.1\times0.18=0.4035(\text{kN/m})$$

$$v_y=\frac{5}{384}\times\frac{q_{ky}\times l^4}{EI_x}=\frac{5}{384}\times\frac{0.4035\times3^4\times\cos26.6^\circ}{206\times10^3\times34160}=4.15\text{ mm}<1/200=15(\text{mm})$$

满足刚度要求。

④ 构造要求：当檩条为传力压杆时，应计算其长细比：

$$\lambda_x=3000/31.4=95.5<200,\ \lambda_y=3000/15=200。\qquad(6-21)$$

可见檩条平面内外均满足长细比要求。

(四) 温室排架结构计算

在实践中，Venlo 型玻璃温室在力学结构中可以简化为标准的排架结构进行力学分析。

图 6－31 所示为一个标准的文洛型温室结构，在考虑单侧风荷载的工况下，可简化为一个标准的结构力学排架体系。

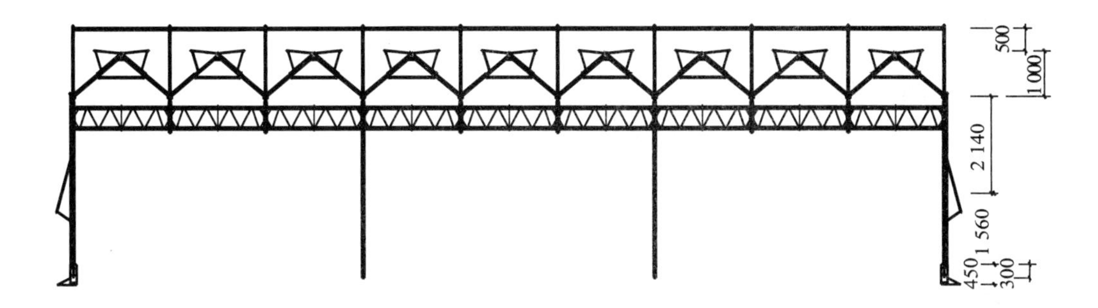

图 6－31　标准 Venlo 型温室结构图

设一 Venlo 型玻璃温室，立柱高 $l=4$ m，跨度 9.6 m，开间为 4 m，侧向风压可简化为 $q=1.44$ kN/m，顶端集中力 $F_w=1.5$ kN，结构简图如图 6－32 所示。

通常可以用结构力学中的位移法来求解温室结构的内力。

① 该结构底部的弯矩。

② 该结构上部的剪力。

解：①位移法基本结构。不计排架的桁架式屋面横梁的轴向变形时，各柱端的水平位移为 Z_1。取 Z_1 为基本未知量，基本结构如图 6－33。

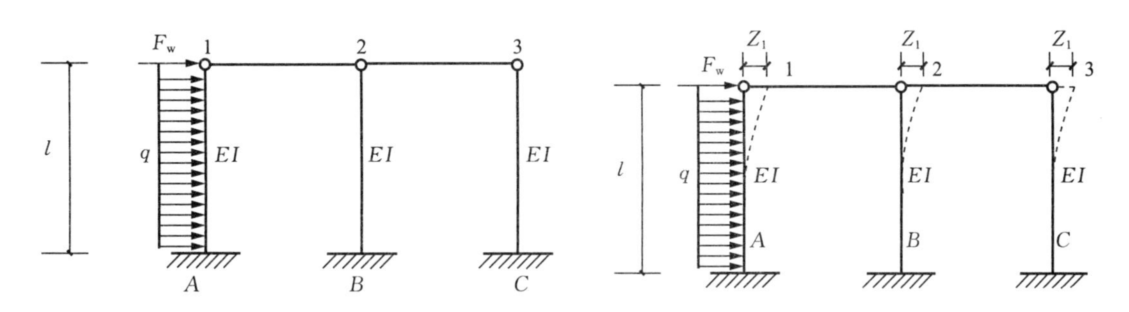

图 6－32　标准 Venlo 型结构力学分析简图　　　图 6－33　排架结构力学分析简图

② 求杆端弯矩。在基本结构中，三个立柱均为一端固定一端铰支梁，下式中 i 为杆件的线刚度，$i=EI/l$。其中：

A1 杆 A 端弯矩为 $M_{A1}=Z_1 3i/l$

A1 杆 1 端弯矩为 $M_{1A}=0$

A1 杆 1 端剪力为 $Q_{1A}=Z_1 3i/l^2$

B2 杆 B 端弯矩为 $M_{B2}=Z_1 3i/l$

B2 杆 2 端弯矩为 $M_{2B}=0$

B2 杆 2 端剪力为 $Q_{2B}=Z_1 3i/l^2$

C3 杆 C 端弯矩为 $M_{C3}=Z_1 3i/l$

C3 杆 3 端弯矩为 $M_{3C}=0$

C3 杆 3 端剪力为 $Q_{3C}=Z_1 3i/l^2$

③ 支座反力 RF_1。在这个基本结构中，三个立柱均为一端固定一端铰支梁，如图 6-34 所示，其中：

A1 杆 A 端弯矩为 $M_{A1}=ql^2/8$

A1 杆 1 端弯矩为 $M_{1A}=0$

A1 杆 1 端剪力为 $Q_{1A}=-3ql/8$

B2 杆 B 端弯矩为 $M_{B2}=0$

B2 杆 2 端弯矩为 $M_{2B}=0$

B2 杆 2 端剪力为 $Q_{2B}=0$

C3 杆 C 端弯矩为 $M_{C3}=0$

C3 杆 3 端弯矩为 $M_{3C}=0$

C3 杆 3 端剪力为 $Q_{3C}=0$

由 $\sum F=0$ 可得：

$$RF_1+F_w-Q_{1A}=0$$

$$RF_1=-3ql/8-F_w$$

$$RF_1=-1.44\times4\times3/8-1.5=-3.66(\text{kN})$$

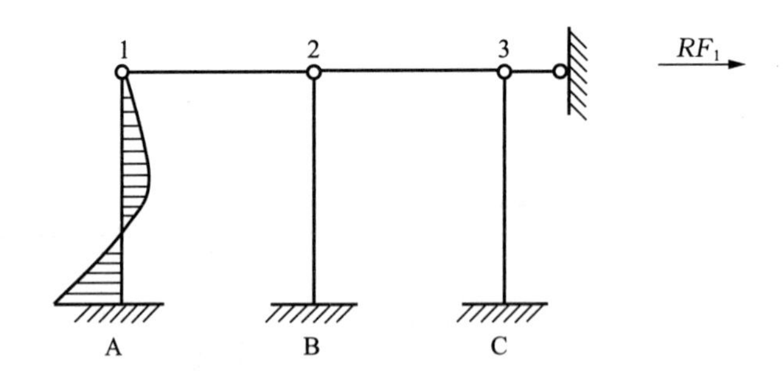

图 6-34 排架结构力学分析简图

④ 列典型方程求未知量。由位移法典型方程

$$Q_{1A}+Q_{2B}+Q_{3C}+RF_1=0$$

$$3Z_1 3i/l^2=3.66$$

$$Z_1=6.5/i(\text{kN}\cdot\text{m}^2)$$

⑤ 叠加法求弯矩、剪力。由叠加原理得：

A1 杆 A 端弯矩为　　$M_{A1}=Z_1 3i/l+ql^2/8=7.76\ \mathrm{kN\cdot m}$

A1 杆 1 端剪力为　　$Q_{1A}=Z_1 3i/l^2-3ql/8=-0.94\ \mathrm{kN}$

B2 杆 B 端弯矩为　　$M_{B2}=Z_1 3i/l=4.88\ \mathrm{kN\cdot m}$

B2 杆 2 端剪力为　　$Q_{2B}=Z_1 3i/l^2=1.22\ \mathrm{kN}$

C3 杆 C 端弯矩为　　$M_{C3}=Ml_{C3}+MR_{C3}=Z_1 3i/l=4.88\ \mathrm{kN\cdot m}$

C3 杆 3 端剪力为　　$Q_{3C}=Q_{3C}+Q_{3C}=Z_1 3i/l^2=1.22\ \mathrm{kN}$

复 习 思 考 题

1. 简述温室荷载组合的方法和特点。
2. 温室结构计算中各部分结构简化的基本模型是什么？计算中做了哪些方面的假设？
3. 日光温室钢架的最不利受力点都有哪些？
4. 简述温室设计的基本步骤。

第七章　温室工程施工

工程施工是工程建设过程中最为重要的环节。因为工程建设的前期阶段是计划和设计阶段，说到底也属于完成工程蓝图的绘制，而施工则是要把工程蓝图变成一个可以发挥效益的工程实体，因此基本建设也把施工称为工程实施。显然，这一过程的质量如何是决定工程能否正常发挥预期效益的关键环节，也是工程管理的重中之重。温室工程的施工主要包含两方面工作：建筑工程施工和安装工程施工。建筑工程也叫土建工程，主要指土石方工程、基础工程、砌体工程、混凝土工程、屋面工程等，主要是用各种劳动和原材料建设工程主体的工作。安装工程主要是对结构部件和机械设备进行组装、就位等工作。不论是建筑工程，还是安装工程，都离不开准确定位，这就是工程测量要解决的问题。

第一节　施工测量

一、施工测量原则与内容

施工测量就是在工程施工过程中进行的一系列定位、放线、测量工作。它的任务是把图纸上设计的建筑物的平面位置和高程，按设计要求，以一定精度在施工现场上标定出来，以指导各工序的施工。

施工现场的各建筑物的建设，有些是同时开工，有些是分期施工。施工现场工种多，施工时地面变动大。要保证各建筑物的准确就位，测量工作应遵循由整体到局部、先控制后碎部的原则，即先在施工现场建立统一的平面控制网和高程控制网，然后再测设各建筑物的轴线、基础及细部等。只有这样，才能减少误差积累，保证施工放样的精度。

施工测量的主要内容有：①施工（平面、高程）控制网的建立；②建筑物的定位及轴线测设；③基础施工测量；④建筑构件的安装测量；⑤竣工测量和变形观测。

二、施工放样的基本工作

将图纸上设计好的建筑物在地面上标定出来的工作，称为施工放样。其基本工作就是距离、角度和高程的放样。

1. 在地面上测设水平距离　距离测设是由一已知点起，根据给定的方向，按设计的长度标定出直线终点的位置。测设距离可用钢尺、光电测距仪或全站仪。

建筑物的轴线测设、边长测设或点的定位等都需要测设已知长度的水平距离。在距离丈量精度要求不高的情况下，可采用钢尺按距离丈量的方法进行，往、返丈量相对误差应小于规定值；若距离丈量精度要求较高时，应对设计给定的水平距离进行尺长、温度及倾斜改正后，计算出应丈量的实际值，然后按此值进行放样。

2. 在地面上测设水平角　测设水平角，就是根据给定角的顶点位置和起始边的方向，将设计给定的水平角的另一边的方向在地面上标定出来。测设水平角的仪器为经纬仪或全站仪。

如图 7－1 所示，地面上 OA 为已知直线，以 O 点为角顶，按顺时针方向测设水平角，以便确定 OB 方向线的方向，其测设步骤如下：

① 将经纬仪安置在角顶 O 点，对中、整平后，用盘左（正镜）位置照准目标 A 点，利用水平对度螺旋将水平度盘调到 $0°00'00''$，打开水平制动螺旋，旋转照准部将水平度盘对到 β 值，在视线方向上定出 B_1 点。

② 利用盘右位置（倒镜）照准目标 A 点，将水平度盘对到 $90°00'00''$，转动照准部使水平度盘的读数为 $90°+\beta$，在视线方向上取 $OB_2=OB_1$ 定出 B_2 点。取 B_1B_2 连线的中点 B，则 OB 即为测设方向的方向线，角 AOB 即为所测设的水平角 β。

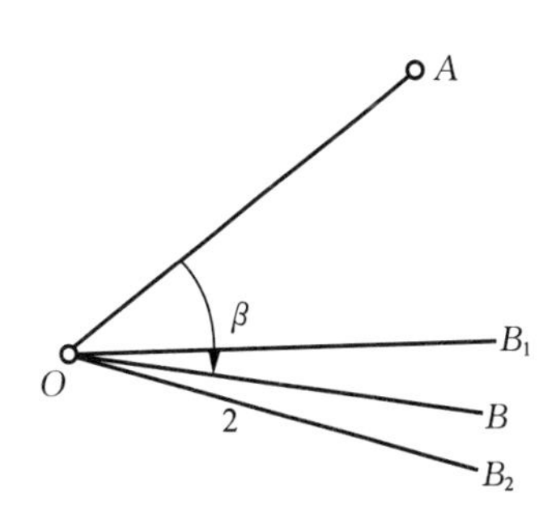

图 7－1　测设水平角

3. 测设已知高程　高程测设包括点的高程放样和点的高程传递，一般用水准仪和钢尺或全站仪测设。

（1）点的高程放样　点的高程放样是根据高程控制测量预留的水准点的高程，将图纸上某点的设计高程测设到地面上来。如图 7－2 所示，水准点 A 的高程 $H_A=20.950$ m，欲测设某建筑室内地坪 B 点的高程 $H_B=21.500$ m，将水准仪安置于 AB 两点之间，精平后，后视 A 点的水准尺，若读数 a 为 1.675 m，视线高程 $H_I=20.950+1.675=22.625$(m)。可计算出 B 点水准尺上的读数 $b=H_I-H_B=22.625-21.500=1.125$(m)。测设时，先在 B 点钉木桩，将水准尺紧靠木桩侧面上下移动，当水准仪中丝读数为 1.125 m 时，在木桩对应水准尺下端零米处画线，该线即为所求高程。

（2）点的高程传递　如图 7－3 所示，欲将地面 A 点的高程 H_A 传递到基坑内 B 点上，可在基坑的一侧斜立一木杆，在杆顶悬挂一钢尺，在钢尺的首端挂一重垂球，当钢尺自由静止后，用水准仪测出后视读数 a_1 和前视读数 b_1。再将仪器搬到基坑内，测出后视读数 a_2 和前视读数 b_2，则 B 点的高程 $H_B=H_A+(a_1-b_1)+(a_2-b_2)$。用类似的方法也可将地面点的高程传递到建筑物的高处。

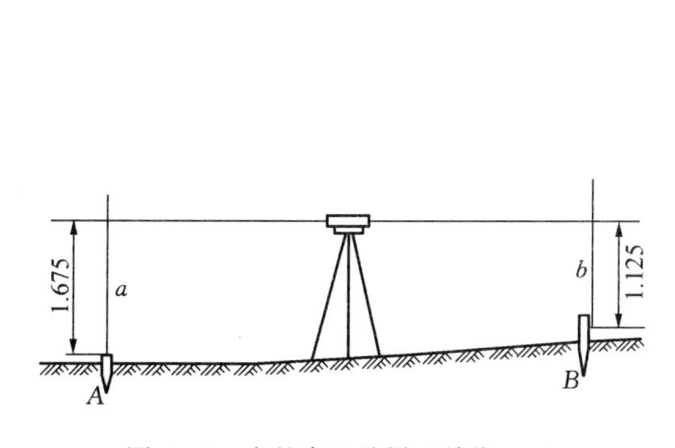

图 7－2　点的高程放样（单位：m）

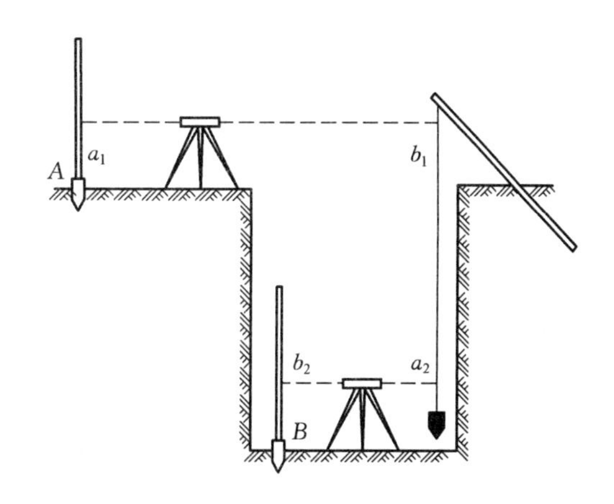

图 7－3　点的高程传递

三、施工控制网

施工前必须在施工场地上建立施工控制网，作为建筑物施工放样、变形观测、竣工测量控制的依据和测量基础。施工控制网包括平面控制网和高程控制网。

1. 施工平面控制网 施工平面控制网一般分为两级，即基本网和定线网，可布设成三角网或导线网。基本网的作用是控制建筑物的主轴线，定线网的作用是控制建筑物辅助轴线和细部位置。如图 7－4 所示。中心多边形 *ABCDE* 是基本网，1、2、3、4 等是定线网，定线网一般根据建筑物的形状可布设成矩形网，其主轴线 LL' 由基本网测设。

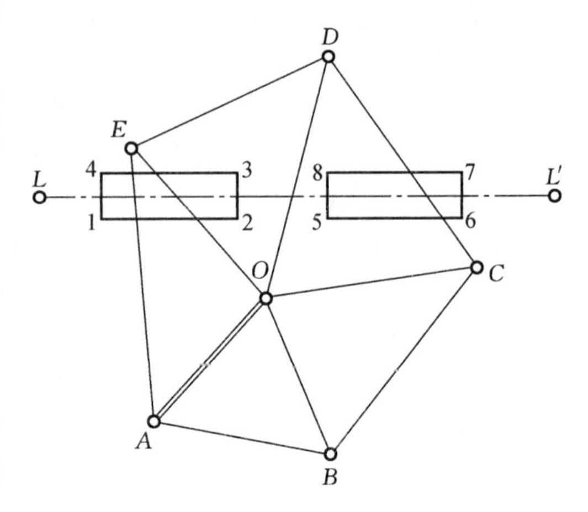

图 7－4 施工平面控制网

2. 高程控制网 施工放样中的高程控制点，一般以平面控制点兼作水准点。水准点应布设在不受施工影响、无振动、便于永久保存的地方。一般采用四等水准测量方法来测量平面控制点的高程。场地高程控制网一般布设成闭合环线，以便校核和保证测量精度。为了测设方便，有时在施工场地适当位置布设一定数量的±0.00 m 水准点。

四、建筑物的定位与轴线测设

建筑物的定位就是根据建筑平面设计图将建筑物的主轴线或轴线交点测设到地面上，然后再据此进行细部放样。

依据施工现场的施工控制点和建筑平面设计图，算出拟建建筑物外轮廓轴线交点的坐标，然后采用极坐标法、角度交会法、距离交会法等可在地面上将交点标定出来。如图 7－5 所示，A、B、C 为施工现场平面控制点，1、2、3、4 为拟建建筑物外轮廓轴线交点，其坐标可算出。根据现场条件，采用极坐标法就可对拟建建筑物定位。

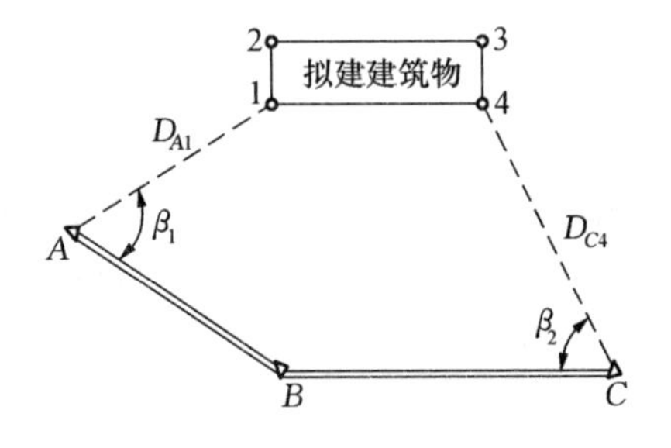

图 7－5 建筑物的定位

建筑物定位以后，所测设的轴线交点桩（或称角桩）在开挖基础时将被破坏。为了方便恢复各轴线位置，一般把轴线延长到安全地点，并做好标志。延长轴线的方法有两种：龙门板法和轴线控制桩法。

1. 龙门板 为便于施工，可在基槽外一定距离钉设龙门板（图 7－6）。钉设龙门板的步骤如下：

① 龙门桩应设在建筑物四角与隔墙两端基槽开挖以外 1.0～1.5 m 处（确保挖坑槽不会被破坏），龙门桩要钉得竖直、牢固，并使木桩外侧面与基槽平行。

② 根据建筑场地水准点，用水准仪在龙门桩上测设建筑物±0.000 标高线。钉龙门板，

使其顶面在±0.000 标高线上。龙门板标高测设的允许误差一般为±5 mm。

③ 根据轴线桩，用经纬仪将墙、柱的轴线投到龙门板顶面上，并钉上小钉标明，作为轴线投测点。投测点允许误差为±5 mm。

④ 用钢尺沿龙门板顶面检查轴线（用小钉标明）的间距，经检验合格后，以轴线钉为准将墙宽、基槽宽画在龙门板上。

2. 轴线控制桩　轴线控制桩应设置在基槽外基础轴线的延长线上，以保留开槽后轴线位置，如图 7－6 所示。轴线控制桩离基槽外边线的距离根据施工场地的条件而定。若附近有固定物，常可将轴线投设在固定物上。

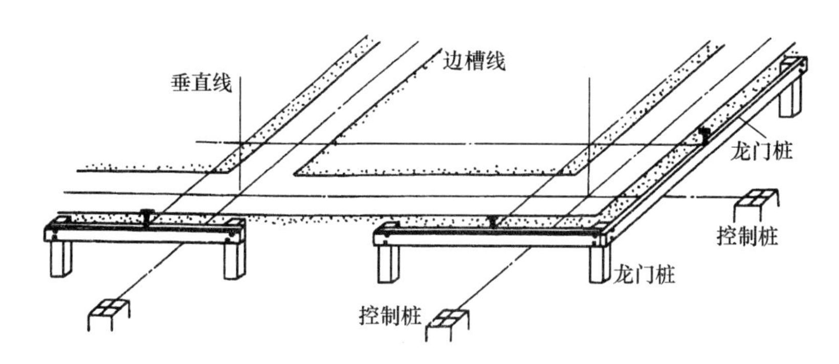

图 7－6　龙门板与轴线控制桩

五、基础施工测量

开挖基础前，根据轴线控制桩（或龙门板）的轴线位置、地基和基础宽度、基槽开挖坡度，可用白灰在地面上标出基槽边线（或称基础开挖线）。

基槽开挖一般不允许超挖基底，应随时注意挖土深度。当基槽挖到距槽底 0.300～0.500 m 时用水准仪在槽壁上每隔 2～3 m 和拐角处钉一水平桩，如图 7－7 所示，用以控制基槽深度及作为清理槽底和铺设垫层的依据。垫层施工后，先将基础轴线投影到垫层上，再按照基础设计宽度定出基础边线，作为基础施工的依据。

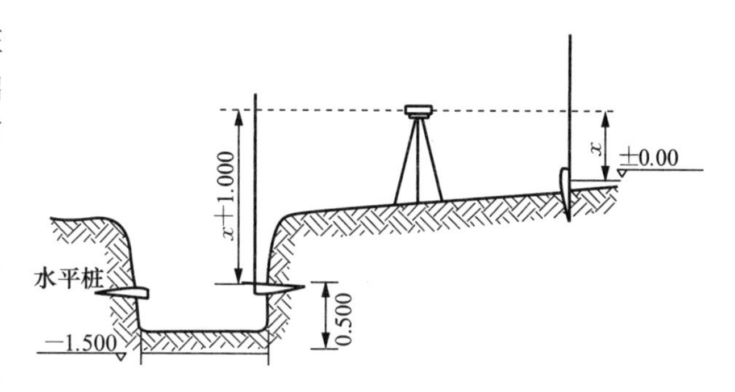

图 7－7　基坑水平桩（单位：m）

六、施工中的其他测量工作

基础墙体砌筑到防潮层标高时，用水准仪测出防潮层的标高，做好防潮层。防潮层做好后，再根据龙门板上的轴线钉，用墨线将墙体轴线和边线弹到防潮层上，并将这些线延伸到基础墙外侧，作为墙体砌筑时墙体轴线和边线放样的依据。

砌筑墙体时，轴线采用垂球线进行检查，允许误差为±2 mm。高程传递测量常采用皮数杆。皮数杆是标有每层砖厚及灰缝实际尺寸的木杆，在杆的侧面还画有窗台线、门窗洞口、过梁位置和标高。立皮数杆时，首先在墙角地面钉一大木桩，用水准仪将±0.000 m 标高测画在木桩上，然后将皮数杆的 0.000 m 标高线与大木桩上的±0.000 m 标高线对齐，用大钉将皮数杆钉到大木桩上，用来指导墙体砌筑、立门窗等。

另外，施工中还包括柱子的定位、预埋件的定位、构件的安装就位等测量工作。

第二节　土石方工程

一个工程的施工准备完成后，首先要做的是土石方工程。土石方工程包括土石的开挖、爆破、运输、填筑、平整和压实等主要施工过程，以及排水、降水及土壁支承等辅助工作。

一、土及土方计算

1. 土的分类与可松性　土的种类很多，按不同原则有不同分类方法。施工常采用的是表 7-1 中的 8 类 16 级分类法。

表 7-1　土的工程分类表

土的分类	土的级别	土的名称	开挖工具及方法
一类土（松软土）	Ⅰ	略有黏性的沙土；粉土腐殖土及疏松的种植土；泥炭（淤泥）	用锹，少许用脚蹬、用板锄挖掘
二类土（普通土）	Ⅱ	潮湿的黏性土和黄土；含有建筑材料碎屑；碎石卵石的堆积土和种植土	用锹，条锄挖掘，需要用脚蹬，少许用镐
三类土（次坚土）	Ⅲ	中等密实的黏性土和黄土；含有碎石、卵石或建筑材料碎屑的潮湿性黏性土和黄土	主要用镐、条锄
四类土（坚土）	Ⅳ	坚硬密实的黏性土或黄土；含有碎石、砾石（体积为 10%～30%，质量在 25 kg 以下石块）的中等密实黏性土或黄土；硬化的重盐土；软泥灰岩	全部用镐、条锄挖掘，少许用撬棍挖掘
五类土（软石）	Ⅴ	硬的石炭纪黏土；胶结不紧的砾岩；软的、节理多的石灰岩及贝壳石灰岩；坚硬的白垩；中等坚实的页岩、泥灰岩	用镐或用撬棍、大锤挖掘，部分使用爆破方法
六类土（次坚石）	Ⅵ	坚硬的泥质页岩；坚硬的泥灰岩；角砾状花岗岩；泥炭质石灰岩；黏土质砂岩；云田页岩及沙质页岩；风化的花岗岩、片麻岩及正常岩；滑石质的蛇纹岩；密实的石灰岩；硅质胶结的砾岩；砾岩；沙质石灰质页岩	用爆破方法开挖，部分用风镐
七类土（坚石）	Ⅶ	白云岩；大理石；坚实的石灰岩、石灰质及石英质的沙岩；坚硬的沙质页岩；蛇纹岩；粗粒正常岩；有风化痕迹的安山岩及玄武岩；片麻岩、粗面岩；中粗花岗岩；坚实的片麻岩，粗面岩；辉绿岩；玢岩；中粗正常岩	用爆破方法开挖
八类土（特坚石）	Ⅷ	坚实的细粒花岗岩；花岗片麻岩；闪长岩；坚实的玢岩；角闪岩、辉长岩、石英岩；安山岩、玄武岩；最坚实的辉绿岩；石灰岩及闪长岩；橄榄石质玄武岩；特别坚实的辉长岩、石英岩及玢岩	用爆破方法开挖

天然土经开挖后，颗粒间的连接被破坏，其体积因松散而增加，虽经回填压实，体积仍

难以完全恢复，土的这种性质称为可松性。土的可松性用可松性系数表示，即：

$$K_s=V_2/V_1, \quad K_s'=V_3/V_1$$

式中　K_s——最初可松性系数；

K_s'——最后可松性系数；

V_1——土方天然状态下的体积；

V_2——土经开挖后的松散体积；

V_3——土经压实后的体积。

各类土的可松性系数参见表 7-2。

表 7-2　土的可松性系数参考值

土的类别	土的名称	K_s	K_s'
一类土	松软土	1.08～1.17	1.01～1.03
二类土	普通土	1.14～1.28	1.02～1.05
三类土	次坚土	1.24～1.30	1.04～1.07
四类土	坚土	1.26～1.32	1.06～1.09
五类土	软石	1.30～1.45	1.10～1.20
六至八类土	次坚石、坚石、特坚石	1.30～1.50	1.10～1.30

2. 土方量计算　施工前对土方量进行计算，是为了进行土方合理调配以及安排施工机械和人员等。由于拟开挖的土方外形复杂多变，要精确计算土方量常常有困难。实际中，常用简化、近似的方法计算一般就能满足精度的要求。

如图 7-8，基坑和基槽的土方量 V 按下列公式计算：

$$V=\frac{H}{6}(F_1+4F_0+F_2)$$

或

$$V=\frac{(F_1+F_2)L_1}{2}$$

式中　H——基坑深度或分段长度（m）；

F_1、F_2——棱柱体两端部表面面积（m^2）；

F_0——棱柱体中部截面面积（m^2）。

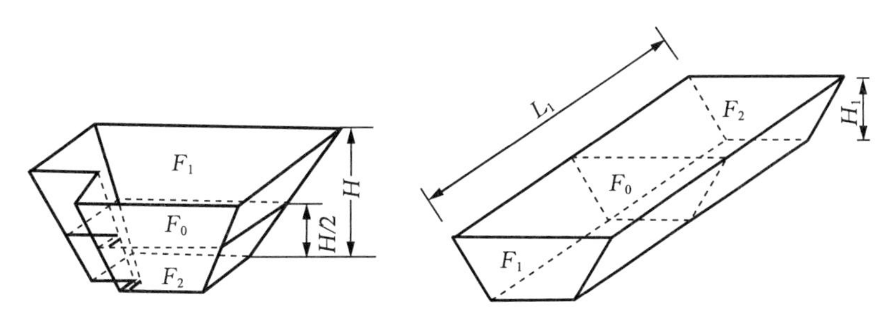

图 7-8　土方计算示意图

需要说明的是，对长基槽或路堤，一般按断面变化分段计算，然后将各段土方量累加得总方量。即：

$$V=V_1+V_2+\cdots+V_n$$

二、土方施工

1. 土方施工机械 土方工程施工具有面积大、工作量大、施工期长、劳动强度大、施工条件复杂等特点，应尽量采用机械施工，以提高劳动生产率，加快施工进度。

土方施工常用的机械及性能如下。

(1) 推土机 推土机（图 7-9）是在拖拉机上装有推土板的土方机械。常用的液压推土机除可升降推土铲刀外，还可调整铲刀的角度。推土机有轮胎式和履带式。我国生产的履带式推土机的型号有红旗 100、上海 120、T-12、移山 160、T-180、黄河 220、T-240、J320 和 TY-320 等，轮胎式推土机的型号有 TL-160、厦门 T-180 等。

图 7-9 推土机

推土机可进行挖土、运土和卸土操作，适于场地清理和平整，开挖深度不大的基坑，回填沟槽等。

(2) 单斗挖土机 挖土机主要用来开挖基坑（基槽）、沟渠等。按工作装置不同，挖土机主要分为正铲、反铲和抓铲挖土机。按行走装置分为轮胎式和履带式。常用的挖土机型号有 WI-50、WI-100、WI-200，其斗容量为 0.5 m^3、1.0 m^3、2.0 m^3。

正铲挖土机用于开挖停机面以上的土，工作时机械向前行驶，铲刀由下向上强制切土。如图 7-10(a)，其挖掘力大，效率高，适于含水量不大的Ⅰ～Ⅳ类土的开挖。反铲挖土机用于开挖停机面以下的土，工作时机械后退行驶，铲刀由下向上强制切土，如图 7-10(b)。抓铲挖土机用于开挖停机面以下的土，如图 7-10(c)，一般适于较软质的土方开挖。

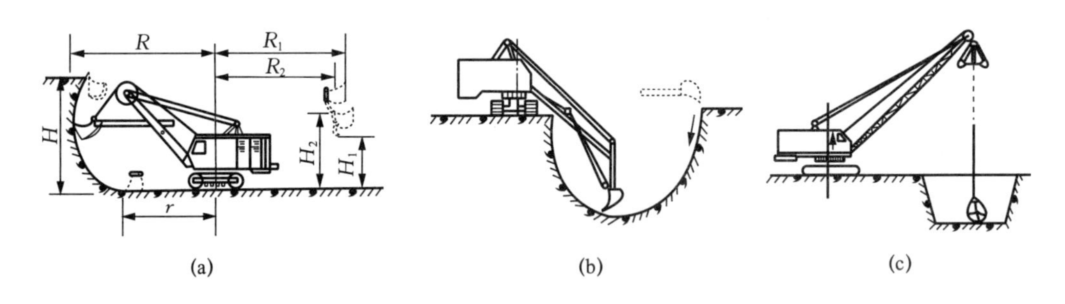

图 7-10 挖土机类型

(a) 正铲挖土机 (b) 反铲挖土机 (c) 抓铲挖土机

以上三种土方开挖机械都可实现挖土和装土功能，并和运土机械（自卸汽车等）配合使用。为了提高工作效率，自卸汽车的载重量应该与挖土机的斗容量保持一定的倍数（一般为 3～5 倍）关系，并使其工作时间相协调，避免不必要的停机停车时间。

2. 土壁稳定与施工排水

(1) 土壁稳定 基坑的土壁稳定是保证施工安全、保障土方和基础施工顺利进行的条件。所谓土壁稳定，就是土体的内摩擦力和内聚力不小于下滑力，边坡不会塌方。基坑边坡过陡、土质较差、开挖深度大、雨水或地下水渗入边坡、基坑顶部堆物都可能引起土壁失稳，即塌方。

防止边坡塌方的主要方法是选择合理的边坡坡度和增加临时支护。

基坑边坡坡度的大小和挖土深度、土质情况、地下水位、施工方法及周围建筑物的情况有关。当地质情况良好、土质均匀且地下水位低于基坑底面标高、挖方深度在 5 m 以下时，边坡最大坡度不得超过表 7－3 的规定。另外，在挖方边坡上侧的荷载应距挖方边缘 0.8 m 以外。

表 7－3　深度在 5 m 以下的基坑的最陡坡度

土的类别	边坡坡度（高：宽）		
	坡顶无荷载	坡顶有静荷载	坡顶有动载
中密的沙土	1：1.00	1：1.25	1：1.50
中密的碎石类土（充填沙土）	1：0.75	1：1.00	1：1.25
硬的轻亚黏土	1：0.67	1：0.75	1：1.00
中密的碎石类土（充填黏性土）	1：0.50	1：0.67	1：0.75
硬的亚黏土、黏土	1：0.33	1：0.50	1：0.67
老黄土	1：0.10	1：0.25	1：0.33
软土	1：1.00	—	—

注：静荷载指堆土或材料等，动载指施工机械。

在不允许放坡（如建筑物密集地区，影响城市道路与地下管线等情况）或放坡距离不足时，应采用支承方法保持土壁稳定。

支承方法分为钢木支承（图 7－11）、板桩和钢筋混凝土地下连续墙等几种方式。钢木挡土板支承适合于地下水位较低、开挖深度较小（小于 5 m）的狭窄沟渠开挖。板桩有钢板桩、木板桩和钢筋混凝土板桩，它是既能挡土又能挡水、可重复使用的支护结构，适用于各种土壤，尤其是地下水位较高、有流沙危险的土方开挖。钢筋混凝土地下连续墙由于造价较高，多用于土质不好的大型基坑中，且作为永久基础的一部分。

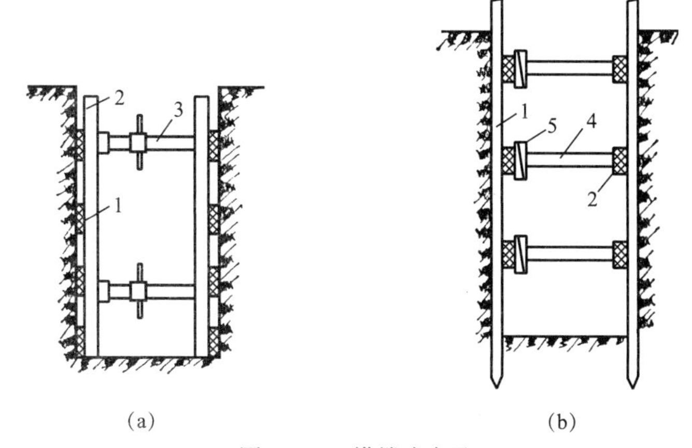

图 7－11　横撑式支承

（a）断续水平铺设挡土板　（b）连续垂直铺设挡土板

1. 挡土板　2. 方木　3. 工具式横撑　4. 撑木　5. 木楔

（2）施工排水　在地下水位较高的地方开挖基坑，一个关键工作是进行施工排水。因为创造干燥施工环境不仅有利于提高工作效率，加快施工进度，而且可保证边坡稳定，防止塌方事故。

施工排水分为基坑明沟排水和人工降低地下水位两种方法。

基坑明沟排水是在基坑开挖时，在坑底沿坑周或在中间设排水沟和集水坑，将渗水收集到集水坑后，用水泵排出。为保证地基强度，一般将排水沟和集水坑设在基础范围以外、地下水流的上游一侧，如图 7－12。该方法设备简单，排水方便，应用较广，适用于地下水较少的黏性土的基坑开挖。

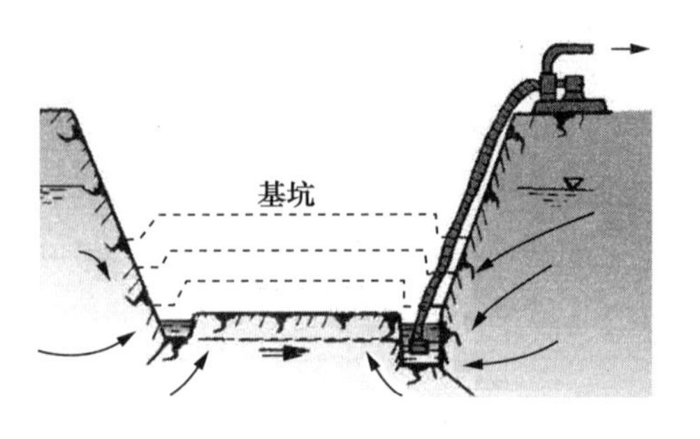

图 7－12　基坑排水

当地下水位较高、水量较多、土质为沙土时，或周围建筑物较多时，一般要采用人工降低地下水位法。这种方法是在基坑开挖前，先在基坑周围埋设一定数量的滤水管（井），利用抽水设备从开挖开始到结束一直抽水，使地下水位保持在基坑底下一定距离。这种方法适用性强，排水可靠，但费用较高。

3. 土方回填　回填土一般要求一定的强度和稳定性。为此，必须选用合格的土料和合理的填筑方法。

适于做填料的土主要有碎石、沙土、石渣及符合压实的黏土。不宜作为填土的土料包括含有大量有机物、石膏、水溶性硫酸盐的土壤，冻土，粉状沙质黏土，混杂土等。

填土时应分层填筑，并尽量采用同类土料。同类土数量不足时，应将透水性大的土置于透水性小的土层以下，但不能混用。在斜坡上填土时，应将斜坡整成阶梯状，以保证填土的稳定。

当填土用于受力地基时，应具有足够的密实度。密实度用压实系数 D_Y 表示：

$$D_Y=\frac{\gamma_d}{\gamma}$$

式中　D_Y——压实系数；

γ_d——控制干容重；

γ——最大干容重。

常用的土方压实机械有平碾（压路机）、羊足碾、蛙式打夯机、拖拉机、推土机和人工夯等。平碾（图 7－13）适于所有土的压实，但如果是带振动的平碾则只能用于沙质土的压实。羊足碾（图 7－14）只能用于黏性土的压实；蛙式打夯机（图 7－15）一般适合于小范围内土或边角土的压实；石夯（图 7－16）是一种人工夯实工具。

图 7－13　平　碾

图 7－14　羊足碾

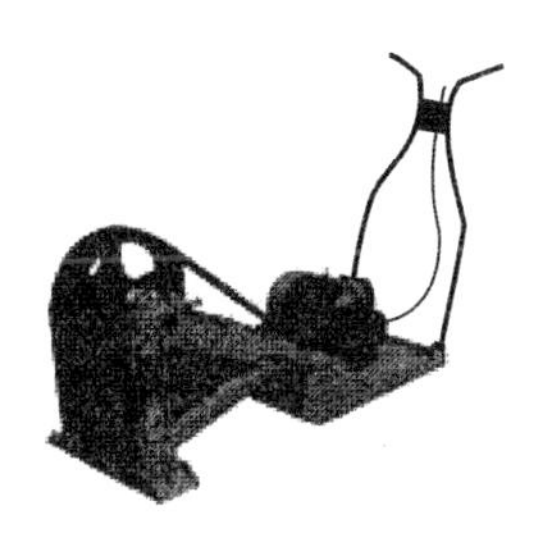

图 7-15　蛙式打夯机

图 7-16　石　夯

影响填方压实质量的因素除土料本身性质外，还包括压实功、土的含水量及铺土厚度。其中压实功的大小取决于压实机械。当含水量一定时，压实的初级阶段表现为土的密度随压实功的增大而增加。当土的密度接近最大密实度时，压实功的进一步增大对土的密实度增加的影响越来越小。土壤的含水量过大或过小都不能使填土达到理想的压实度，只有当土处于最佳（最优）含水量时才有可能获得最大压实度。各种土的最优含水量和最大干容重的参考值见表 7-4。填土厚度是由压实机械压土时压实影响深度决定的。表 7-5 列出的是常用压实机械填方时每层的铺土厚度和压实遍数参考值。

表 7-4　各种土的最优含水量和最大干容重的参考值

土的类别	最优含水量（%）	最大干容重（kN/m^3）
沙土	8～12	18～18.8
粉土	9～15	16～18
粉质黏土	12～21	18.5～19.5
黏土	19～23	15.8～17

表 7-5　常用压实机械填方时每层的铺土厚度和压实遍数参考值

压实机具	铺土厚度（mm）	压实遍数（遍）
平碾	200～300	6～8
羊足碾	200～350	8～16
蛙式打夯机	200～250	3～4
推土机	200～300	6～8
拖拉机	200～300	8～16
人工打夯	不大于 200	3～4

注：人工打夯时，土粒颗粒粒径不应大于 50 mm。

第三节　钢筋混凝土工程

钢筋混凝土结构普遍应用于建筑工程中。根据施工方法不同，分为现浇钢筋混凝土结构和装配式（预制钢筋混凝土）结构。从施工工种分，钢筋混凝土工程由钢筋、模板和混凝土三大分项工程组成。钢筋混凝土的施工过程可以用图 7-17 表示。

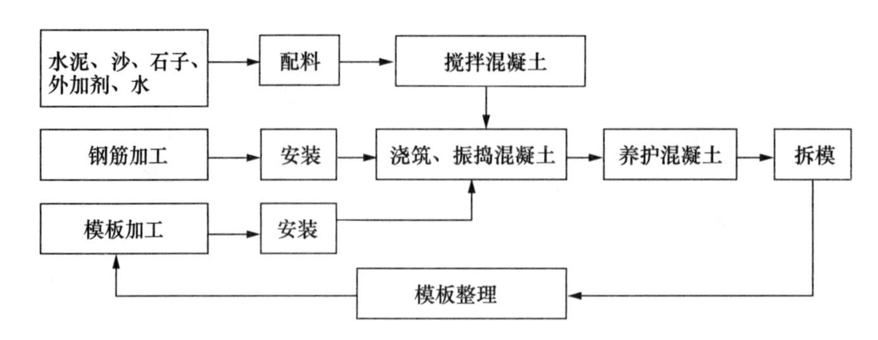

图 7-17　钢筋混凝土施工工艺

一、钢筋工程

1. 钢筋的分类　钢筋混凝土结构中用到钢筋种类很多。有热轧钢筋、冷拉钢筋、冷拔钢筋、冷轧钢筋、热处理钢筋、炭素钢丝、刻痕钢丝和钢绞线，其中热轧钢筋应用最为普遍。按其力学性质可分为Ⅰ、Ⅱ、Ⅲ、Ⅳ级钢筋。

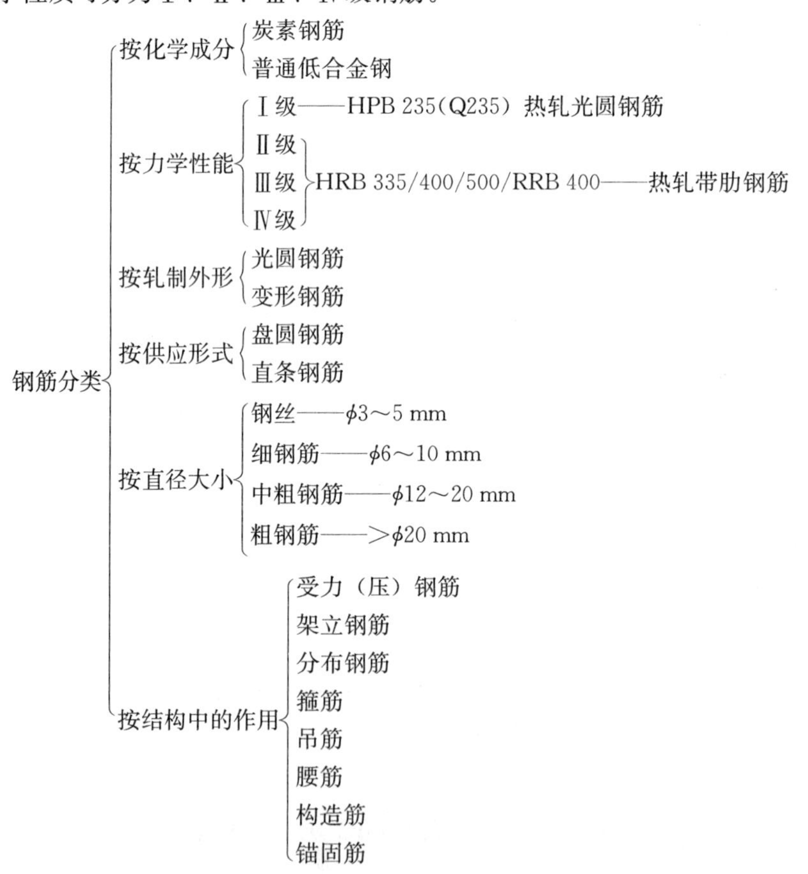

2. 钢筋验收　钢筋进场应持有出厂质量证明书或实验报告单。每捆或每盘钢筋均应有标牌。钢筋进场后应按品种、批号与直径分批验收，并分别堆放，不得混杂。验收的内容包括查对标牌、外观检查，并按规定抽取试样进行机械性能试验，检查合格后方准使用。在钢筋加工过程中，如发现脆断、焊接性能不良或机械性能异常时，还应进行钢筋的化学成分检验。

3. 钢筋加工　钢筋在使用前，必须经过加工处理。钢筋加工处理的工序有冷处理（冷拉、冷拔、冷轧）、调直、除锈、配料、剪切、弯曲、连接等。

（1）冷处理　钢筋的冷处理都是在常温下对钢筋施加外力，使其内部晶格发生变化，达到增加屈服强度的目的。但冷处埋的钢筋塑性和韧性变差。冷处理钢筋多用于预应力混凝土结构中。各种钢筋的冷拉应力及最大冷拉率见表7-6。

表7-6　钢筋的冷拉应力及最大冷拉率

项次	钢筋级别	冷拉应力（N/mm^2）	最大冷拉率（%）
1	HRB235	280	10
2	HRB335	450	5.5
3	HRB400或RRB400	500	
4	HRB500	700	4

注：HRB335级钢筋直径大于25 mm时，冷拉应力降为460 N/mm^2。

（2）调直　调直钢筋一般都是针对细钢筋（或钢丝）而言的，因为这类钢筋是以盘圆方式供应的。使用前施加一定外力将其调直，确保用于结构受力后能达到合格的应变和应力。钢筋调直可采用锤直、扳直、冷拉调直及调直机调直等方法。

（3）除锈　除锈是在钢筋浇入混凝土前去掉表面的铁锈，保证混凝土和钢筋良好的黏接力。一般钢筋在冷加工和调直时就会使表面的浮锈脱落，少量铁锈也可用钢丝刷、砂纸人工去除，严重的锈蚀可用机械喷砂和酸液除锈法处理。

（4）配料　钢筋配料就是要根据配筋图计算构件各钢筋的下料长度、根数及质量，编制钢筋配料单，作为加工接受的依据。

需要说明的是，钢筋图中注明的尺寸是钢筋的外包尺寸，而下料长度指的是钢筋的轴线尺寸。钢筋加工过程中轴线尺寸不变，所以加工前要计算钢筋的下料长度：

钢筋的下料长度＝钢筋外包尺寸－钢筋中部弯曲处的量度差＋末段弯钩尺寸

结构施工图中注明的钢筋尺寸是指加工后的钢筋外轮廓尺寸，称为钢筋外包尺寸。钢筋的外包尺寸是由构件的外形尺寸减去混凝土的保护层厚度求得。混凝土保护层厚度是指受力钢筋外边缘至混凝土构件表面的距离，其作用是保护钢筋在混凝土结构中不受锈蚀，如设计无要求时，应符合表7-7规定。

表7-7　混凝土保护层厚度（mm）

序号	环境条件	构件名称	混凝土等级		
			≤C20	C25、C35	≥C35
1	正常	板、墙	15	15	15
		梁、柱	25	25	25
2	露天、高温	板、墙	35	25	15
		梁、柱	45	35	25
3	有垫层	基础	35		
	无垫层	基础	70		

经过计算和分析，钢筋中部弯曲处的量度差可按表7-8取值。

表 7-8 钢筋中部弯曲处的量度差

弯曲角度	30°	45°	90°	135°
量度差	0.3 d	0.5 d	2 d	3 d

末段弯钩尺寸的确定，受力钢筋见表 7-9，箍筋见表 7-10。

表 7-9 受力钢筋末段弯钩尺寸

角度	钢筋型号	末段弯钩尺寸
90°	Ⅱ、Ⅲ	d+平直段长
135°	Ⅱ	3d+平直段长
	Ⅲ	3.5d+平直段长
180°	Ⅰ	6.25 d

表 7-10 箍筋钢筋末段弯钩尺寸

受力钢筋直径（mm）	90°/90° 箍筋直径（mm）					135°/135° 箍筋直径（mm）				
	5	6	8	10	12	5	6	8	10	12
≤25	70	80	100	120	140	140	160	200	240	280
>25	80	100	120	140	150	160	180	210	260	300

（5）**剪切与弯曲** 钢筋下料时须按下料长度进行剪切。钢筋剪切可采用钢筋剪切机（图 7-18）或手动剪切器（图 7-19）。钢筋剪切机可切断 ϕ40 mm 的钢筋；手动剪切器一般只用于切断小于 ϕ12 mm 的钢筋；大于 ϕ40 mm 的钢筋需用氧乙炔焰或电弧割切。

图 7-18 钢筋剪切机

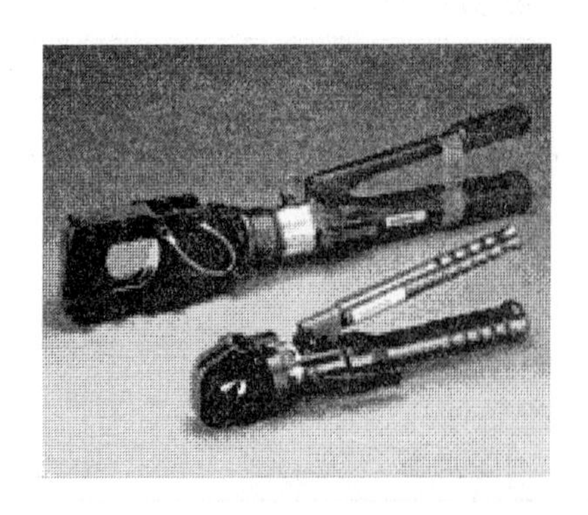

图 7-19 手动切断器

图 7-20 钢筋弯曲机

钢筋弯曲成型采用弯曲机（图 7－20），可弯 ϕ6～40 mm 的钢筋。小于 ϕ25 mm 的钢筋，当无弯曲机时也可采用板钩弯曲。

（6）连接

① 钢筋的绑扎：钢筋的绑扎分为将各种钢筋按设计要求连接成整体骨架和受力钢筋的接长两种情况。一般用 20～22 号铁丝或镀锌铁丝进行绑扎。

需要说明一下关于钢筋骨架的绑扎与模板架设的工序搭接关系：柱子一般是先绑扎成型钢筋骨架，后架设模板；梁一般是先架设梁底模板，然后在模板上绑扎钢筋骨架；现浇楼板一般是模板安装后，在模板上绑扎钢筋网片；墙是在钢筋网片绑扎完毕并采取临时固定措施后，架设模板。

钢筋绑扎程序：画线、摆筋、穿箍、绑扎、安放垫块等，如图 7－21 和图 7－22 所示。

受拉钢筋绑扎接头的搭接长度见表 7－11。

图 7－21　绑扎好的钢筋

图 7－22　绑扎的钢筋网

表 7－11　受拉钢筋绑扎接头的搭接长度

钢筋类型		混凝土强度等级		
		C20	C25	高于 C30
Ⅰ级钢筋		35 d	30 d	25 d
月牙筋	Ⅱ级钢筋	45 d	40 d	35 d
	Ⅲ级钢筋	55 d	50 d	45 d
冷拔低碳钢丝		300 mm		

需要说明的是，各受力钢筋的绑扎接头位置应相互错开。在同一截面内，有绑扎接头的受力钢筋截面面积占受力钢筋总截面面积的百分率，受拉区不得超过 25%，受压区不得超过 50%。钢筋工程属隐蔽工程，在浇注混凝土前应对钢筋及预埋件进行验收，并做好隐蔽工程记录。

② 钢筋的焊接：钢筋的接长采用焊接，有利于节约钢材，改善结构受力性能，提高功效，降低成本。钢筋的焊接方法有闪光对焊、电弧焊、电渣压力焊等。

钢筋闪光对焊的原理是利用对焊机使两端钢筋接触，通过低电压的强电流，待钢筋被加热到一定温度变软后，对顶端进行轴向加压，形成对焊接头，如图 7－23 所示。闪光对焊广泛用于钢筋接长及预应力钢筋与螺丝端杆的焊接。热轧钢筋的接长宜优先用闪光对焊。

电渣压力焊（图 7－24）是为了改善端头焊接质量，使焊接过程在隔绝氧气的情况下进行的焊接过程。电渣压力焊适于现场竖向或斜向较粗钢筋的接长。与电弧焊比，其工效高，成本低。

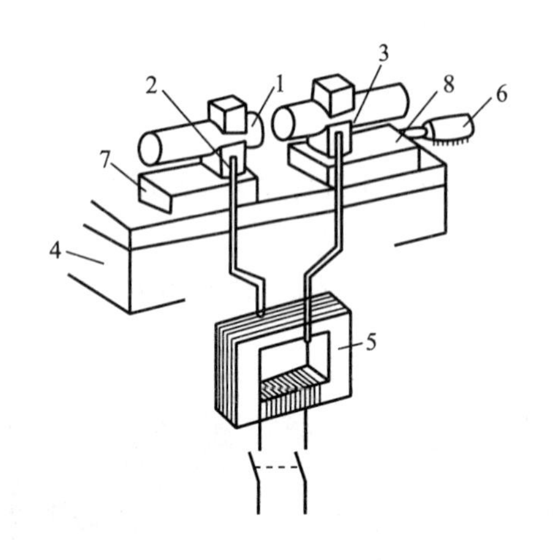

图 7－23　闪光对焊

1. 焊接的钢筋　2. 固定电极　3. 可动电极　4. 基座
5. 变压器　6. 平动顶压机构　7. 固定支座　8. 滑动

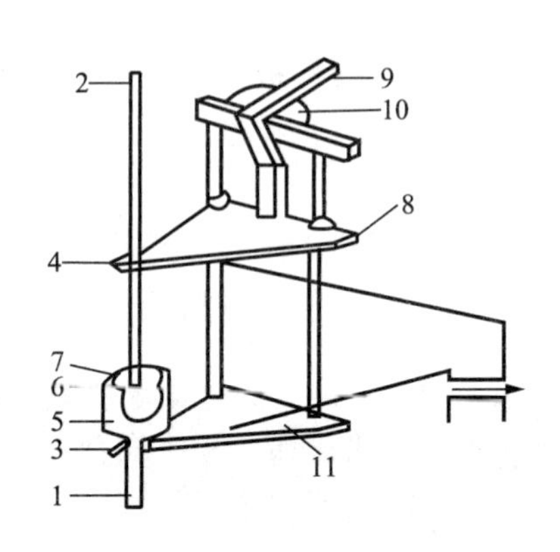

图 7－24　电渣压力焊

1、2. 钢筋　3. 固定夹具　4. 活动夹具　5. 焊剂盒
6. 导电剂　7. 焊药　8. 滑动架支座
9. 操作手柄　10. 支架　11. 固定架

电弧焊是利用弧焊机使焊条与焊件之间产生高温电弧，融化焊条和金属，金属冷却后形成焊缝。电弧焊主要用于钢筋接头、钢筋骨架焊接、装配式结构接头焊接、钢筋与钢板的焊接及各种钢结构的焊接。钢筋电弧焊的接头形式有搭接焊（单面焊缝或双面焊缝）、帮条焊（单面焊缝或双面焊缝）、坡口焊（平焊或立焊）、熔槽帮条焊等，如图 7－25 所示。

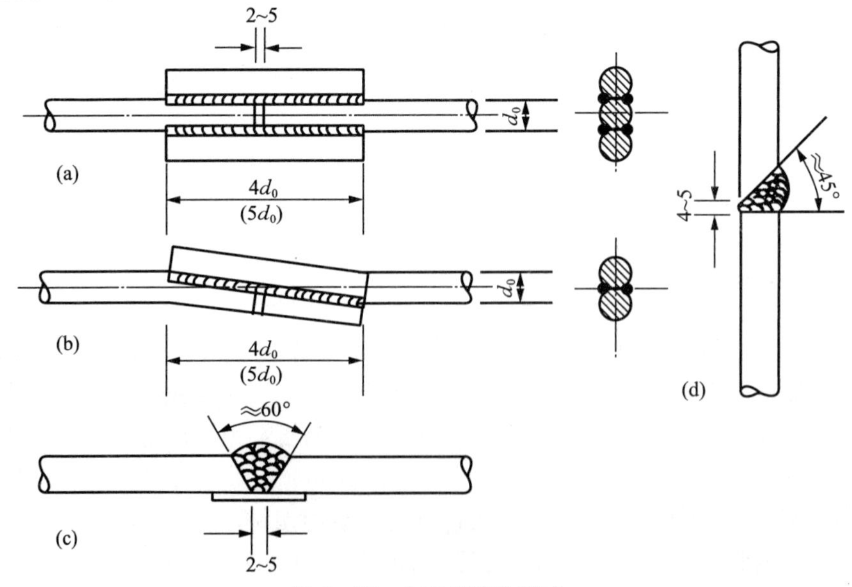

图 7－25　电弧焊接头形式

（a）帮条焊　（b）搭接焊　（c）坡口平焊　（d）坡口立焊

二、模板工程

模板是现浇混凝土结构中非常重要的一部分。模板质量直接决定着混凝土成型质量，模板的应用情况对混凝土结构施工进度有很大影响。模板工程包括选材、选型、设计、制作、安装、拆除和周转等内容。

1. 模板的基本要求及分类　模板的基本要求包括：①足够的强度、刚度和稳定性；②构造简单、装拆方便；③接缝严密、不漏浆。

模板种类很多，根据材料的不同，分为钢模板、钢木模板、塑料模板、木模板、胶合板模板等；根据施工方法的不同，分为现场装拆式模板（定型模板和工具式支承）、固定模板（如土胎模、砖胎模等）和滑动模板等；根据模板的用途，又分为组合模板、单用途模板等。

2. 模板系统　模板系统由模板及支承系统两部分组成。

（1）组合钢模板　在各种模板中，组合钢模板是应用最广的。组合钢模板系统主要由模板、连接件和支承件组成。模板分为平面模板、阳角模板、阴角模板、连接角模等，如图7－26。模板的长度有450 mm、600 mm、750 mm、900 mm、1 200 mm、1 500 mm六种规格；宽度有100 mm、150 mm、200 mm、250 mm、300 mm五种规格。模板连接件包括U形卡、L形插销、钩头螺栓、紧固螺栓和扣件等，如图7－27和图7－28所示。连接件的作用是将单块或大块模板连接成可以受力的整体。模板支承件包括柱箍、钢楞、支架、斜撑、钢桁架等，它们的作用是将模板固定在一定的位置上，并承受和传递模板的施工荷载。

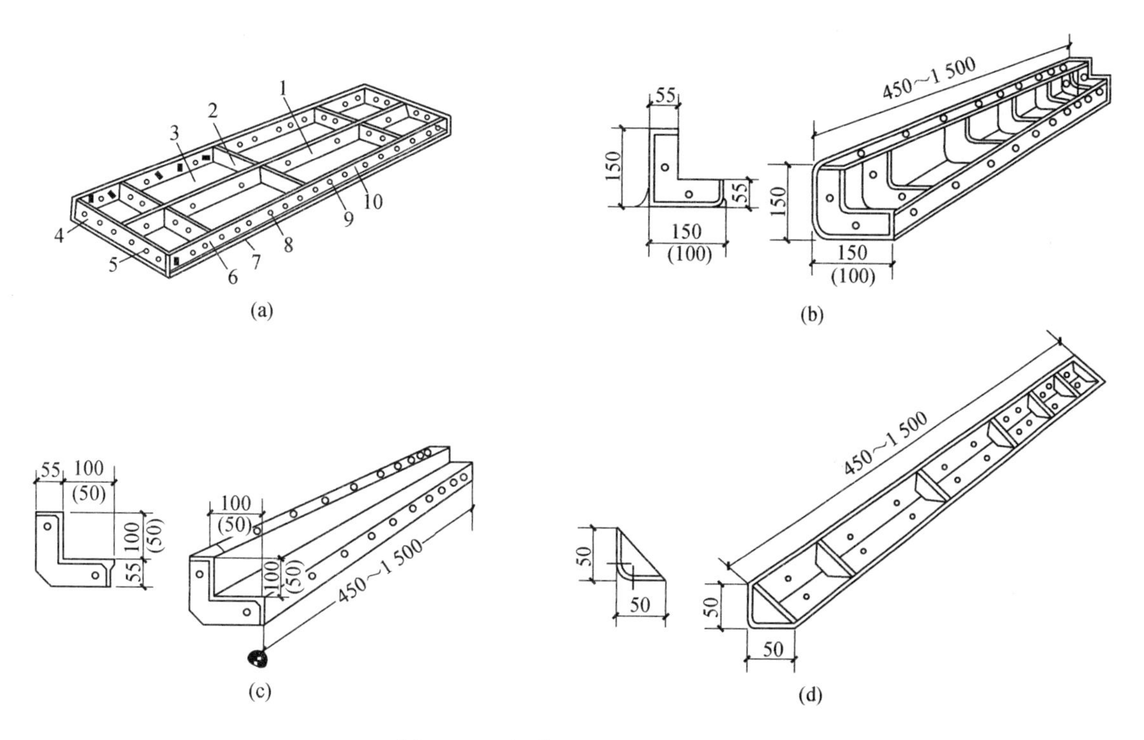

图7－26　钢模板棱（单位：mm）

（a）平面模板　（b）阴角模板　（c）阳角模板　（d）连接角模

1. 中纵肋　2. 中横肋　3. 面板　4. 横肋　5. 插销孔　6. 纵肋　7. 凹棱　8. 凸鼓　9. U形卡孔　10. 钉子孔

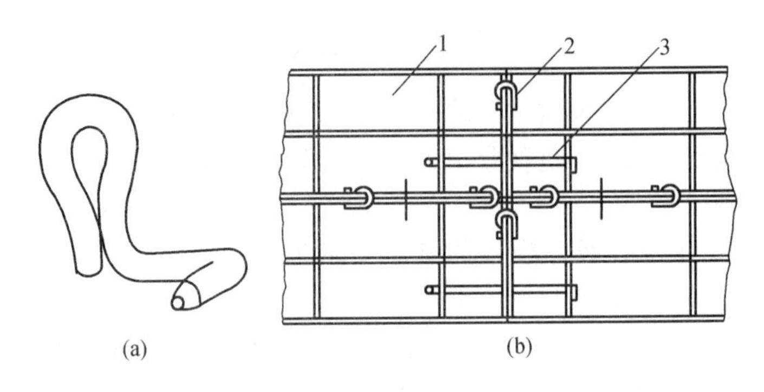

图 7-27 U形卡和L形插销

(a) U形卡 (b) 连接件的使用

1. 钢模板 2. U形卡 3. L形穿钉

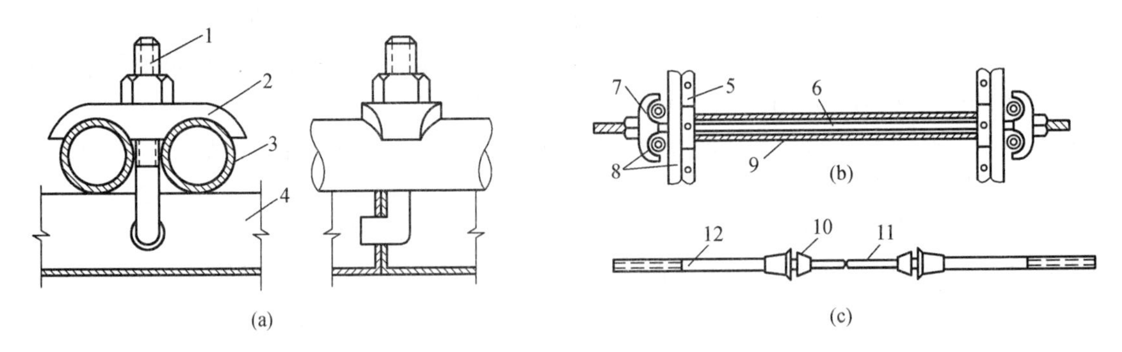

图 7-28 扣件与对拉螺栓

(a) 扣件连接 (b) 整体对拉螺栓 (c) 组合对拉螺栓

1. 钩头螺栓 2. 形加件 3、8. 钢楞 4、5. 钢模板 6. 对拉螺栓 7. 扣件 9. 套管 10. 顶帽 11. 内拉杆 12. 外拉杆

(2) 木模板 木模板的特点是加工方便，能适应各种复杂结构形状，同时也作为钢模板在配板时补充用。

3. 模板的组装与拆除 模板的组装是指将定型单片模板用连接件组拼成混凝土构件需要尺寸的工作。如图 7-29 和图 7-30 所示。大多混凝土构件都可用定型模板拼成，有时需要用木模板弥补其不足。模板组装的原则是尽量用大块模板组装，接缝严密，固定牢靠。

图 7-29 组装好的柱模板

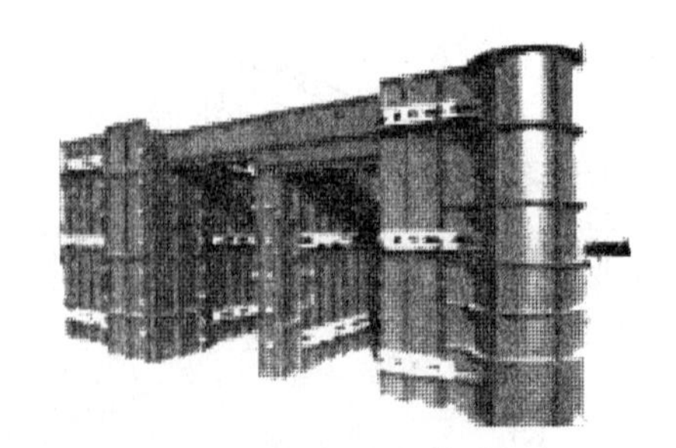

图 7-30 组装好的模板

模板拆除时间和混凝土强度、结构性质、混凝土养护条件等有关。及时拆模可以提高模板的周转率，但拆模过早可能出现质量缺陷，甚至质量事故。

对于现浇混凝土结构，模板和支架拆除应符合下列规定：侧模拆除应保证结构表面及棱角不致受损；底模拆除时混凝土的强度应满足表 7-12 的要求。不承重的侧模板拆除时间，应在混凝土强度能保证其表面及棱角不因拆除模板而受损坏时，方可拆除。一般当混凝土强度达到 2.5 MPa 后，就能保证混凝土不因拆除模板而损坏。

模板的拆除顺序一般是先支的后拆，后支的先拆，先拆除非承重模板，后拆除承重模板。

表 7-12　现浇混凝土结构拆模时混凝土最低强度

结构类型	结构跨度 L（m）	设计强度的百分率（%）
板	$L\leqslant2$	50
	$2<L\leqslant8$	75
	$L>8$	100
梁、拱、壳	$L\leqslant8$	75
	$L>8$	100
悬臂结构	$L\leqslant2$	75
	$L>2$	100

三、混凝土工程

混凝土工程施工包括配料、搅拌、运输、浇筑、振捣和养护等工序。

1. 混凝土制备　制备混凝土有两个要求：一是混凝土要达到结构设计要求的强度；二是混凝土和易性要满足施工要求。

（1）*强度要求*　要满足强度要求，一方面要保证混凝土配制强度 $f_{cu,0}$ 达到 95%的保证率，即：

$$f_{cu,0}=f_{cu,k}+1.645\sigma$$

式中　$f_{cu,k}$——混凝土设计强度（N/mm^2）；

σ——混凝土标准差，一般当混凝土强度等级低于 C 20时，σ 取 4.0 N/mm^2；C 20～C 35时，σ 取 5.0 N/mm^2；高于 C 35时，σ 取 6.0 N/mm^2。

另一方面，应将实验室混凝土配合比换算为施工配合比。若实验室配合比为水泥∶沙子∶石子=1∶X∶Y，水灰比为 W/C，并测得沙、石含水量分别为 W_X、W_Y，则施工配合比为：

$$水泥∶沙子∶石子=1∶X(1+W_X)∶Y(1+W_Y)$$

需要注意的是，这一比例为质量比，工地施工时要准确换算成体积比。

（2）*和易性要求*　混凝土和易性要使混凝土浇筑时的坍落度符合表 7-13 的要求。

表 7-13　混凝土浇筑时的坍落度

结构种类	坍落度（mm）
基础或地面垫层、无配筋的大体积结构（挡土墙、基础）或配筋稀疏的结构	10～30
板、梁和大型及中型截面的柱等	30～50
配筋密集的结构	50～70
配筋特密集的结构	70～90

2. 混凝土搅拌 搅拌混凝土一般采用自落式搅拌机（图 7－31）或强制式搅拌机（图 7－32）。混凝土用量很大时也可用混凝土拌合楼集中搅拌。自落式搅拌机多用于搅拌塑性混凝土和流动性混凝土，适用于施工现场；强制式搅拌机主要搅拌干硬性混凝土和轻骨料混凝土，也可以搅拌低流动性混凝土，一般用于预制厂或混凝土搅拌站。

图 7－31 自落式搅拌机

图 7－32 强制式搅拌机

要达到好的拌和质量，主要是控制好搅拌时间（指原材料投入搅拌筒开始搅拌起到卸料开始所经历的时间）。混凝土搅拌的最短时间见表 7－14。

表 7－14 混凝土搅拌的最短时间（s）

混凝土坍落度（cm）	搅拌机机型	搅拌机容量（L）		
		<250	250～500	>500
≤3	自落式	90	120	150
	强制式	60	90	120
>3	自落式	90	90	120
	强制式	60	60	90

3. 混凝土运输 混凝土运输分为水平运输和垂直运输。水平运输工具有双轮手推车、机动翻斗车、混凝土搅拌运输车和自卸汽车等（图 7－33）。垂直运输多采用塔机、井架等（图 7－34）。混凝土用量很大时，也可用皮带机和混凝土泵车同时完成水平和垂直运输（图 7－35）。混凝土运输要求运输到浇筑点的混凝土具有设计要求的均质性和坍落度，运输时间要使混凝土在初凝前浇入模板并振捣密实。

图 7－33 混凝土水平运输车辆

图 7－34　混凝土垂直运输机械

图 7－35　混凝土泵车

4. 混凝土浇筑　只有在确认模板、支架、钢筋和预埋件等符合设计要求后，才能浇筑混凝土。浇筑混凝土的要求是保证混凝土的均匀性、密实性和结构的整体性。

为保证混凝土的均匀性，除有良好的搅拌质量外，还要保持混凝土在运输过程中不发生分层离析和泌水现象。结构的整体性则要求现浇混凝土一次连续浇成，但当技术或组织上的原因无法连续浇筑且停歇时间可能超过混凝土初凝时间时，应预先确定留缝位置（一般留在剪力较小且便于施工的部位），并对留缝进行精心处理。混凝土的振捣是保证密实性和结构整体性的关键，要求分层浇注，分层捣实。

混凝土振实机械分为内部振动器、外部振动器、表面振动器和振动台。内部振动器为插入式振动器（图 7－36），应用最为广泛，多用于梁、柱、墙、厚板和大体积混凝土的振实。外部振动器为附着式振动器（图 7－37），一般附着在模板上，多用于断面小、配筋密的混凝土构件的振实。表面振动器为平板式振动器，多用于楼板和地面等薄型混凝土构件的振实。振动台属于固定式振动器（图 7－38），主要用于混凝土预制构件的振实。

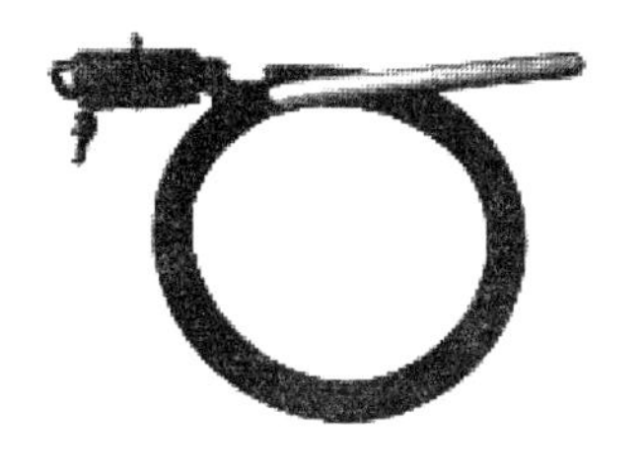

图 7－36　内部振动器

图 7－37　附着式振动器

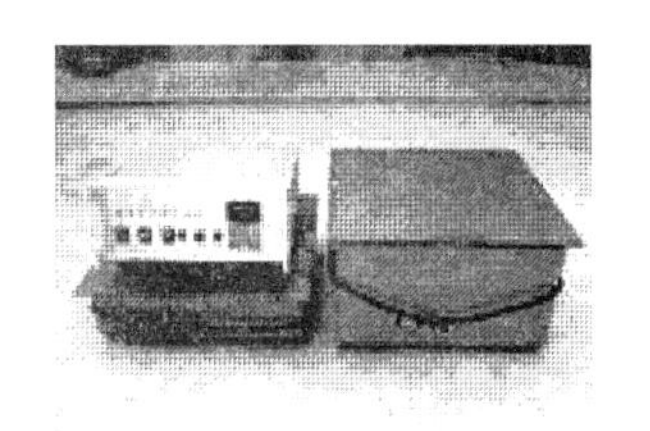

图 7－38　振动台

5. 混凝土养护　混凝土养护就是给浇筑好的混凝土创造合适的温湿度条件，使其很好地凝结硬化的工作。混凝土养护分为自然养护和人工养护。自然养护就是在常温下，用浇水或保水的方法使混凝土在规定的期限内保持一定的温湿度条件进行硬化。人工养护是人工控制混凝土的温湿度，使混凝土强度快速增长，如蒸汽养护法、热水养护法等。

现浇混凝土多用自然养护。在浇筑混凝土结束后一定时期内，对其进行覆盖和浇水。混凝土浇筑完毕后 12 h 以内应进行覆盖并浇水养护，如图 7－39。平均气温低于 5 ℃时，不得浇水，应按冬季施工要求保温养护。

对采用硅酸盐水泥、普通硅酸盐水泥或矿渣硅酸盐水泥的混凝土，养护时间不得少于 7 d；对掺用缓凝剂或有抗渗要求的混凝土，不得少于 14 d。浇水次数应能保持混凝土处于

图 7-39　混凝土覆盖洒水养护

湿润状态。

蒸汽养护就是将构件放置在有饱和蒸汽或蒸汽空气混合物的养护室内，在较高的温度和相对湿度的环境中进行养护，以加速混凝土的硬化，使混凝土在较短时间内达到规定强度的标准值。蒸汽养护主要用于生产预制构件。

第四节　砌体工程

建筑物的围护结构都包含砌体工程。围护结构的质量对结构受力、建筑外观及建筑的保温隔热功能等均有影响，所以砌体施工是建筑工程的重要组成部分。

砌块种类很多，按用途分为承重砌块、非承重砌块、保温隔热砌块；按原材料分为黏土砖、普通混凝土砌块、粉煤灰硅酸盐砌块、煤矸石混凝土砌块等。

砌体工程是一个综合的施工过程，一般包括砂浆制备、材料运输、搭设脚手架、砌体砌筑、勾缝等工艺过程。

一、砌体材料

1. 砖砌体　砖砌体的性质主要取决于所使用的材料及施工质量。

砖有普通黏土砖、多孔砖、空心黏土砖三类。普通黏土砖的规格为 240 mm×115 mm×53 mm；多孔砖的规格有 240 mm×115 mm×90 mm、240 mm×180 mm×115 mm、190 mm×190 mm×190 mm，其强度等级分为 MU30、MU25、MU20、MU15、MU10、MU7.5 六个等级。为了增加砂浆和砌体的黏结强度，在砌筑前一天应将砖用水浇湿。

2. 砌块　砌块一般指至少满足下列条件之一的人造块体材料：①长度超过 365 mm；②宽度超过 240 mm；③高度超过 115 mm。

砌块包括混凝土空心砌块、加气混凝土砌块及硅酸盐实心砌块等。通常把高 180～350 mm 的称为小型砌块，高 360～900 mm 的为中型砌块。砌块的强度等级分为 MU15、MU10、MU7.5、MU5、MU3.5 五个等级。

砌块的基本要求是，外观上尺寸准确、边角整齐、色泽均匀，无掉角、缺棱、裂纹和翘曲等严重现象。

砌块按有无孔洞分为实心砌块和空心砌块。按材料不同分为普通混凝土砌块、加气混凝土砌块、粉煤灰硅酸盐砌块等。

3. 砂浆　砌筑砂浆主要分为水泥砂浆和混合砂浆，其强度等级分为 M15、M10、

M7.5、M5、M2.5、M1和M0.4七个等级。水泥砂浆强度高，耐水性好，多用于高强砂浆及处于潮湿环境下的砌体。混合砂浆的可塑性和保水性好，但强度较低，适于干燥环境下的低强度砌体的砌筑。

二、基础垫层

基础垫层的作用是将上层建筑物的受力安全传到地基中去，是刚性基础和柔性地基材料的过渡结构，如图7-40。

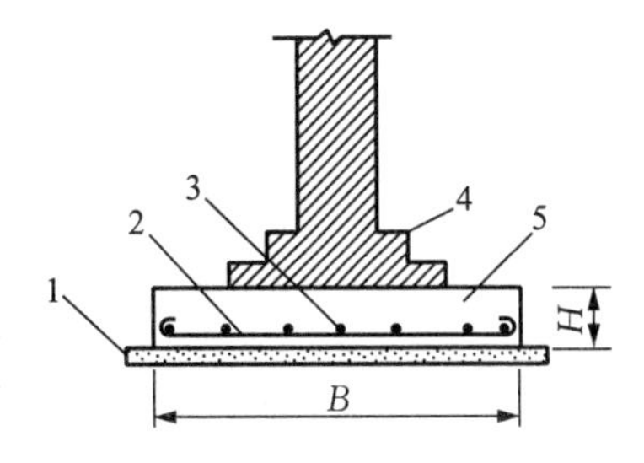

图7-40　基础与垫层示意图
1. 基础垫层　2、3. 基础钢筋
4. 砖基础　5. 混凝土基础

基础垫层分为灰土垫层、三合土垫层、砂石垫层和混凝土垫层。灰土垫层是用“二八”或“三七”灰土逐层摊铺夯实而成。三合土垫层的配合比有两种：消石灰：砂（或黏土）：碎砖=1：2：4或1：3：6。其中碎砖的粒径应为20～60 mm。砂或砂石垫层材料，宜采用颗粒级配良好，质地坚硬的中沙、粗沙、砾沙、卵石和碎石，也可采用细沙，但宜掺入一定数量的卵石或碎石，其掺量按设计规定。混凝土垫层一般用C15素混凝土浇筑而成。图7-40表示了基础与垫层的关系。

三、基础类型及其构造

温室的基础主要有条形基础和独立基础两种类型。

（一）条形基础

条形基础常用于外墙下，除承受上部结构传来的荷载外，还起围护和保温作用。温室内如有隔断墙时也常采用条形基础。条形基础的材料可根据当地情况因地制宜，一般常采用砖、毛石、混凝土。垫层可采用灰土、三合土、素混凝土。用这些材料砌筑的基础，抗压性能好，而抗弯性能差。这种类型的基础有一定的构造要求，主要是限制刚性角的大小，使其不超过允许的最大刚性角，或宽高比不超过允许值，否则当基础外伸长度较大时，可能由于基础材料抗弯强度不足而开裂破坏，高宽比的允许值按基础材料及基底压力大小而定。刚性基础的理论截面应按刚性角放坡，为施工方便，常做成阶梯形。分阶时每一台阶均应保证刚性角要求，当根据刚性角的要求，基础所需高度超过埋深时，或基础顶面离地面不足100 mm时应加大埋深或改用扩展基础。

各种条形基础刚性角构造要求如图7-41。

按照民用建筑的定义，基础应是地面以下部分，超过地面以上部分为墙体。但由于温室的墙体主要采用透光覆盖材料，在材料性能和功能方面与基础有很大的差别。为了增强温室保温，常常将温室基础伸出地面以上200～500 mm。在温室设计中，一般将伸出地面部分的墙体一并归入基础考虑，因为它们同属于土建工程的范畴。墙内立柱位置可砌筑尺寸大于180 mm×180 mm×240 mm的混凝土垫块，用不小于M5水泥砂浆砌筑，垫块中预留钢埋件用于安装钢柱；跨度及上部荷载较大、地基较差的温室，为了增强温室的整体刚度，防止由于地基的不均匀沉降对温室引起的不利影响，在地面以上沿外墙浇筑钢筋混凝土圈梁，内构造配纵向钢筋≥4ϕ8、箍筋≥ϕ6@250；在圈梁顶面预留钢埋件与上部柱相连接。

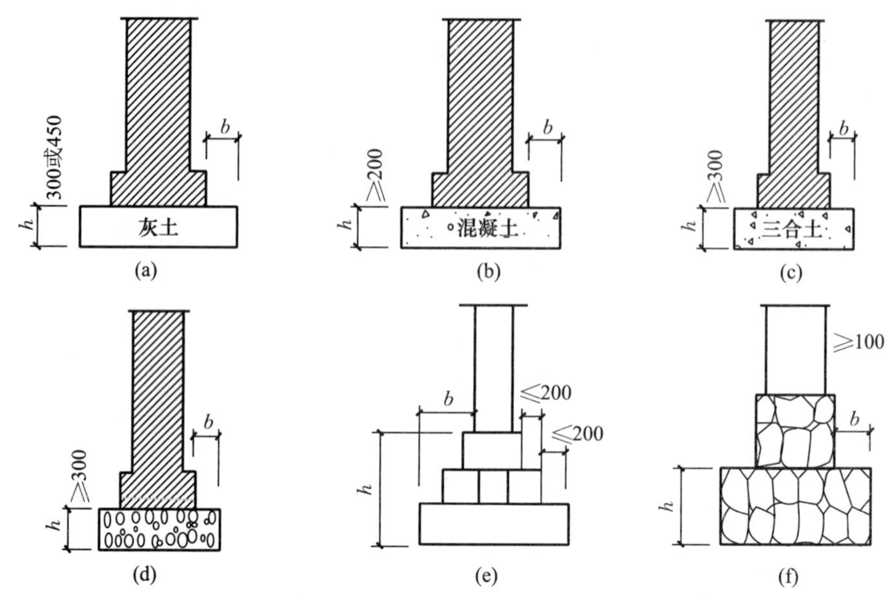

图 7-41 条形基础类型及其构造要求（单位：mm）

（a）灰土基础 （b）混凝土基础 （c）三合土基础 （d）毛石混凝土基础 （e）条石基础 （f）毛石基础

（二）独立基础

连栋温室室内独立柱下基础一般都是独立基础。常用于温室独立基础的形式主要有现浇钢筋混凝土基础和预制钢筋混凝土基础，还有一些温室特殊用独立基础，如桩基和可调节基础等。

1. 现浇钢筋混凝土基础 现浇钢筋混凝土独立基础的形式一般采用锥形和阶梯形。基础尺寸应为 100 mm 的倍数，承受轴心荷载时一般为正方形，承受偏心荷载时一般采用矩形。其长宽比一般不大于 2，最大不超过 3。

锥形基础可做成一阶或两阶，根据坡角的限值与基础总高度而定，其边缘高度 H 不宜小于 200 mm，也不宜大于 500 mm。

阶梯形基础的阶数一般不多于三阶，其阶高一般为 300～500 mm，具体要求可参考《钢筋混凝土基础梁》（04G320）、《条形基础》（05SG811）。如图 7-42 所示为现浇钢筋混凝土独立基础。

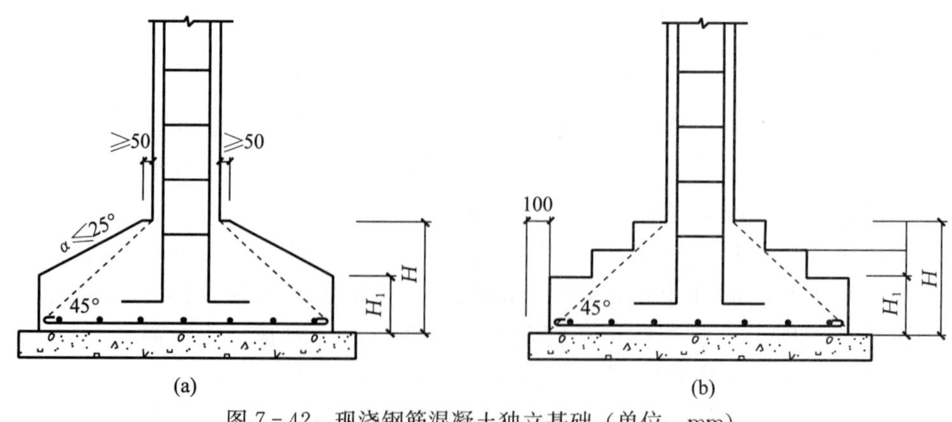

图 7-42 现浇钢筋混凝土独立基础（单位：mm）

（a）锥形基础 （b）阶梯形基础

2. 预制柱混凝土基础　此类基础常规做法为：预制钢筋混凝土短柱，其截面一般为 200 mm×200 mm，柱长 900～1100 mm。短柱内配有纵向钢筋及箍筋，其大小根据不同荷载计算而定。当上部传来荷载很小时，可构造配纵向钢筋≥4ϕ10、箍筋≥ϕ6@250；在短柱顶面预埋钢板，其大小一般为 150 mm×150 mm。施工时柱下采用标号不小于 C15 现浇混凝土浇筑，其截面常用 600 mm×600 mm的矩形或 ϕ600 mm 埋深不小于 600 mm 的圆柱形。如图 7－43 所示为预制钢筋混凝土柱独立基础。

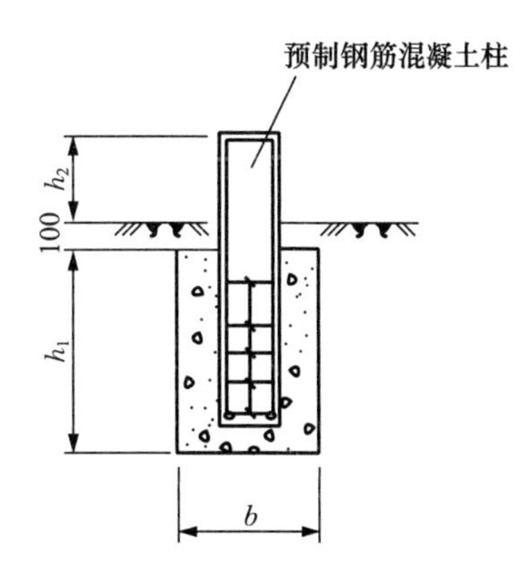

图 7－43　预制钢筋混凝土柱独立基础（单位：mm）

此基础特点是施工时可用基础找坡，坡度为 0.5%。温室上部钢柱直接焊接在基础预埋件上，有利于上部结构的工厂化生产。

3. 温室内部桩基　常规内部独立柱基础做法是将一预制混凝土柱脚插入地下一定深度现浇混凝土块，即混凝土垫块中。混凝土块的尺寸依温室高度、连跨数量、斜撑数量、土壤性质等参数确定。

四、基础施工

温室基础施工包括基槽（坑）开挖、基础砌筑（浇筑）、基槽回填三个工艺过程。

（一）温室基槽开挖

1. 清除场地　土方开挖前，应根据施工方案的要求，将施工区域内的地下、地上障碍物清除和处理完毕。

2. 检验　建筑物或构筑物的位置或场地的定位控制线（桩）、标准水平桩及开槽的灰线尺寸必须经过检验合格，并办完预检手续。

3. 按程序开挖　夜间施工时，应有足够的照明设施；在危险地段应设置明显标志，并要合理安排开挖顺序，防止错挖或超挖。

4. 注意地下水位　开挖有地下水位高的基坑槽、管沟时，应根据当地工程地质资料采取措施降低地下水位。一般要降至开挖面以下 0.5 m 再开挖。

5. 进场道路准备　施工机械进入现场所经过的道路、桥梁和卸车设施等，应事先经过检查，必要时要进行加固或加宽等准备工作。

6. 选择好土方机械　选择土方机械，应根据施工区域的地形与作业条件、土的类别与厚度、总工程量和工期综合考虑，以能发挥施工机械的效率来确定，编好施工方案。

7. 确定施工区域运行路线　施工区域运行路线的布置应根据作业区域工程的大小、机械性能、运距和地形起伏等情况加以确定。

8. 准备好人工辅助作业　在机械施工无法作业的部位和修整边坡坡度、清理槽底等，均应配备人工进行。

9. 熟悉图纸，做好技术交底

（二）基础施工

混凝土和砖基础施工工艺不同。温室墙下多为砖基础，立柱下多为混凝土基础。砖基的施工工艺流程为：拌制砂浆→确定组砌方法→排砖撂底→砌筑→抹防潮层。

1. 拌制砂浆 砂浆配合比应采用质量比，并由实验室确定，水泥计量精度为±2%，沙、掺和料为±5%。宜用机械搅拌，投料顺序为沙→水泥→掺和料→水，搅拌时间不少于1.5 min。

砂浆应随拌随用，一般水泥砂浆和水泥混合砂浆需在拌成后3 h和4 h内使用完，不允许使用过夜砂浆。

基础按每250 m^3 砌体，各种砂浆，每台搅拌机至少做一组试块（一组六块），如砂浆强度等级或配合比变更时，还应制作试块。

2. 确定组砌方法 组砌方法应正确，一般采用满丁满条。里外咬槎，上下层错缝，采用“三一”砌砖法（即一铲灰，一块砖，一挤揉），严禁用水冲砂浆灌缝的方法。

3. 排砖撂底 基础大放脚的撂底尺寸及收退方法必须符合设计图纸规定，如一层一退，里外均应砌丁砖；如二层一退，第一层为条砖，第二层砌丁砖。

大放脚的转角处，应按规定放七分头，其数量为一砖半厚墙放3块，二砖厚墙放4块，以此类推。

4. 砌筑 砖基础砌筑前，基础垫层表面应清扫干净，洒水湿润。先盘墙角，每次盘角高度不应超过5层砖，随盘随靠平、吊直。砌基础墙应挂线，24墙反手挂线，37以上墙应双面挂线。

基础标高不一致或有局部加深部位，应从最低处往上砌筑，应经常拉线检查，以保持砌体通顺、平直，防止砌成“螺丝”墙。基础大放脚砌至基础上部时，要拉线检查轴线及边线，保证基础墙身位置正确。同时还要对照皮数杆的砖层及标高，如有偏差时，应在水平灰缝中逐渐调整，使墙的层数与皮数杆一致。

各种预留洞、埋件、拉结筋按设计要求留置，避免后剔凿，影响砌体质量。变形缝的墙角应按直角要求砌筑，先砌的墙要把舌头灰刮尽；后砌的墙可采用缩口灰，掉入缝内的杂物随时清理。安装管沟和洞口过梁其型号、标高必须正确，底灰饱满；如坐灰超过20 mm厚，用细石混凝土铺垫，两端搭墙长度应一致。

5. 抹防潮层 将墙顶活动砖重新砌好，清扫干净，浇水湿润，随即抹防水砂浆，设计无规定时，一般厚度为15～20 mm，防水粉掺量为水泥质量的3%～5%。

（三）基础回填

基础回填属于土方工程，一般在基础施工结束经验收合格后进行。为防止雨水渗入影响基础安全，一般要求用黏土分层压实回填。

五、砖墙体砌筑

1. 砌筑方法 实心砖墙（柱）有一顺一丁、三顺一丁、梅花丁等组砌方法（图7-44）。

一顺一丁砌法是一皮全部顺砖和一皮全部丁砖间隔向上砌筑，上下皮砖的竖缝要相互错开1/4砖长。这种砌法简单，工效高，要求砖的规格一致，以便砖的竖缝均匀分布。

三顺一丁砌法是连续砌筑三皮全部顺砖，再砌一皮全部丁砖，间隔向上砌筑。上下皮顺砖间、丁顺砖间竖缝均要相互错开1/4砖长。

梅花丁砌法是每皮砖中，丁砖和顺砖相隔，上皮丁砖座中于下皮顺砖，上下皮间竖缝相互错开1/4砖长。这种砌法比较美观，灰缝整齐，但砌筑工效较低。

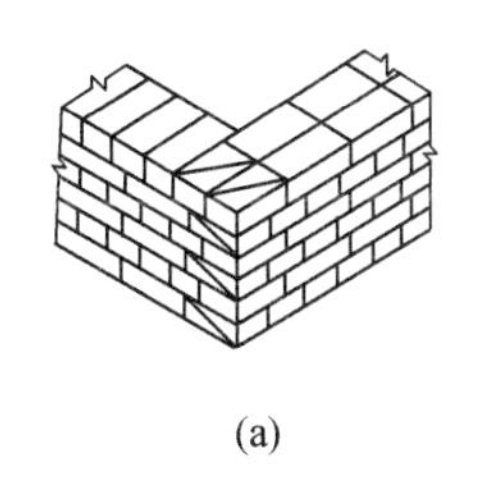

(a)

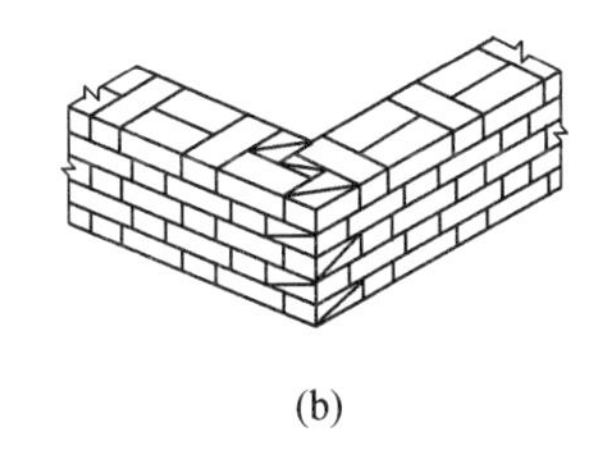

(b)

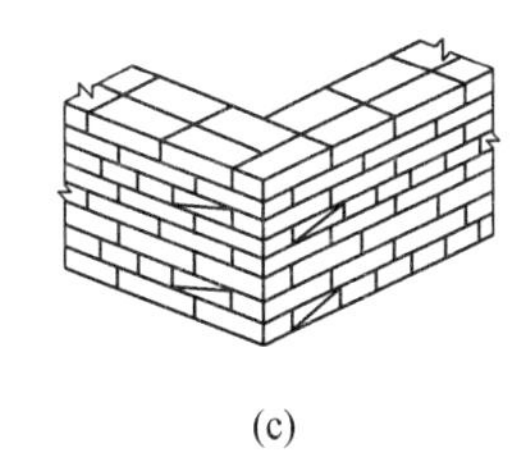

(c)

图 7-44 实用砖墙组砌方法
(a) 一顺一丁 (b) 梅花丁 (c) 三顺一丁

除此之外，3/4 砖厚墙（即 180 mm 厚）可采用二皮平顺砖和一皮侧顺砖组合而成。1/2 厚（即 120 mm 厚）墙则全部用顺砖砌成，上下皮间竖缝相互错开 1/2 砖长。二砖、一砖半墙也可采取类似的方法砌筑，但每层均由两砖组合而成。

2. 砌砖的施工工艺

(1) *抄平放线* 砌墙之前，用砂浆将基础顶面找平，再根据测量标志弹出墙身轴线、边线及门窗洞口位置线。

(2) *摆砖样* 摆砖样是砌体工程中的一项重要工程，摆好砖样是提高施工效率、保证砌筑质量的必要条件。一般由有经验、级别较高的瓦工师傅进行操作。砌砖之前，要先进行试摆砖样，排出灰缝宽度，留出门窗洞口位置，安排好七分头及半砖的位置，同时务必使各皮砖的竖缝互相错开。在同一墙面上，各部位的组砌方法应统一，并要求上下一致。

(3) *立皮数杆* 砌筑砖墙之前，要先立皮数杆。皮数杆是一种方木标志杆，上面画有每皮砖及灰缝的厚度，门窗洞口、梁、板等的标高位置，用以控制砌体的竖向尺寸。皮数杆应立于墙角及某些交接处，其间距以不超过 15 m 为宜。立皮数杆时，要用水准仪进行抄平，使皮数杆上的楼地面标高线位于设计标高位置上，如图 7-45。

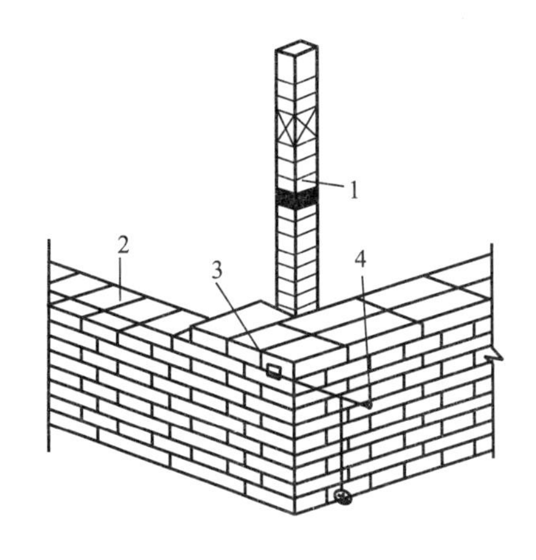

图 7-45 皮数杆示意图
1. 皮数杆 2. 准线 3. 竹片 4. 铁钉

(4) *墙体砌筑* 墙体砌筑常采用三一砌筑法，即一铲灰、一块砖、一挤揉的操作方法。竖缝宜采用挤浆或加浆的方法，使其砂浆饱满。砖墙的水平灰缝及垂直灰缝一般应为 10 mm 厚，不得大于 12 mm，也不得小于 8 mm。水平灰缝的砂浆饱满度应不低于 80%。

砖墙的转角处及交界处应同时砌筑，若不能同时砌筑而必须留槎时，应留成斜槎。斜槎的长度不小于 2/3 高度，如图 7-46。

如留置斜槎确有困难，除转角外，也可以留成直槎，但必须砌成阳槎，并加设拉结钢筋，如图 7-47。拉结钢筋的数量为 240 mm 厚及 240 mm 以下的砖墙放置 2 根；240 mm 厚以上的砖墙，每半砖放置 1 根，直径为 6 mm。间距沿墙高不大于 500 mm。伸入长度从墙的留槎算起，每边均不得小于 500 mm，其末端应有 90°的弯钩。

建筑抗震设防地区的砖墙不得留直槎。

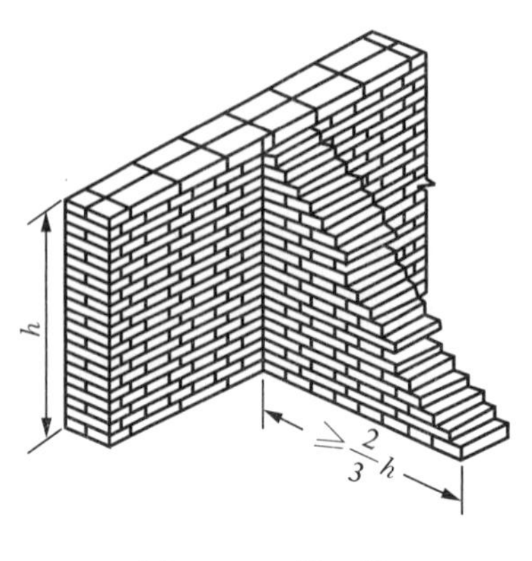

图 7-46 斜 槎

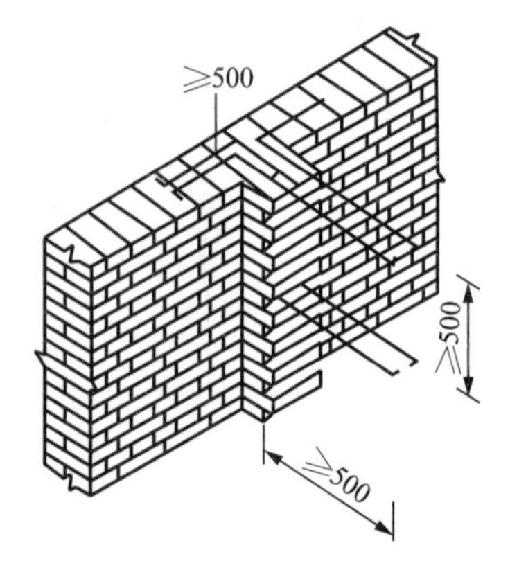

图 7-47 直 槎

3. 砖墙砌体的质量要求 砖砌体的质量要求可概括为横平竖直，灰缝饱满，错缝搭接，接槎可靠。

横平竖直是指砌体整体要求和灰缝要求。为此在砌墙时，要不断检查墙体的垂直度，并用挂线控制灰缝平直，240 mm 厚及以下的墙体要单面挂线，370 mm 厚及以上的墙体要双面挂线。竖向灰缝也应垂直，错缝整齐。

灰缝饱满是为了保证砌体的整体性。砂浆饱满度一般要求达到 80%以上。在砌筑过程中，对于砌体的水平灰缝砂浆饱满度，每步架至少应抽查 3 处（每处 3 块砖），饱满度平均值不得低于 80%。检查砂浆饱满度的方法是：掀起砖，将百格网放于砖底浆面上，看粘有砂浆的部分占格数，以百分率计，如图 7-48 所示。灰缝厚度控制在 10 mm 左右，误差小于±2 mm。为保证砂浆的饱满度，要求砂浆要有良好的和易性。一般混合砂浆比水泥砂浆的和易性好，容易达到较高的充满度。另外，砖的干湿程度也会影响砌体质量。在砌筑前，一般要对砖浇水湿润，使含水率达到 10%～15%。

图 7-48 用方格网检查砂浆饱满度

错缝搭接主要是通过组砌方式来满足。砌块排列要遵守上下错缝、内外搭砌的原则，应选择合理的组砌形式，使上下两皮砖的竖缝相互错开至少 1/4 砖长。不准出现连续的垂直通缝，否则在垂直荷载的作用下，砌体会由于“通缝”丧失整体性而影响强度。

接槎可靠主要是针对墙体转角和交接处的要求。关键是要严格执行墙体砌筑中留槎的构造要求。

砖砌墙体的尺寸要满足表 7-15 列出的要求。

表 7-15　砖砌墙体的尺寸与位置的允许偏差

项次	项目			允许偏差（mm）			检验方法
				基础	墙	柱	
1	轴线位移			10	10	10	用经纬仪复查或检查施工测量记录
2	基础露面和露面标高			±15	±15	±15	用水平仪复查或检查施工
3	墙面垂直度	每层		—	5	5	用 2 m 长托线板检查
		全高	≤10 m	—	10	10	用经纬仪或吊线检查
			>10 m	—	20	20	
4	表面平整度	清水墙、柱		—	5	5	用 2 m 直尺和楔形尺检查
		混水墙、柱		—	8	8	
5	水平灰缝平直度	清水墙		—	7	—	用 10 m 线和尺检查
		混水墙		—	10	—	
6	水平灰缝厚度（10 皮砖累计数）			—	±8	—	与皮数杆比较，用尺检查
7	清水墙游丁走缝			—	20	—	用线和尺检查，以每层第一皮砖为准
8	外墙上下窗口偏移			—	20	—	用经纬仪或吊线检查，以底层窗口为准
9	门窗洞口宽度（后塞口）			—	±5	—	用尺检查

第五节　温室主体工程建设施工

温室分为单栋温室和连栋温室。单栋温室又称单跨温室，指仅有 1 跨的温室。塑料大棚、日光温室等都属于单栋温室，通常采用单层薄膜覆盖；两跨及两跨以上、通过天沟连接的温室，称为连栋温室，覆盖材料可采用单层或双层充气膜、PC 板、波浪板、玻璃等。

一、日光温室的主体工程施工

（一）墙体砌筑类型

1. 土筑墙　土墙可就地取土筑成，只需人工，不用材料投资，保温效果比较好。建造土墙的方法有草泥垛、湿土夯和土坯砌。具体做法大同小异，但土质不同，坚固程度大不一样，有的干打垒可数年不坏。作为后墙的土墙，最大的问题是支承力稍差，特别是被雨水浸湿以后，常发生坍塌事故。为了增加支承，一般是在主要着力点下砌砖垛或加立柱，有的在墙顶再做混凝土梁。土坯砌墙时，泥浆要饱满，接口要咬茬，墙的内外必须用泥抹严实，防透风、漏气，降低保温效果。用草泥垛墙时，一次不要起得太高，宜分次进行，以防坍塌。

2. 石砌墙 用毛石、河卵石建造墙体时，只要砌筑得法，可一劳永逸，不像土墙那样容易坍塌。石砌墙里侧抹白灰，外侧培土，保温好，还可增强墙体的牢固性。

3. 砖砌墙 建造砖墙的日光温室，主要是钢筋或钢管骨架的永久性温室。现已普遍采用“三七”夹心墙，用水泥砂浆砌筑。后墙顶预留与骨架连接的预埋铁或角钢。后屋面顶制板安装完毕后，再砌筑 30～40 cm 高的女儿墙，以便填充杂草和作物秸秆等保温覆盖物，减小后屋面的坡度，便于在上面行走作业。

（二）骨架安装

温室骨架结构分为竹木结构、钢木结构、钢结构等形式。由于竹木结构抵御自然灾害能力较差及使用期限短等因素，已基本不再建设。钢木结构的温室由于比钢结构的造价低，能抵抗一定的自然灾害，目前还比较普遍。钢结构温室，由于使用寿命长，抵抗自然灾害能力强，建设面积在逐年增大。

1. 钢木结构温室 钢木结构温室由钢骨架及竹竿组成，每间隔 3 m 设置 1 榀由钢管及钢筋焊接的钢骨架，在钢骨架上东西横拉 8 号铁丝，前拱铁丝的间距为 30～40 cm，后拱铁丝的间距为 15～20 cm，东西两端固定到山墙外预埋的地锚上，将铁丝拉紧，在每道骨架上用固定。然后用竹竿作拱杆，拱杆间距为 75 cm，用细铁丝把拱杆拧在各道 8 号铁丝上，如图 7－49 所示。

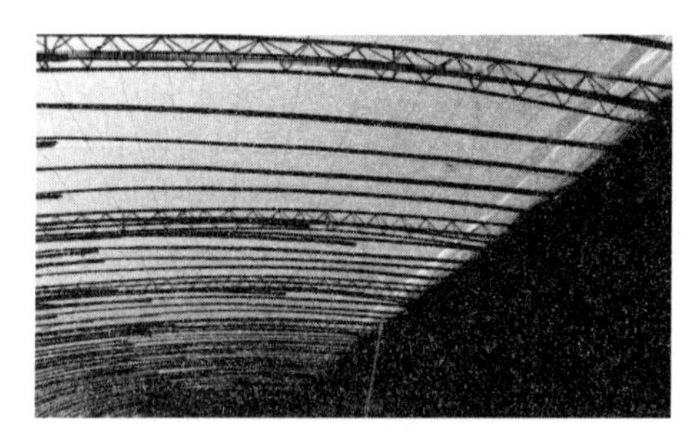

图 7－49 钢木结构日光温室

2. 钢骨架温室 温室骨架有焊接式桁架、装配式、单拱式等几种类型。该类型的温室在室内不设置立柱，方便小型农机具作业。

每间隔 1 m 布置 1 榀骨架，骨架两端与温室基础墙上预埋件连接，前屋面东西向均匀布置 3 道用 1/2 钢管或钢筋制作的横向拉杆，以保持骨架的稳定；在屋脊设置一道角钢，用于固定薄膜；后屋面的中间设置 1 道扁钢，用于支承后屋面板。若骨架的连接固定为焊接方式，要保证焊接质量及焊接后的防腐处理；采用螺栓铰接装配式骨架要保证连接紧固。

（三）后屋面覆盖

温室后屋面既要保温又可以上人，故材料需要一定的强度和保温性能。

1. 松散材料 在温室的后屋面先铺一层如木板或其他具有水平支承的材料后，再在上面铺一层薄膜或油毡，用于防水及防止填充物落入温室内。上面填充如珍珠岩、煤渣、土等作为保温材料，填充坡度不宜太陡，以人能够在上面安全行走并能完成拆装薄膜及草帘为宜。填充物表面防水砂浆抹面。

2. 夹心硬质材料 夹心硬质材料指彩钢保温板、GMC 保温板及水泥预制板等。该种材料均可直接铺设在温室骨架上，可用自钻自攻钉将彩钢板固定在温室骨架上；GMC 保温板及水泥预制板直接铺在骨架上，外部用防水砂浆抹面，或采用 SBS 防水卷材。

（四）覆盖材料固定

日光温室普遍采用单层薄膜覆盖，一栋温室的薄膜由三块组成，其目的是为温室留有顶部、底部通风口，固定方式可采用竹竿＋铁丝及卡槽卡簧方式。

1. 烫薄膜 若温室采取人工拨缝通风时，需对薄膜进行封边烫膜处理，在烫薄膜前要分清薄膜的正反面，将尼龙绳放在薄膜一边内侧约 10 cm 处，把薄膜折回，用电熨斗将两层薄膜烫在一起。

2. 铺膜前准备工作 铺膜前准备工作包括：①铺薄膜要选择风力小的晴天；②检查温室骨架上有无坚硬物质，以免刺伤薄膜；③压膜线是否充足，挂钩是否牢固。

3. 薄膜固定 薄膜固定一般采用由下向上的顺序，上膜压下膜。

(1) *竹竿+铁丝固定* 将最下边的薄膜有尼龙绳的一端用细铁丝固定在骨架上，下端用土埋实；同样将第二块薄膜的上端用细铁丝固定在骨架上；第三块薄膜无尼龙绳的一端用竹竿卷起用细铁丝捆牢后，再固定在屋脊上。安装时膜与膜的搭接宽度不小于 30 cm。尼龙绳拴在两侧墙上，两侧薄膜同样用竹竿卷起固定在墙上。

(2) *卡槽卡簧固定* 在温室的屋脊及下端用自攻螺钉将卡槽固定在温室骨架上，东西两侧固定在墙的外侧。将最下边的薄膜有尼龙绳的一端用细铁丝固定在骨架上，下端用簧压紧；第二块薄膜的固定与竹竿+铁丝的方式相同；第三块薄膜无尼龙绳的一端用卡簧固定。将尼龙绳拉紧拴在侧墙上，再固定薄膜的两端。

薄膜安装完毕后，在温室拱架间用压膜线将薄膜压紧。

(五) 温室前屋面保温

温室的前屋面现普遍采取草帘、保温被等保温措施。

1. 草帘

(1) *草帘铺设* 草帘分两层摆放，第一层各草帘之间留有半个草帘的空隙，再把第二层草帘压上，上部固定在温室的后屋面上。

(2) *草帘收放* 草帘的收放通常采用人工或电动卷帘机两种方式。人工收放，不是浪费了日照时间，就是影响了保温，且耗时劳动强度大。有条件的最好采取电动卷帘机，其优点是：在短时间内完成收放，操作方便，省时省力。

2. 保温被

(1) *保温被铺设* 保温被从东侧开始铺起，相邻的西侧被压住东侧被，搭接宽度不小于 150 mm，搭接处若为气眼可用尼龙绳依次串起；若一侧为气眼一侧为绑扎绳，则将绑扎绳从气眼穿过绑扎紧，以起到连接保温被的作用。顶部可用角钢或尼龙绳将保温被固定在温室后屋面上。

(2) *保温被收放* 保温被因块与块之间已进行了连接，不可能实现人工收放，只能采用机械收放。

(3) *电动收放方式* 保温被因质量轻，在不超过 60 m 长的温室可采用侧卷，即将卷被电机安装在没有操作间的一侧。在距温室侧墙外侧约 30 cm、距北墙 2 m 的位置用混凝土做一个预埋基础，将卷被电机伸缩杆连接件与埋件焊接。卷被电机与卷被轴用法兰连接，有卷被电机一侧质量大，在保温被卷起时，有电机的一端比无电机的一端卷得紧，保温被卷筒直径出现大小头现象，故在电机的一侧加上一条窄被，使卷起的被子粗细基本一致。

超过 60 m 的保温被及草帘使用中卷，将卷帘机置于长度方向的中间，卷帘机输出轴的两端用法兰盘与卷轴连接，将保温被、草帘固定在卷轴上，电机的悬臂杆支承点立在温室前沿外侧约 1.8 m 处。在电机行走的路线下铺一块固定保温被、草帘，带卷帘机形式至温室顶部后，将固定被人工收起。

二、连栋温室的主体工程施工

温室工程的安装要遵循从高往低，从外到内，先地下、后地上的原则。温室工程安装顺序：骨架→外遮阳→顶部覆盖→四周围护→湿帘风机→内遮阳→控制→供暖→苗床→给水。

（一）钢骨架安装

温室骨架安装顺序：主立柱→天沟（含外遮阳立柱）→桁架→辅立柱→横撑→拱杆→檩条→外遮阳横纵撑→斜拉筋。

1. 安装准备 复验安装定位所用的轴线控制点和测量标高使用的水准点。复验骨架支座及支承系统的预埋件，其轴线、标高、水平度、预埋螺栓位置等超出允许偏差时，应做好技术处理。检查吊装机械及吊具，按照施工组织设计的要求搭设脚手架或操作平台。

2. 骨架安装 构件安装时必须按照图纸设计的节点要求安装。构件安装采用焊接或螺栓连接的节点，需检查连接节点，合格后方能进行焊接或紧固。安装螺栓孔不允许用气割扩孔，永久性螺栓不得垫两个以上垫圈，螺栓外露丝扣长度不少于 2～3 扣。焊接及高强螺栓连接操作工艺详见该项工艺标准。骨架支座、支承系统的构造做法需认真检查，必须符合设计要求，零配件不得遗漏。天沟接头要涂抹密封止水胶或垫止水胶带，必要时要做闭水试验。

3. 检查验收 骨架安装后首先检查现场连接部位的质量。骨架安装质量主要检查骨架跨中对两支座中心竖向面的不垂直度；骨架受压弦杆对骨架竖向面的侧面弯曲，必须保证上述偏差不超过允许偏差，以保证骨架符合设计受力状态及整体稳定要求。骨架支座的标高、轴线位移、跨中挠度，经测量做出记录。

（二）覆盖工程

1. 玻璃安装 玻璃的安装分为两种：有框安装和无框安装。有框安装是玻璃周边有框架支承，玻璃边缘被框架包围密封，且框架具有足够的承载强度及刚度。温室一般采用有框安装形式。

温室一般选用 4 mm、5 mm 浮法平板玻璃，四周为增加保温也可采用中空玻璃，玻璃的固定使用专用铝合金型材将玻璃镶嵌在温室骨架上。玻璃安装后，必然会受到风载荷、地震载荷、雨雪载荷或其他有效载荷的作用。由于玻璃独特的强度特性，当应力超过其弹性极限后，不同于聚碳酸酯板、薄膜等材料具有塑性变形，而是立即断裂。为了保证整个安装结构的安全性、可靠性和耐久性，安装时遵循以下原则：

① 玻璃的板面、厚度尺寸应根据玻璃承受的有效载荷强度确定，玻璃受载荷作用最大弯曲变形挠度一般不应大于跨度的 1/70。

② 固定玻璃的框架应有足够强度，以防止因框架变形使玻璃破碎。框架变形一般采用不超过跨度的 1/180 进行设计。

③ 玻璃周边应与框架留有合适的间隙，局部用弹性材料填充，应避免安装应力。

2. 中空 PC 板安装 PC 板在订货时，可要求生产厂家按照所需的长度、宽度生产，以减少施工现场切割板材的工作量。

① 板材切割可采用手提电动切割锯、钢锯、壁纸刀等，切割时不要撕掉保护膜，切割后清除板内的锯屑。

② 分清正反面，PC 板的双面均有保护膜，一般印有标志的一面具有防紫外线作用，安装时此面朝外。

③ 两端的密封处理，PC 板安装前先将保护膜四周掀开 50 mm，撕掉开口两端原有的密封条，PC 板顶部更换成密封防水胶带（如铝箔密封胶带），底部更换成透气胶带。

④ PC 板用自攻螺钉固定在骨架上，PC 板与骨架间垫橡胶块，钉帽与板之间垫大垫圈。自攻螺钉固定间距 0.5 m。密封胶选用 PC 板专用的硅酮密封胶，密封条采用三元乙丙橡胶，安装完毕后撕掉保护膜。

3. 薄膜安装

（1）*卡槽固定* 将卡槽用拉铆钉或自攻螺钉固定在温室骨架上，固定的间距为 0.3 m，拐角处切成 45°斜角，以保证卡槽的连续性。

卡簧为弹簧钢丝，外表面包塑或浸塑处理，以增加卡簧的抗腐蚀性能和其表面的光滑程度，避免损伤薄膜。

（2）*塑料膜的铺装* 连栋温室在铺装塑料膜的时候，通常需要 4～6 人同时进行。将塑料膜卷放在一跨温室的端部，将塑料膜朝外的一面向上放置，并用支架支承起来，留两个人在端部，其余的安装人员沿天沟拉着塑料膜向另一端前进。跨度两边的人员同时将膜绷紧，再用卡簧固定塑料膜。

（3）*压膜线的安装* 对于温室顶部的单层覆盖塑料膜，沿温室跨度方向应设压膜线将塑料膜压紧在骨架上，以防止大风对塑料膜的损害。压膜线一般是钢丝芯的塑料线，一些进口的压膜线是用树脂尼龙为原料加工而成的，具有高强度、抗老化等优点。压膜线的间距根据顶部骨架的疏密程度确定。一般为 1～2 m，其在天沟上的固定较简单，在侧墙通风窗上应加装护膜线，目的是防止卷膜轴在风力的作用下摆动，避免造成塑料膜损坏或密封不严。护膜线可竖直安装也可斜拉成网状，上下两端头可通过弹簧挂钩固定在卡槽中。

第六节 温室内部设备安装调试

一、开窗通风系统的安装

连栋温室的顶开窗根据覆盖材料的不同，所采用的开窗方式也不同。通常玻璃、PC 板覆盖的采用多排屋顶连续间断推杆式开窗，PC 板及双层充气膜覆盖采用连续开窗，单层薄膜覆盖采用卷膜开窗（开窗方式可采用手动或电动）。侧墙及湿帘保温窗若为玻璃则一般采用塑钢或铝合金框平开或推拉窗，PC 板及双层充气膜覆盖采用连续开窗，单层薄膜覆盖采用卷膜开窗。

1. 开窗机的安装 开窗减速电机固定架原则上安装于整个窗扇中部的立柱或拱梁上。安装时，按照设计的高度和位置在安装固定架的立柱或拱梁上打孔，孔间距与固定架上的孔要一致，然后用螺栓将固定架固定于立柱上，再将减速电机用螺栓安装于电机固定架上，电机固定架也可以用 U 形螺栓按照设计的高度和位置固定在立柱或拱梁上。如图 7－50 和图 7－51所示。

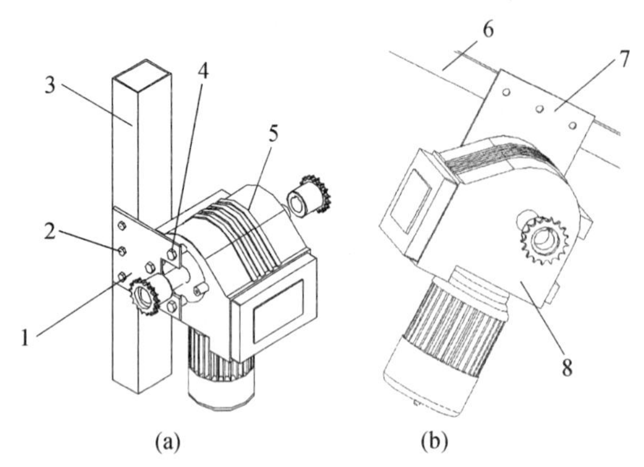

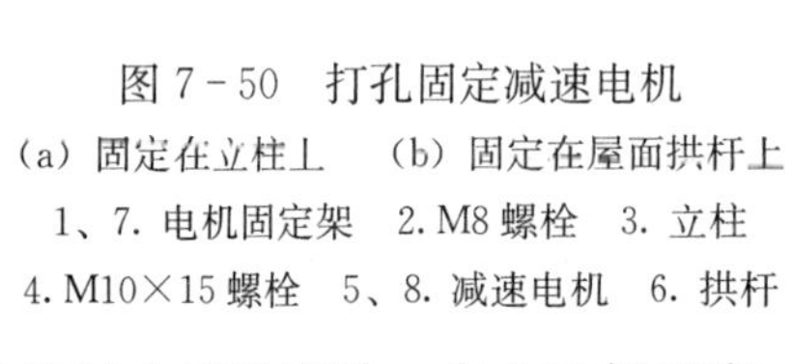
图 7－50　打孔固定减速电机

（a）固定在立柱上　（b）固定在屋面拱杆上

1、7. 电机固定架　2. M8 螺栓　3. 立柱

4. M10×15 螺栓　5、8. 减速电机　6. 拱杆

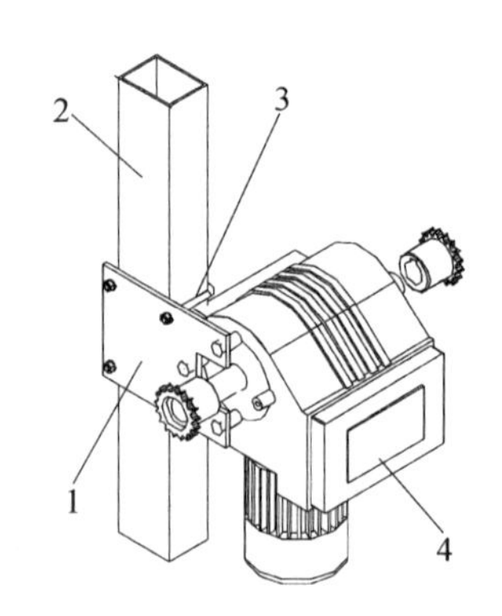

图 7－51　柱上用 U 形螺栓固定减速电机

1. 电机固定架　2. 立柱　3. U 形螺栓

4. 减速电机

2. 开窗轴支座的安装　在立面侧开窗、湿帘外翻窗、屋顶连续开窗三种开窗方式中，每个齿轮边上都应该有一个轴承座支承着驱动轴和齿轮齿条，轴支座间距控制在 2 m 左右，轴支座一般通过自攻螺钉固定于立柱或拱杆上，也可以在立柱或拱杆上打孔，使用螺栓来固定。安装时必须保证轴承座的中心孔与减速电机的输出轴中心成一条直线。如图 7－52。

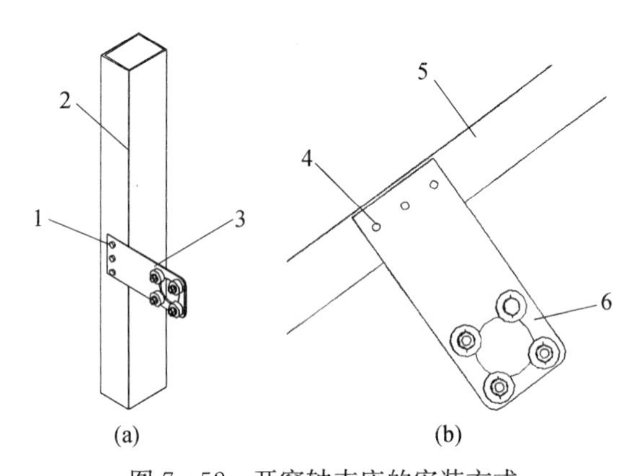

图 7－52　开窗轴支座的安装方式

（a）安装在立柱上　（b）安装在拱梁上

1、4. 自攻螺钉　2. 立柱　3、6. 开窗轴承座　5. 拱杆

3. 安装驱动轴　驱动轴使用 1″（ϕ33.5 mm×3.25 mm）热镀锌国标焊接钢管，通长布置；一端和减速电机通过链式联轴器相连，中间用开窗轴支座支承。驱动轴连接采用套管式螺栓固定轴接头，以加强驱动轴的刚度和同步性。在驱动轴安装时必须在有齿条的位置事先将齿轮套在驱动轴上。

4. 窗扇的制作　对于玻璃及 PC 板窗框均采用温室专用的铝合金边框，间断式开窗可根据窗口的具体尺寸先组装后安装，连续开窗普遍较长，采用现场的制作。

5. 齿条与窗扇的连接（连续开窗）　屋顶连续开窗与立面侧开窗的处理方式一般是相同的。但湿帘外翻窗与它们略有不同，将窗边铰支座按照设计位置通过螺栓与窗扇相连，再将齿条和窗边铰支座用螺栓或销轴固定即可。对于湿帘外翻窗则需要用外翻窗连接板将窗扇与外翻窗铰支座连接，然后再将齿条和窗边铰支座用螺栓或销轴固定，如图 7－52 所示。

6. 安装开窗齿条　安装齿条时应当让窗户处于关闭状态，在安装好的窗边铰支座或外翻窗铰支座处安装齿条，齿条间距原则上不能超过 2 m，以利于窗户的密封。齿条先穿过齿轮，然后让有孔的一端通过带孔销轴、开口销与窗边铰支座或外翻窗铰支座连接在一起。左

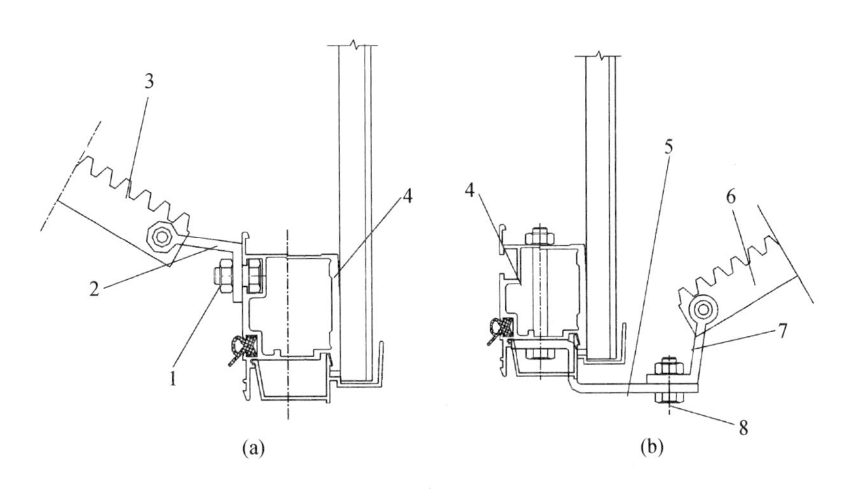

图 7-53　齿条与窗扇的连接方式

（a）侧窗（顶窗）连接方式　（b）湿帘外翻窗连接方式

1. M6 螺栓　2. 窗边铰支座　3、6. 开窗齿条　4. 窗框　5. 外翻窗连接板　7. 外翻窗铰支座　8. M5×20 螺栓

右调节齿轮使得齿条与驱动轴成垂直状态，用内六角扳手紧固齿轮上的两个紧定螺钉，使它与驱动轴连接，依次将所有齿条齿轮固定好，如图 7-54 所示。

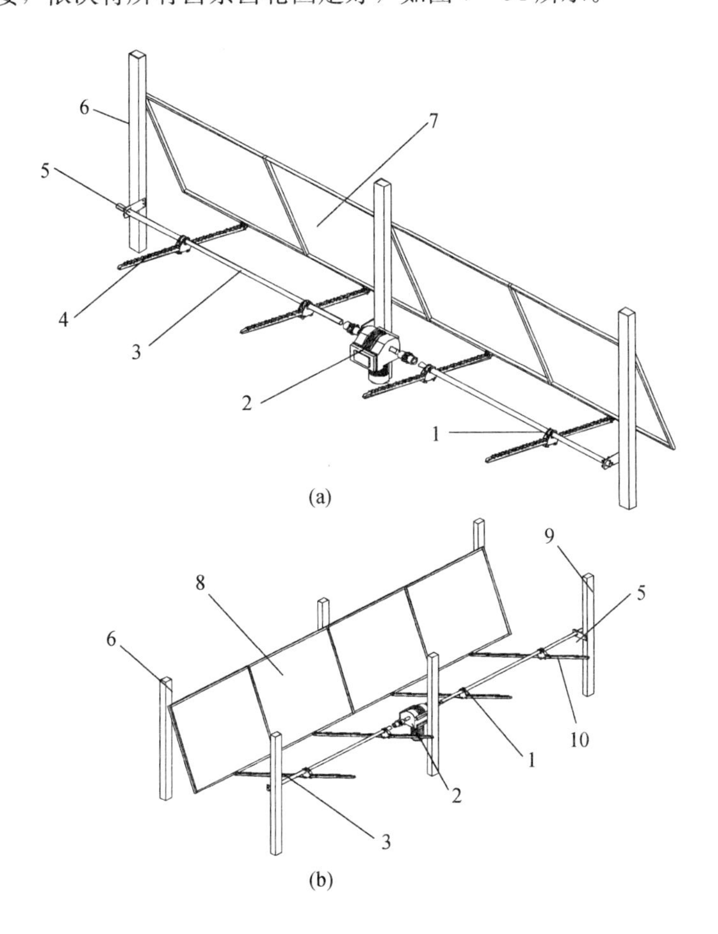

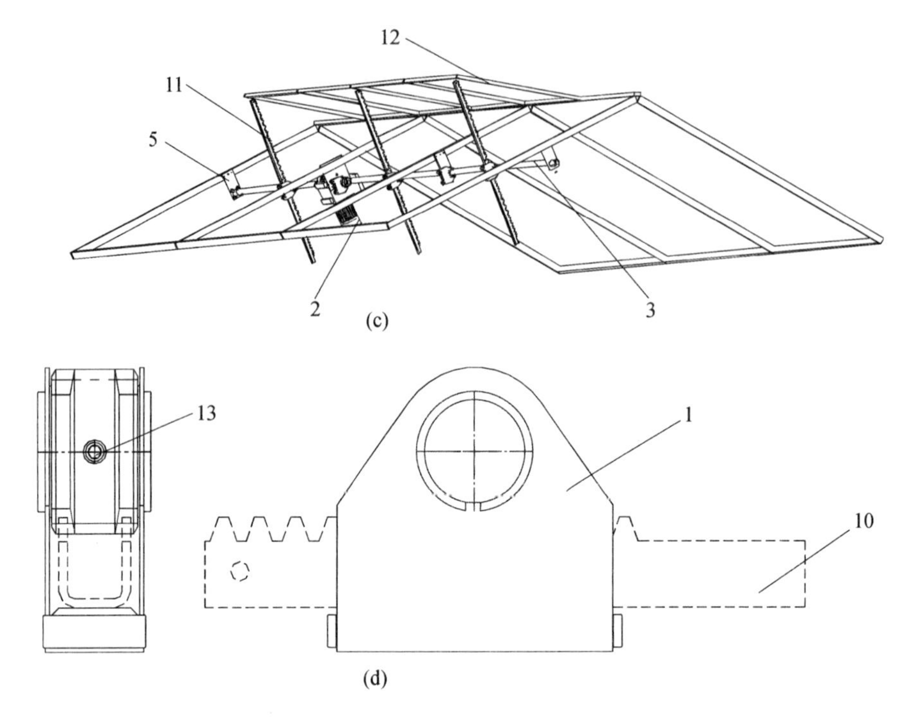

图 7-54 开窗齿条安装示意图

(a) 立面侧开窗安装 (b) 湿帘外翻窗安装 (c) 屋顶连续开窗安装 (d) 开窗齿条安装
1. 开窗齿轮 2. 减速电机 3. 驱动轴 4. 齿条 5. 开窗轴承座 6. 温室立柱 7. 窗户
8. 外翻窗 9. 外翻窗立柱 10. 开窗齿条 11. 齿轮齿条 12. 屋面窗 13. 紧定螺丝

7. 外翻窗电机安装防雨板 目前市场上使用的减速电机，其防护等级多数是 IP44，所以在室外使用时必须进行防雨处理，如图 7-55 所示。

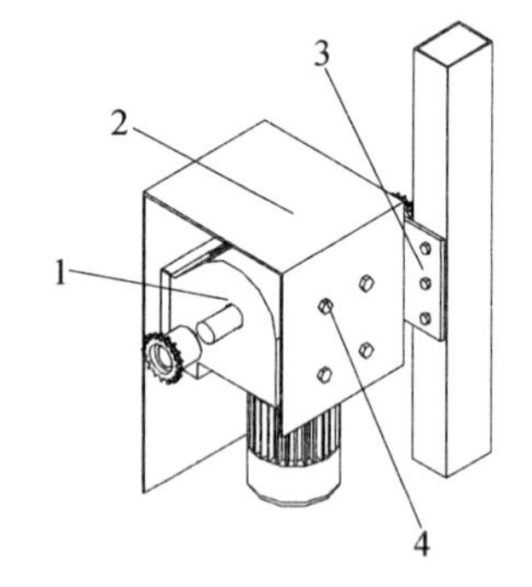

图 7-55 外翻窗电机防雨板安装
1. 减速电机 2. 电机防雨板
3. 电机固定架 4. M10×15 螺栓

8. 连续间断推杆式开窗

(1) 开窗齿轮齿条的安装 开窗齿轮按照设计位置用螺栓固定在桁架弦杆上，齿条装于齿轮内。齿轮通过驱动轴与减速电机输出端相连接，齿条通过接头与推杆相连接。这里所用的齿条根据推力大小有两种，可根据屋顶开窗的大小和数量多少分别选用。

(2) 开窗支承滚轮的安装 开窗支承滚轮是用来支承屋顶窗推杆的。一般在 Venlo 型温室中，每小尖顶安装 2～3 个支承滚轮。安装时按照设计位置将开窗支承滚轮用开窗支承滚轮连接板和自攻螺钉固定于温室桁架弦杆上。安装时要注意使每排支承滚轮成一直线，以保证屋顶窗推杆的平直，如图 7-56 所示。

(3) 推杆的安装 开窗齿轮齿条和支撑滚轮安装完毕后，就该安装推杆了，推杆一般使用 ϕ 27 mm×1.5 mm 或 ϕ 32 mm×1.5 mm 的热镀锌焊接钢管。

(4) 开窗减速电机的安装 开窗减速电机的位置由开窗齿轮齿条的安装位置决定，减速

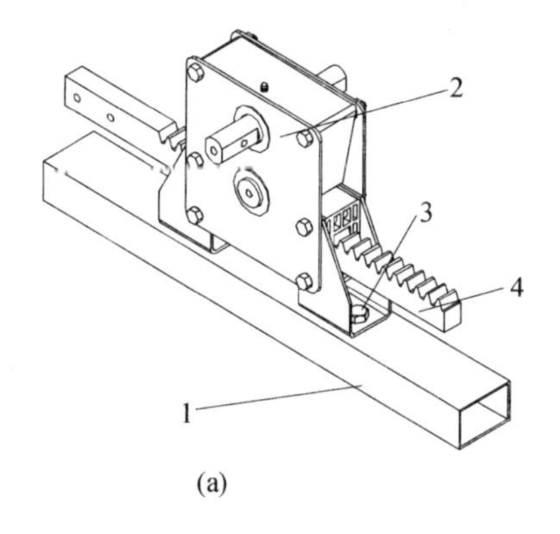

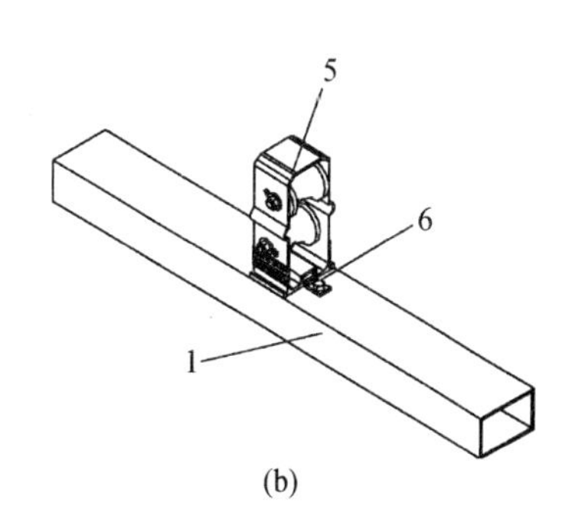

图 7－56　开窗支承滚轮安装示意图

（a）开窗齿轮齿条安装　（b）开窗支承滚轮安装

1. 桁架弦杆　2. 开窗齿轮　3. 固定螺丝　4. 齿条

5. 开窗支承滚轮　6. 开窗支承滚轮连接板及自钻自攻螺钉

电机通过开窗电机固定架和 U 形螺栓固定于温室桁架上。电机与驱动轴通过联轴器连接，驱动轴与联轴器间一般使用焊接，以利于提高驱动系统的整体刚度。这里需要注意的是，电机输出轴中心线的高度要与开窗齿轮输入轴中心线一致。

（5）*开窗驱动轴的安装*　开窗驱动轴一般使用 1″热镀锌焊接钢管，通过焊合接头与齿轮连接，在没有齿轮的桁架处，用开窗轴承座支承驱动轴。

（6）*开窗支承臂的安装*　根据天窗大小的不同，窗支承臂有 2～4 支不等。安装支承臂时，先按照设计位置将窗边铰支座固定于窗活动框铝合金上，通过销轴及开口销将支承臂连接于窗边铰支座上，支承臂下端通过螺栓及推杆支座固定于推杆上。这里需要注意的是，固定支承臂时应将所有活动窗处于完全关闭状态，以保证活动窗下框平直并压紧固定窗框，如图 7－57 所示。

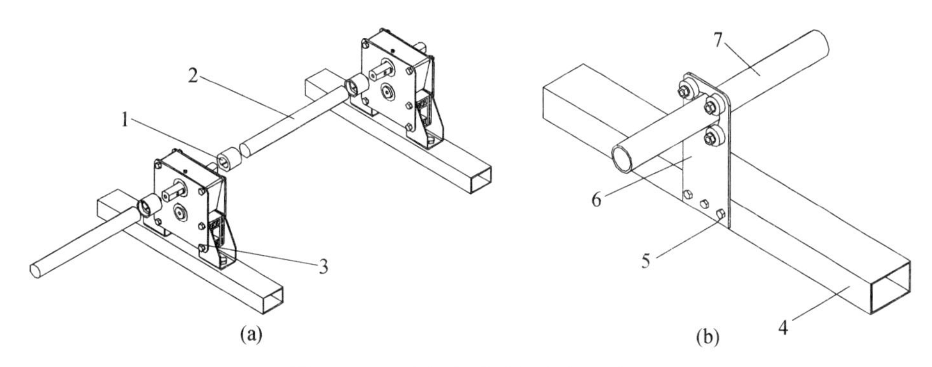

图 7－57　开窗支承臂的安装示意图

（a）开窗驱动轴安装　（b）开窗轴承座安装

1. 焊合接头　2. 驱动轴　3. 开窗齿轮　4. 桁架弦杆　5. 自攻螺钉　6. 开窗轴承座　7. 驱动轮

9. 连接配电控制箱运行调试　在窗体处于关闭状态时，用六方扳手打开电机限位盖，将处于关闭的限位轴与触点开关接触，松开开启限位轴，打开电源开启窗户。当达到开启位置时关闭电源，将开启限位轴移动到触点开关后拧紧。反复开启，观察窗户的关闭情况，视情况重复上述动作。

二、内（外）遮阳的安装

连栋温室的内（外）遮阳一般采用钢索或齿轮齿条的驱动方式。由于齿轮齿条驱动运行平稳，对温室的整体结构影响小，现普遍使用，本节主要介绍齿轮齿条的安装。

1. 托（压）幕线的布置

托（压）幕线沿幕布运行方向均匀布置，托幕线每 500 mm 一道，内遮阳压幕线每 1 000 mm 一道，外遮阳托（压）幕线每 500 mm 一道，沿幕布运动方向从一端拉幕梁通长拉到另一端拉幕梁，中间在桁架弦杆或中间横梁上支承并固定。

为提高外遮阳系统的稳定性和抗风能力，遮阳幕最外两侧的托幕线应用聚酯涂层钢缆或镀锌钢丝绳代替。其在拉幕梁上的固定一端用紧线器，另一端先在拉幕梁上缠绕两圈后，再用钢丝绳夹固定。安装中可用扳手转动紧线器转轴以拉紧聚酯涂层钢缆或镀锌钢丝绳。为防止聚酯涂层钢缆或镀锌钢丝绳下垂，保证幕布侧边平直，可在拉紧聚酯涂层钢缆或镀锌钢丝绳后再用自攻螺钉在每个侧边立柱上加固。如果温室分成两个以上的独立拉幕分区，两个分区相邻侧边的聚酯涂层钢缆或镀锌钢丝绳间距要大于 300 mm，以保证两个分区遮阳幕运动时互不影响。如为内遮阳时，两个分区之间可采用密封兜连接。如图 7－58 所示。

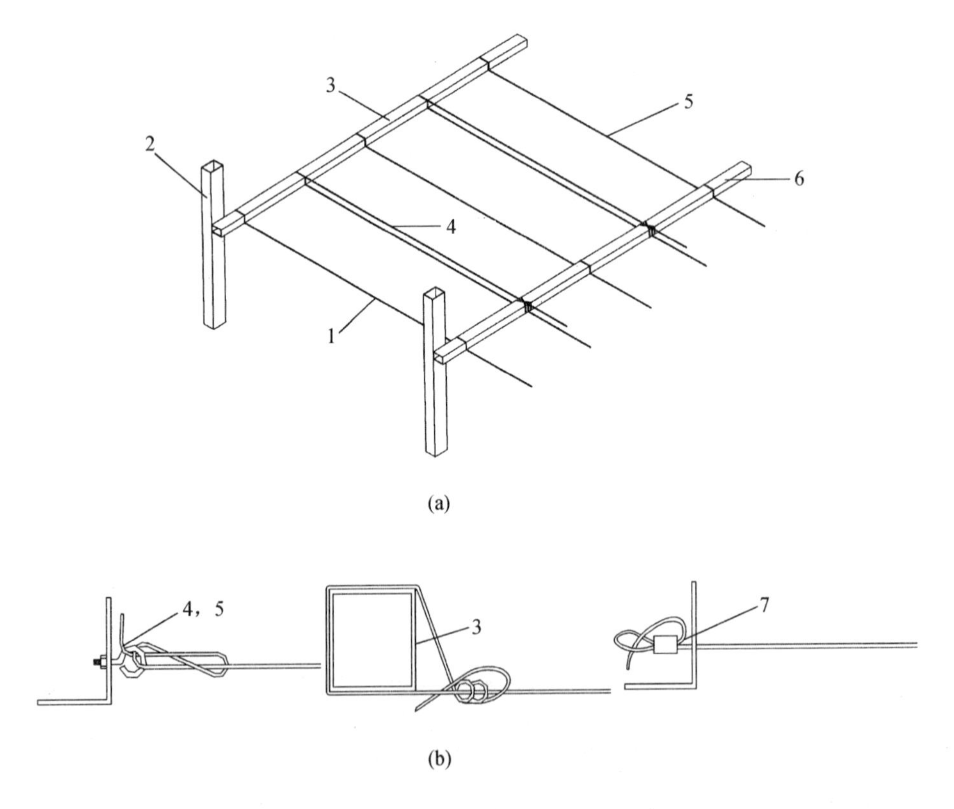

图 7－58　托（压）幕线的布置

(a) 托（压）幕线的布置　(b) 托（压）幕线端部固定方法

1. 聚酯涂层钢缆或镀锌钢丝绳　2. 边柱　3. 拉幕梁　4. 压幕线　5. 托幕线　6. 中间横梁　7. 线夹

2. 驱动机构的安装　驱动机构由电机、驱动轴、拉幕齿轮齿条、推杆、支承滚轮和活动边以及各种连接件组成。

（1）拉幕支承滚轮的安装　拉幕支承滚轮安装于温室横梁或桁架上，用支承滚轮抱箍用螺栓或 ST5.5 mm×25 mm 自攻螺钉固定于温室横梁或桁架弦杆上，如图 7－59 所示。

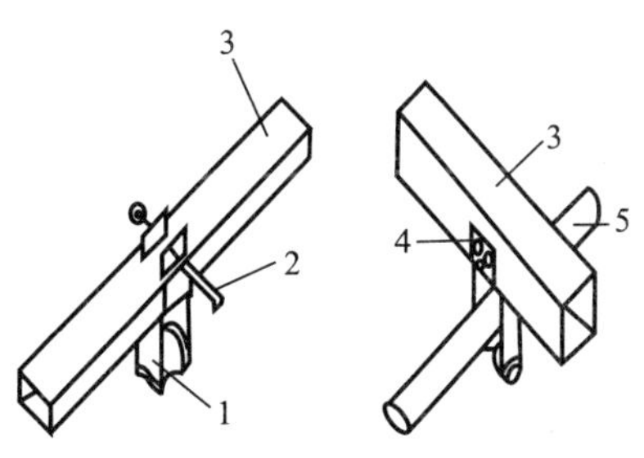

图 7－59　拉幕支承滚轮的安装
1. 拉幕支承滚轮　2. 螺栓　3. 横梁
4. ST5.5 mm×25 mm 自攻螺钉　5. 推杆

（2）减速电机安装　电机安装于温室拉幕机平面临近中心的立柱上，安装高度按设计功能确定。安装电机采用电机支座通过螺栓固定于立柱上，如图 7－60 所示。

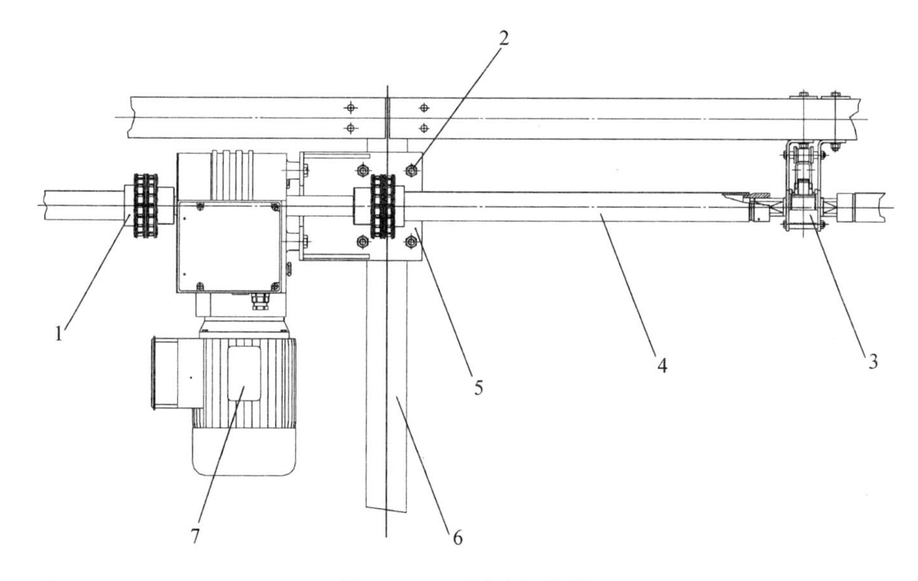

图 7－60　减速电机安装
1. 联轴器　2. U 形螺丝　3. A 形齿轮座　4. 驱动轴　5. 电机安装架　6. 温室立柱　7. 减速电机

（3）安装驱动轴　驱动轴使用 1″热镀锌国标焊接钢管，通长布置；一端和减速电机通过链式联轴器相连，中间用轴支座支承。驱动轴连接采用套管式螺栓固定轴接头，以加强驱动轴的刚度和同步性，在驱动轴安装时必须在有齿条的位置事先将齿轮套在驱动轴上。

（4）齿轮齿条及推杆布置安装　推杆的间距控制在 3 m 左右，推杆与拉幕齿条连接，其连接方式如图 7－61 所示。

推杆穿过支承滚轮，推杆连接采用内套管方式连接，在接头两端水平方向用电钻各打两个孔，用弹簧圆柱销固定。

3. 遮阳幕布的安装　将遮阳幕布平铺在托（压）幕线之间。注意对缀铝遮阳网要注意铝箔反光面朝外，拉铺幕布过程中要随时注意观察，以避免幕布挂到尖锐物体上；拉平遮阳幕，保持两端的下垂长度基本相同。

首先固定遮阳幕活动端，即先将幕布与活动边型材连接，再安装遮阳幕固定端。注意，在固定遮阳幕时一定要将遮阳幕的边撑平，不得出现褶皱。对于铝（钢）管驱动的遮阳系

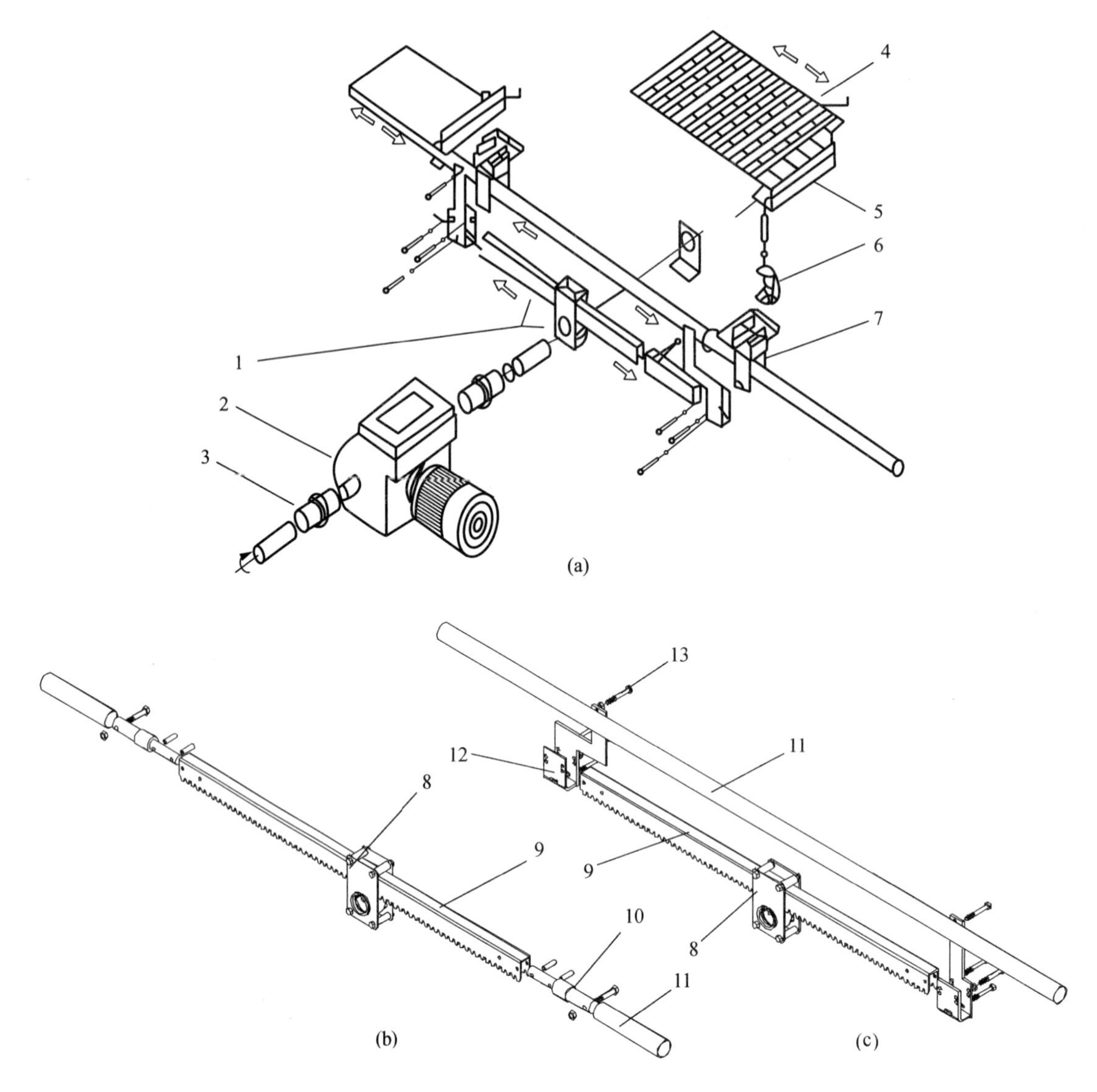

图 7－61　齿轮齿条及推杆布置安装

（a）B 型齿轮齿条驱动系统

1. 齿轮及齿条　2. 驱动电机　3. 联轴器　4. 遮阳网　5. 活动边型材　6. 推杆驱动卡　7. 推杆支承轮

（b）简易 B 型齿轮齿条推杆连接方式　（c）B 型齿轮齿条推杆连接方式

8. B 型拉幕齿轮　9. 齿条　10. 齿条推杆接头　11. 推杆　12. B 型齿轮连接杆　13. M8 螺栓

统，遮阳幕布在铝（钢）管上的固定主要依靠大定位导向夹和小定位导向夹。大小定位导向夹的安装间距均为 1 m，在托压幕线同时出现的位置安装大定位导向卡，只有托幕线的位置安装小定位导向卡。对于铝合金型材驱动的遮阳系统，遮阳幕布与活动边型材的固定通过卡簧来固定，活动边型材在托幕线上的来回运动依靠定位卡丝定位。定位卡丝分为上定位卡丝和下定位卡丝，下定位卡丝安装于有托幕线的位置，上定位卡丝安装于有压幕线的位置；上定位卡丝间距为 1 000 mm，下定位卡丝间距为 500 mm。

安装遮阳幕固定边。遮阳幕的固定边根据骨架的结构有所不同。温室骨架有横梁时，先将幕布缠绕在横梁上，然后再用不锈钢丝将其绑扎在横梁上。温室结构没有横梁时，可以使用钢丝绳、边线固定架以及塑料膜夹等安装幕布固定边，如图 7－62 所示。

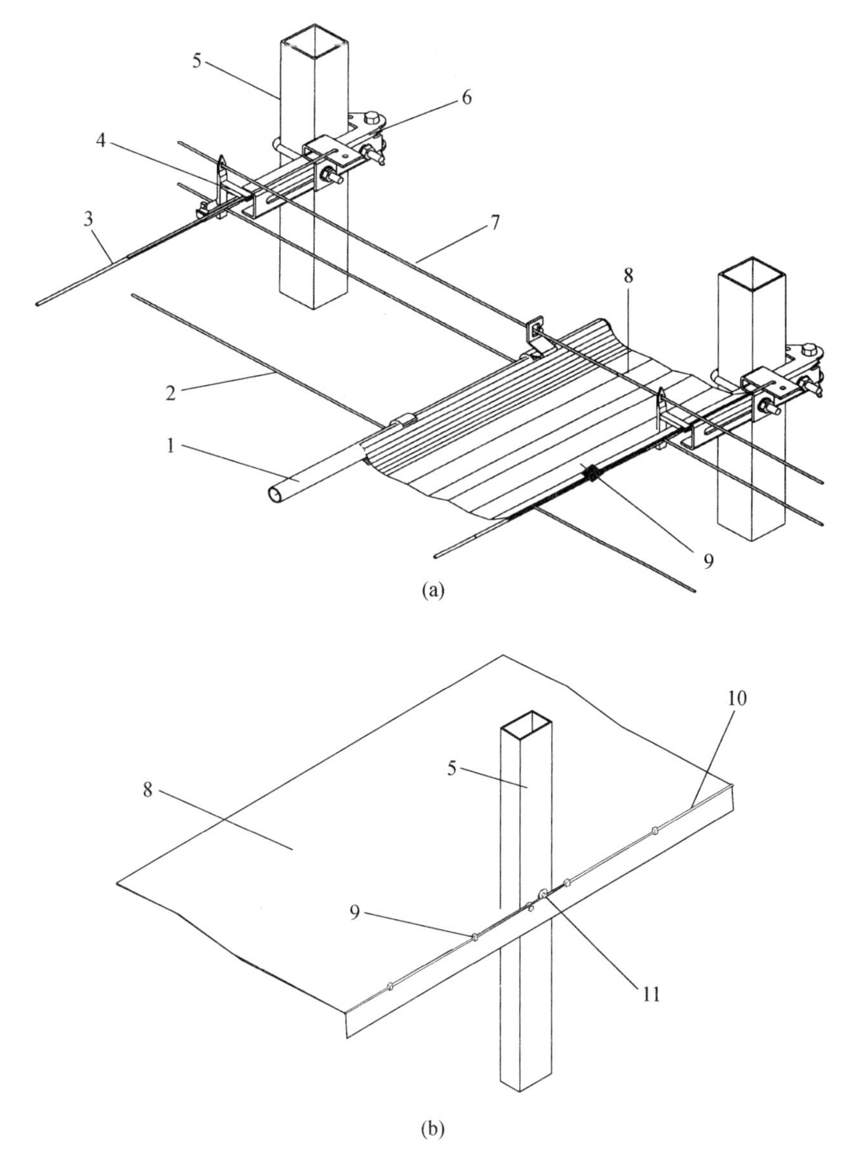

图 7－62　遮阳幕布的安装

（a）密封比较好的幕布固定边处理方式　（b）比较经济的幕布固定边处理方式

1. 活动边　2. 托幕线　3. 固定边钢丝绳　4. 固定边支承卡　5. 立柱　6. 边线固定架　7. 压幕线　8. 遮阳幕　9. 塑料膜夹　10. 聚酯涂层钢缆　11. 自攻螺钉＋大帽垫

遮阳幕的两侧边绕过最外侧聚酯涂层钢缆后，应下垂 500 mm 左右。为了使幕布在打开、收拢过程中保证侧边均匀折叠、平稳移动，在距离幕布最下端 5～10 cm 的位置内遮阳应安装配重。

内遮阳配重包括 2 片钢制配重片和 1 套 M6 mm×10 mm 的螺栓螺母，安装时应在幕侧边同水平位置做标记，用 2 片配重在标记的位置夹住遮阳幕，将螺栓穿过幕布后拧紧。确保螺栓不会松动，配重安装间距一般为 30～40 cm。安装外遮阳挂钩时需要在安装挂钩高度设置一道聚酯涂层钢缆，用挂钩将幕布钩挂在钢缆上，外遮阳挂钩间距一般为 30～40 cm。

4. 连接配电控制箱、运行调试 在幕布处于展开状态时，用六方扳手打开电机限位盖，将处于关闭的限位轴与触点开关接触，松开开启限位轴，打开电源收拢幕布，当幕布宽度收拢到还有 50 mm 时关闭电源，将限位轴移动到触点开关后拧紧。反复开启，观察幕布的情况，视情况重复上述动作。

三、供暖系统安装

温室供暖普遍采用热水供暖方式。散热器采用立柱式或钢质圆翼型热镀锌散热器。由于钢质圆翼型热镀锌散热器抗腐蚀性强，散热量大，安装简便，也得到广泛使用。本节仅介绍该种散热器的安装。

1. 散热器布置 散热器的布置要考虑能使温室内温度均匀，还要尽量避免遮挡太阳光照，又不妨碍温室的使用。为了达到这些要求，散热器常常布置在温室内柱间和温室四周。

2. 散热器安装

（1）*散热器安装要求* 散热器安装在支架上，散热器间距应该大于 25 mm，以减少散热器间的互相影响，也便于施工。暖气支架间距不大于 3 m，固定在温室四周及中间立柱处。为避免产生气阻，支架在安装时要注意留回水坡，即进水口低，远端高，坡度控制在 0.3%。

（2）*散热器固定* 散热器采用法兰盘螺栓连接，连接时先在法兰盘上涂抹一点黄油，以便将石棉垫圈临时固定，避免错位导致漏水。

3. 供回水管线安装 供暖的主管道可采用直埋式或暖沟式。支管从主管道引出呈并联方式，供水支管道布置在上方，回水管道布置在下方，形成上供下回的形式，一供一回，减小了供热动力消耗。供回水管道上安装阀门及活接头，以便调节温度及对供暖设备的检修，远端安装排气阀。

四、湿帘风机系统安装

湿帘风机降温由风机、湿帘、水循环系统组成。风机安装在南侧，需避免大面积遮阳，湿帘安装在北侧内侧。

1. 湿帘安装 先将湿帘水槽接头涂抹密封胶，用拉铆钉连接上，安装好下水口，确保水槽接头处、下水口四周不漏水后，再将水槽与骨架固定。

将湿帘纸或加工好的湿帘箱体依次装入水槽，上部与温室骨架固定，并对缝隙处用海绵条密封。

2. 水循环系统安装 水循环系统采用的 U－PVC 材料，其质量轻，安装方便。在距湿帘顶部约 300 mm 处布置供水横管，水管固定在温室骨架上。为保证供水均匀，湿帘水池布置在整个湿帘的中间。在分水处安装三通以与湿帘喷淋管相连，为保证供水均匀及便于检修，连接处加装阀门并利用软管连接。湿帘回水从下水口引出，连接到回水管线上，回水管两头高，中间低，便于水能及时顺利地回到水池。在水池内安装浮球阀，及时为水池补水。

3. 风机安装 风机安装用自攻螺钉固定在温室骨架框架内，安装时要注意风机的水平及重心，安装后的风机在开启时不能出现抖动现象。

五、温室控制系统安装

1. 控制柜及电源线 控制柜安装在温室的缓冲间内，对温室的用电设备做到集中控制。风机、减速电机、水泵采用RVV护套线，照明、临时用电采用BV线。

2. 系统布线 温室采用明装线槽布线，穿线管引至用电设备。将线槽支架固定在温室骨架上，用螺栓将线槽与支架固定。电源线平铺在线槽内，并将每根电源线做好标记，以便分清用途，同时要预留出一定长度，便于连接。线的接头缠绕防水胶布。

复习思考题

1. 施工测量的基本原则是什么？为什么要遵循这一原则？
2. 什么叫施工放样？其基本工作有哪些？
3. 设计一种方案，将地面点的高程传递到建筑物的高处。
4. 什么是龙门板？它有什么作用？
5. 什么是皮数杆？它有什么作用？
6. 土石方工程常包括哪些施工过程？
7. 什么是土的可松性？它有哪两个指标？各有什么作用？
8. 正铲、反铲挖土机的适应场合有什么不同？
9. 举例说明防止基坑边坡塌陷的方法。
10. 在什么情况下需要进行基坑排水？试分析两种排水方法的优缺点。
11. 各施工因素是怎么影响土方压实质量的？
12. 什么是钢筋的下料长度？怎样计算？
13. 钢筋的连接方法有哪些？各有什么优缺点？
14. 模板在钢筋混凝土工程中起什么作用？施工时要满足哪些基本要求？
15. 混凝土施工有哪些主要工序？
16. 为什么要对混凝土进行养护？养护需要哪些基本条件？养护的方法有哪两种？
17. 砌砖的施工工艺是什么？
18. 按用途不同，砌块分为哪几类？
19. 砌筑砂浆主要分为哪两类？各适于哪类场合？
20. 砖墙的转角及交界处施工时应注意哪些问题？
21. 砖砌体的质量要求是什么？
22. 现代化温室建筑的安装工程主要包括哪些工作？

第八章 温室施工组织设计与管理

温室工程的施工建造同一般的工程建设一样，都要严格遵循建筑施工工艺及其技术规律。准备工作不充分就贸然施工，不仅会引起施工混乱，造成资源浪费，影响工程质量，而且还可能导致中途停工或工程事故等。因此必须采取合理的施工组织、管理的手段来保证温室工程建设的顺利实施。施工组织设计与管理就是使用科学的方法，对工程施工进行规划、执行和控制，以达到预期目标的过程，是确保工程进度、工程质量的必要步骤。它主要分为两大部分，一部分是根据国家的有关技术政策和规定、业主的要求设计图纸，从拟建工程施工的全局出发，结合工程的具体条件，对将要施工的项目进行合理的组织、安排，即施工组织设计；另一部分就是由施工单位对项目施工全过程所进行的管理，即工程施工管理。

第一节 概 述

一、施工组织设计的目的和意义

施工组织设计是指导工程施工全过程各项活动的技术、经济和组织的综合性文件。其目的和意义主要表现在以下几个方面。

1. 温室施工具有地域性 温室的建造也属于建筑产品，因此，温室施工也具有一般建筑施工的特点。不同的建筑产品有不同的施工组织方法，即使是相同的建筑产品，因为建筑地点和施工条件不同，其施工组织方法也不可能完全一样，所以在建筑施工中根本没有完全统一的、固定不变的施工组织方法可供选择，应该根据拟建工程的不同来编制相应的施工组织设计。因此，就必须详细地研究工程特点、地区环境和施工条件，从施工的全局出发，考虑技术经济条件，遵照施工工艺的要求，合理安排施工过程的空间布置和时间排列，科学组织资源供应和消耗，很好地协调施工中各单位、各专业及各施工阶段之间的关系。这就要求在工程开工之前进行统一部署，并通过施工组织设计并进行科学的规划。

2. 温室工程是一项系统工程 施工项目是一个开放的系统，由众多子系统组成一个大系统，各子系统之间，子系统内部各单位工程之间，不同组织、工种、工序之间，存在着大量结合。比如，对于一般的温室工程来说，就包括土建、钢结构、灌溉系统、采暖系统、遮阳系统及其他内部系统，各部分工程既相对独立，又相互影响，在施工的时候往往需要交叉进行。这就要求施工单位在施工前，通过施工组织设计来协调各分部工程之间的施工时间及施工步骤，以便能够使项目顺利进行。

3. 施工期间的投资在基本建设中占有绝对地位 基本建设的程序一般是：计划→设计→施工。计划阶段是确定拟建工程的性质、规模和建设期限；设计阶段是根据计划内容，编制实施建设项目的技术经济文件，把建设项目的内容、建设方法和投产后的经济效果具体化；施工阶段是根据计划和设计文件的规定制订实施方案。根据基本建设投资分配可知，一般施工阶段中的投资占基本建设总投资的60%以上，远高于计划和设计阶段投资的总和。因此施工阶段是基本建设中最重要的一个阶段。认真编制好施工组织设计，对保证施工阶段的顺利进行、达到预期的效果有重要的意义。

4. 控制施工进度和效益　建筑产品的生产和其他工业产品的生产一样，都是按要求投放生产要素，通过一定的生产过程生产出成品。建筑施工单位经营管理目标的实施过程就是完成从承担工程任务开始到竣工验收交付使用的全部施工过程的计划以及组织和控制的投入产出的过程，其管理的基础就是科学的施工组织设计。即根据本单位的实际情况，按照基本建设计划、设计图纸和质量要求，遵循技术先进、经济合理、资源节省的原则，拟定周密的施工计划，确定合理的施工程序，科学地运用人力、技术、材料、机具和资金五个要素，以达到进度快、质量好和成本低三个目标。

可见施工组织设计是统筹安排施工单位生产的关键。

二、施工组织设计的分类

为满足不同的建设项目和工程建设项目招投标、施工等不同阶段的需求，施工组织设计应分类进行编制。一般施工组织设计可分为以下四类。

1. 施工组织纲要　施工组织纲要是在工程投标阶段，投标单位根据招标文件、设计文件及工程特点编制的有关施工组织的纲要性文件，内容没有细化，属于初步施工组织设计。

2. 施工组织总设计　施工组织总设计是以一个建筑群或一个建设项目为编制对象，用以指导整个建筑群或建设项目施工全过程的各项施工活动的技术、经济和组织的综合性文件。用以对各单位工程的施工组织进行总体性指导、协调和阶段性目标控制与管理。一般是在初步设计被批准后，由承包单位编制。

3. 单位工程施工组织设计　单位工程施工组织设计是以一个单位工程为编制对象，用以指导其施工全过程的各项施工活动的技术、经济和组织的综合性文件。一般在施工图设计完成后，在工程开工之前，由技术负责人编制。

4. 分部分项工程施工组织设计　分部分项工程施工组织设计是以分部分项工程为编制对象，用以具体指导其施工全过程的各项施工活动的技术、经济和组织的综合性文件，也称为施工方案。一般是与单位工程施工组织设计同步完成的。

根据具体工程的特点，除上述四种施工组织设计文件外，施工单位还可以根据实际情况增加相关内容。以一个温室工程为例，施工组织总设计就是整个温室总的施工组织文件；单位工程施工组织设计就是温室土建工程或是钢结构工程等其中一个分系统的施工组织文件；分部分项工程施工组织设计就是一个分系统具体施工方法和步骤的组织文件。

三、施工组织设计的内容

施工组织设计的任务和作用决定了施工组织设计的内容。一般施工组织设计的内容包括以下几个方面：①施工项目的工程概况；②施工部署或施工方案的选择；③施工准备工作计划；④施工进度计划；⑤各种资源的需求量；⑥施工现场平面布置图；⑦质量、安全和节约等技术组织保证措施；⑧各项技术指标。

由于施工组织设计的编制对象不同，以上各方面内容所包含的范围也不同。结合施工项目的实际情况，可以有所变化。

四、施工组织设计的编制

1. 施工组织设计的编制方法

① 在拟建工程项目的施工任务下达以后，负责单位要组织专人召开由建设单位、设计单位和施工单位共同参加的设计要求和施工条件的交底会，在遵循国家相关政策、施工工艺技术、施工单位施工能力及自然经济条件下，认真讨论，形成初步方案，落实施工组织设计的编制计划。

② 在编制过程中，要注意采用国内外先进施工技术、新材料和新工艺，在保证工程质量的前提下，尽量减少生产成本，提高劳动生产率。注意，当采取新技术时，要进行专业性的研究，邀请有经验的专业工程人员参加。

③ 要充分发挥各职能部门的作用，吸收他们参加编制审定，根据各工种工作性质的不同，合理地进行工序交叉和配合等设计。采用流水施工方法结合网络计划统筹规划，合理安排施工进度。

④ 当比较完整的施工组织设计方案编制出来后，还要组织专门的人员和相关单位逐条修改，最终形成正式文件送主管部门审批。

⑤ 在整个拟建工程项目施工过程中，施工组织设计要根据实际施工中遇到的问题和一些突发情况进行调整。

2. 施工组织设计的编制依据

① 国家或当地现行的有关技术标准、施工规范及地方发展规划。

② 工程设计文件，包括报告、设计图纸、工程量概算等。

③ 调研资料，包括工程项目所在地区自然气候、地质水文、交通水电等。

④ 施工单位的技术水平、劳动效率等。

⑤ 业主对项目的特殊要求。

五、温室工程施工管理的基本概念

1. 项目管理 项目管理是为使项目取得成功（实现所要求的质量、所规定的时限、所批准的费用）所进行的全过程、全方位的规划、组织、控制与协调。项目管理的对象是项目。项目管理的职能同所有管理的职能均是相同的。需要特别指出的是，项目管理要具有程序性、全面性和科学性，主要是用系统工程的概念、理论和方法进行管理。项目管理的目标就是项目的目标。该目标界定了项目管理的主要内容：三控制、二管理、一协调，即进度控制、质量控制、费用控制、合同管理、信息管理和组织协调。

2. 工程项目管理 工程项目管理是项目管理的一类，其管理对象是工程项目。它可以定义为：在工程项目的整个过程中，用系统工程的理论、观点和方法，进行有效的规划、决策、组织、协调、控制等管理活动，从而按工程项目既定的质量、工期、投资额、资源和环境条件圆满实现工程项目建设目标。广义工程项目管理的内容指工程项目所有活动的管理问题。工程项目建设前期决策阶段的管理主要有确定投资意向、项目立项、可行性研究及决策。实施阶段的管理主要包括设计管理、工程招投标管理、施工控制及管理、工程交竣工管理。使用期的管理有营运中的维护管理、项目后评估等。狭义工程项目管理的内容指工程项目实施阶段的管理，主要包括设计管理、施工管理。

3. 温室项目施工管理　所谓温室项目施工管理就是在温室项目工程的实施阶段，利用工程项目管理的原理、方法、手段，针对温室工程项目建造的特点，对温室项目施工的全过程、全方位进行科学管理和全面控制，最优地实现温室项目建设的投资/成本目标、工期目标及质量目标。

六、温室工程施工管理的方法

温室工程施工管理是确保施工组织设计实施的有力保证。施工管理的方法有很多，一般可根据管理目标、管理属性和专业性质等分类。本书主要介绍按照施工组织设计既定目标，即管理目标，对施工管理进行分类。按照工程项目预达到的成本目标、质量目标和工期目标，通常施工管理可细分为工程技术管理、工程质量管理、工程进度管理、工程资源管理、工程现场管理和工程信息管理六类。

第二节　施工组织设计

一、建筑流水施工

流水施工方式是将拟建工程项目的全部建造过程，在工艺上分解为若干个施工过程，在平面上划分为若干个施工段，在竖向上划分为若干个施工层；然后按照施工过程组建专业工作队（或组），专业工作队按规定的施工顺序投入施工，完成第一施工段上的施工过程之后，专业工作人数、使用材料和机具不变，依次地、连续地投入到第二、第三……施工段，完成相同的施工过程；并使相邻两个专业工作队在开工时间上最大限度地、合理地搭接起来。

例如，温室项目施工时，当温室整体骨架开始安装的时候，负责设备安装的专业工作队就开始设备材料的准备，设备前期线路的连接，为后续在骨架上安装设备作准备工作，保证工程项目施工全过程在时间和空间上有节奏、均衡、连续地进行下去，直到完成全部工程任务。这种施工组织方式称为流水组织方式。流水施工组织是现行最有效的科学组织方法，各施工区段上不同的工作队依次连续地进行施工，无窝工现象，施工工作面不空闲，投入的资源需要量比较均衡。在大型园区的温室区建设和现代化温室建造过程中经常使用。

除此之外，施工组织的方式还有很多，比如依次施工、平行施工，都有其自身的特点。依次施工由于组织简单，投入资源较少，在简单的塑料大棚和日光温室建造中也经常使用。但这些施工组织比起流水施工，在温室工程中应用并不广泛，在这里我们不再作详细的讲解。

1. 温室建设项目的工作分解　流水施工合理组织的前提是将拟建工程项目的整个建造过程在工艺上分解成几个施工过程，再根据每个施工过程的前后顺序、工作强度等将过程合理组织，以达到工程顺利进行的目的。根据温室工程主要的组成系统，一个温室工程基本可以分为基础土建工程、钢结构工程、覆盖材料安装工程、灌溉系统安装工程、通风降温系统安装工程和电气控制系统安装工程等，如图 8－1。每一个工程都有自己相对独立的施工步骤，同时又和其他工程过程有紧密的联系。

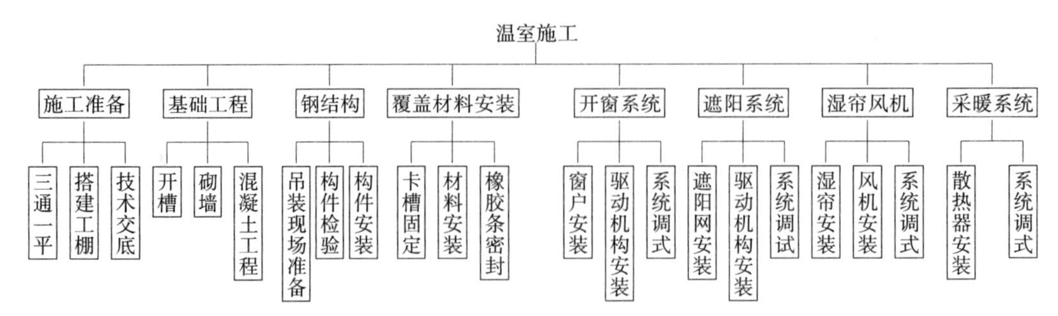

图 8-1　温室施工工作分解图

2. 流水施工的经济效果

① 能提高劳动生产率，保证工程质量。

② 缩短工期。由于流水施工具有连续性特点，能充分利用时间和空间，在一定条件下相邻两施工过程之间还可以搭接。

③ 降低工程成本。

④ 提高施工管理水平。

3. 流水施工的表达形式　流水施工的表达方式主要有甘特图和网络图两种表达方式。

(1) 甘特图表　在流水施工水平指示的表达方式中，横坐标表示流水施工的持续时间；纵坐标表示开展流水施工的施工过程，专业工作队的名称、编号和数目；呈梯形分布的水平线段表示流水施工开展的情况，参见表 8-1。

表 8-1　某温室工程安装工程甘特图表

活动代号	工作内容	工期（d）							
		5	10	15	20	25	30	35	40
A	配电控制系统								
B	外遮阳工程								
C	风机湿帘								
D	天窗								
E	施肥系统								
F	喷灌系统								
G	内遮阳工程								

(2) 网络图　流水施工网络图的相关问题将在后面详细讲解。

4. 流水作业的优化　流水作业有多种多样，由于人力、物力投入的不同，前后工种搭接的长短不同，其施工进度有快有慢。为此，在组织流水作业时，应尽量做到优化，即在有限资源下做到工程连续性好，工作量均衡，工期最短，从而使质量得以保证。

流水作业的优化，充分调动了人工、机械、材料等资源的能动性，有利于资源供应，避免了高峰时资源紧缺、低谷时资源浪费的现象，可以加快施工进度，提高效益。

二、网络计划技术

网络图是由若干个圆圈和箭线组成的网状图，它能表示一项工程或一项生产任务中各个工作环节或各道工序的先后关系和所需时间。网络图有两种形式：一种以箭线表示活动（或称为作业、任务、工序），称为箭线型网络图；另一种以圆圈表示活动，称为节点型网络图。箭线型网络图又称为双代号网络图，因为它不仅需要一种代号在箭线上表示活动，而且还需要一种代号在圆圈上表示事件。每一条箭线的箭头和箭尾各有一圆圈，分别代表箭头事件和箭尾事件。圆圈上有编号，可以用一条箭线的箭头事件和箭尾事件的两个号码表示这项活动，如图8-2(a) 所示。节点型网络图用圆圈表示活动，用箭线表示活动之间的关系，它又称为单代号网络图，因为它只需要一个代号就可以表示。单代号网络图如图8-2(b) 所示。

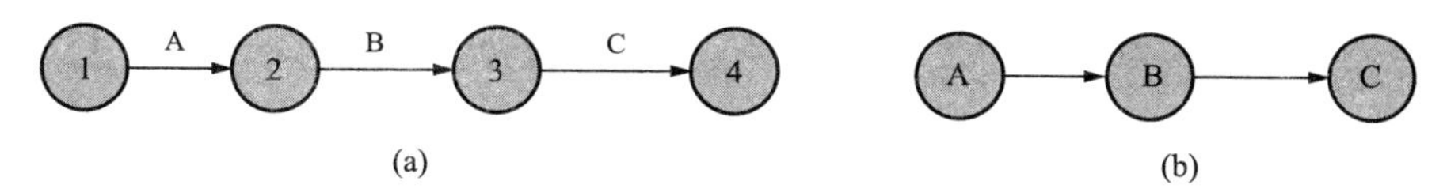

图8-2　网络图示意图

(a) 双代号　(b) 单代号

箭线型网络图可以用箭线的长度形象地表示活动所持续的时间，因而深受管理人员和工程技术人员的欢迎。下面主要介绍箭线型网络图。

(一) 网络计划的优点

网络计划方法是继本世纪初甘特发明甘特图以来，在计划工具上取得的最大进步。甘特图法是传统的作业计划方法。表8-2为用甘特图表示制造某一专用设备的各项活动的进度安排。图中用线条标出了各项活动的延续时间和起止时间。从表8-2还可看出，活动A（设计活动）、B（工艺编制活动）、D（工装制造活动）、E（零件加工活动）、F（产品装配活动）是顺序关系，即前一项活动完成后，后一项活动才能开始；而活动B和C（采购活动）是并行关系，它们可以同时进行。用网络图表示该专用设备制造进度计划，如图8-3所示，其中字母后的数字为活动的持续时间。

表8-2　用甘特图表示的各项活动安排

活动代号	活动内容	月份											
		1	2	3	4	5	6	7	8	9	10	11	12
A	产品设计	━━	━━	━━									
B	工艺编制				━━	━━							
C	原材料、外构品采购				━━	━━	━━	━━	━━				
D	工艺装备制造						━━	━━	━━				
E	零件加工									━━	━━		
F	产品装配											━━	━━

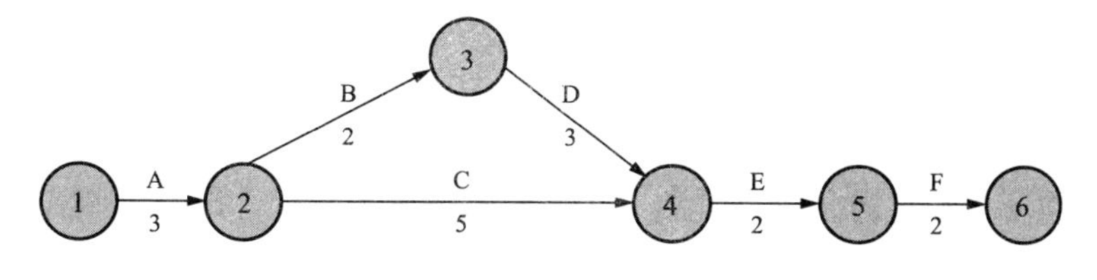

图8-3　用网络图表示的各项活动安排

将甘特网与网络图进行比较，可以看出，网络图有以下优点：①通过网络图，可使整个项目及其各组成部分一目了然；②可足够准确地估计项目的完成时间，并指明哪些活动一定要按期完成；③使参加项目的各单位和有关人员了解他们各自的工作及其在项目中的地位和作用；④便于跟踪项目进度，抓住关键环节；⑤可简化管理，使领导者的注意力集中到可能出问题的活动上。

要确定各种活动之间的先后次序，即一项活动的进行是否取决于其他活动的完成，就是要确定每项活动的紧前活动或紧后活动各是什么。活动之间的关系有多种多样，图 8－4 表示温室工程施工中常见的几种活动关系。

图 8－4(a) 表示活动 A（地基基础）完成之后活动 B（骨架安装）才能开始，活动 B（骨架安装）完成之后活动 C（设备安装）才能开始。

图 8－4(b) 表示活动 B（设备安装）和 C（覆盖材料安装）都只有在活动 A（骨架安装）完成之后开始。

图 8－4(c) 表示活动 C（内遮阳网安装）只有在活动 A（外遮阳网安装）和活动 B（屋盖覆盖）都完成之后才能开始。

图 8－4(d) 表示活动 C（通风系统）和活动 D（覆盖材料安装）都只有在活动 A（地基基础）和活动 B（骨架安装）都完成之后才能开始。

图 8－4(e) 表示活动 C（电线安装）只有在活动 A（风机安装）完成之后开始，活动 D（水管安装）只有在活动 B（湿帘安装）完成之后开始，但活动 A（风机安装）和 C（电线安装）与活动 B（湿帘安装）和 D（水管安装）相互独立。

如前所述，箭线型网络图用圆圈（节点）表示事件，用箭线表示活动。事件表示一项活动开始或结束的瞬间。在箭线型网络图中，某一节点用圆圈及圆圈内的数字表示。如果一个节点只有箭线发出，没有箭线引入，即只表示某些活动的开始时刻，而不表示任何活动的结束瞬间，则该结点称为起始节点。相反，如果一个节点只有箭线引入而没有箭线引出，即只与箭头相连，则只表示某些活动的结束时刻，而不表示任何活动的开始瞬间，这样的节点称为终止节点。介于起始节点与终止节点之间的节点都是中间节点。中间节点连接着先行活动箭线的箭头和后续活动箭线的箭尾。因此，中间节点的时间状态既表示先行活动的结束时刻，又表示后续活动的开始时刻。

既不需要消耗时间也不需要消耗其他资源的活动称为虚活动。虚活动是为了准确而清楚地表达各项活动之间的关系而引入的，一般用虚箭线表示。虚活动在实际工作中并不存在，但在箭线型网络图中却有着重要作用。虚活动是箭线型网络图中所独有的，节点型网络图不需要虚活动或虚箭线。

从图 8－3 中可以发现，从网络图的起始节点（节点 1）出发，顺箭线方向经过一系列节点和箭线，到网络图的终止节点有若干条路，每一条路都称为一条路线或通路。例如，A→C→E→F就是一条路线。路线上各项活动延续时间之和称为该路线的长度。其中最长的路线称为关键路线。图 8－3 中的关键路线为 A→B→D→E→F。

（二）绘制箭线型网络图的规则

1. 网络图中不允许出现循环 网络图中的箭线必须从左至右排列，不能出现如图 8－5 的回路。

2. 两个节点之间只允许有一条箭线相连 两个节点之间只允许有一条箭线相连，否则，

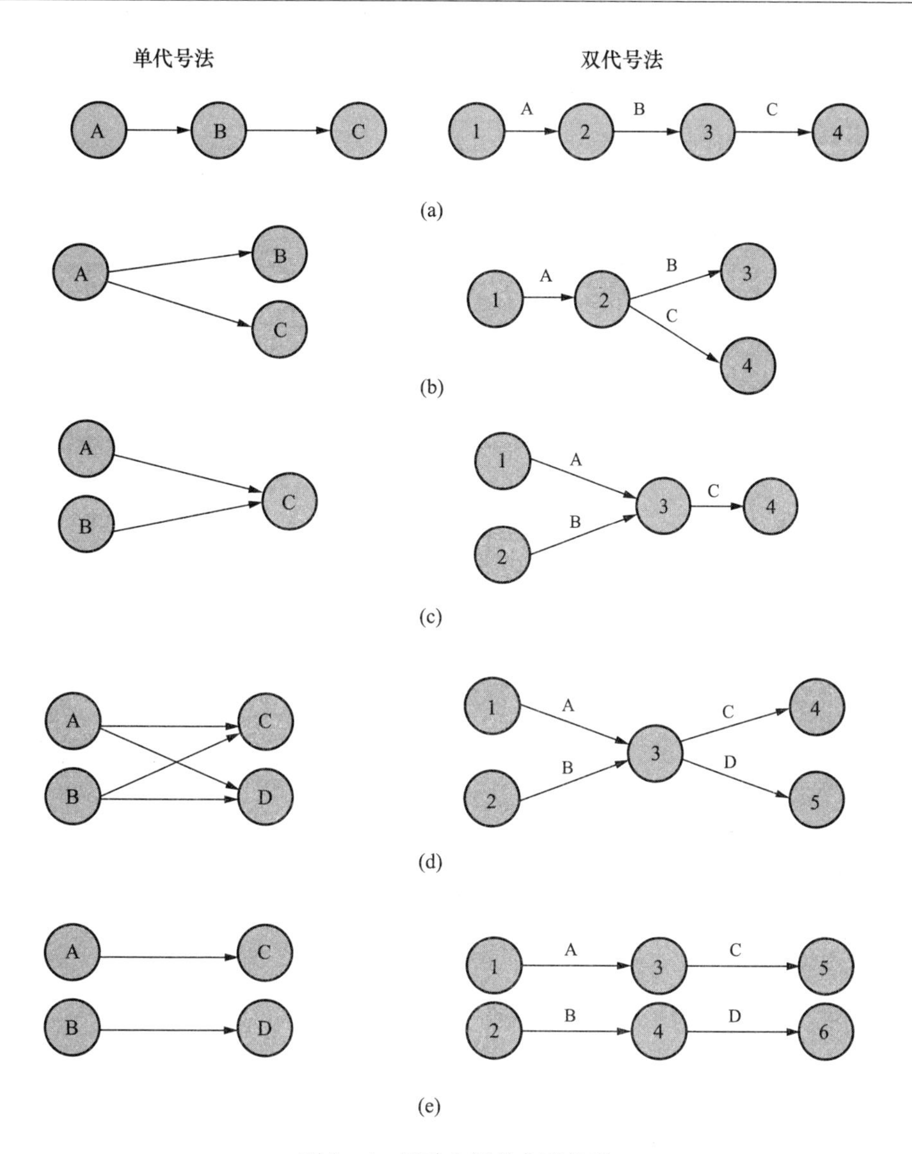

图 8－4　活动之间的典型关系

当用节点编号标识某项活动时，就会出现混乱。要消除这样的现象，就必须引入虚活动。图 8－6(a) 为不正确的画法，图 8－6(b) 为正确的画法。

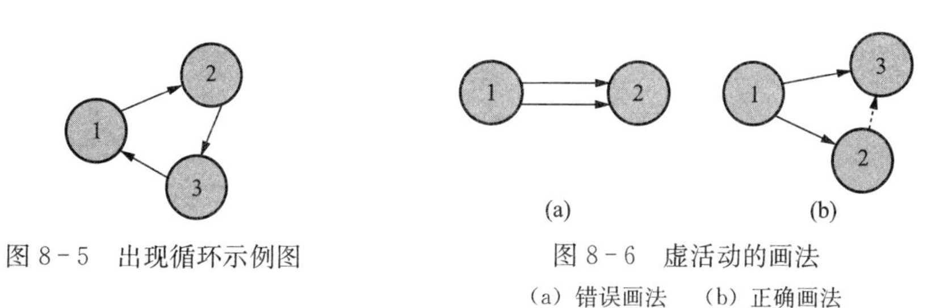

图 8－5　出现循环示例图

图 8－6　虚活动的画法

(a) 错误画法　(b) 正确画法

3. 箭头事件的编号必须大于箭尾事件的编号　编号可以不连续，而且最好是跳跃式的，以便调整。通常用 i 表示箭尾事件，用 j 表示箭头事件，$j>i$。

4. 一个完整的网络图必须有，也只能有一个起始节点和一个终止节点 起始节点表示项目的开始，终止节点表示项目的结束。本书中，起始节点的编号为“1”，终止节点的编号为“n”。按惯例，起始节点放在图的左边，终止节点放在图的右边。图 8-7(a) 和图 8-7(b) 两种的情形是不允许的。

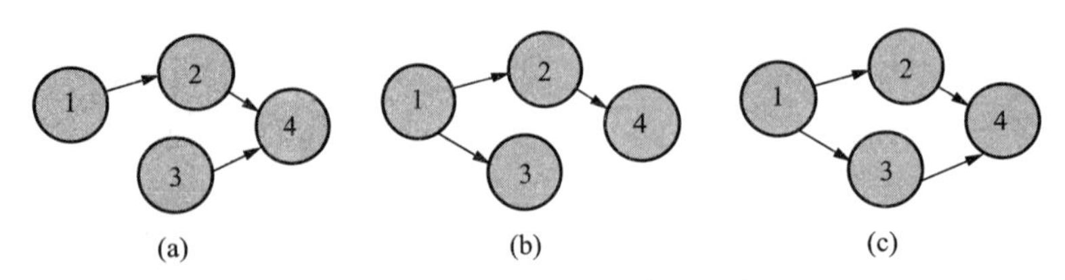

图 8-7 起始、终止节点的画法
(a) 有两个始点的错误画法 (b) 有两个终止点的错误画法 (c) 正确画法

三、施工准备工作

(一) 施工准备工作的重要性

温室工程项目施工阶段可分为施工准备、土建施工、设备安装和交工验收阶段。可见施工准备是工程项目施工的重要阶段之一。

施工准备工作的基本任务是指从组织、技术、经济、劳动力、物资等各方面为了保证建筑工程施工能够顺利进行，统筹安排施工力量和施工现场。施工准备工作对调动各方面的积极因素，合理组织人力、物力，加快施工进度，提高工程质量，节约资金和材料，提高经济效益，都起着重要的作用。

(二) 施工准备工作的分类与内容

1. 施工准备工作的分类

(1) 按工程项目施工准备工作的范围分类 一般可分为全场性施工准备、单位工程施工条件准备和分部分项工程作业准备三种。

全场性施工准备是以一个建筑工地为对象而进行的各项施工准备。其特点是它的施工准备工作的目的、内容都是为全场性施工服务的。它不仅要为全场性的施工活动创造有利条件，而且要兼顾单位工程施工条件的准备。

单位工程施工条件准备是以一个建筑物或构筑物为对象而进行的施工条件准备工作。其特点是其准备工作的目的、内容都是为单位工程施工服务的。它不仅为该单位工程在开工前做好一切准备，而且要为分部工程或冬雨季施工为对象而进行的工作条件作准备。

(2) 按拟建工程所处施工阶段分类 一般可分为开工前的施工准备和各施工阶段前的施工准备两种。

开工前的施工准备是以拟建工程正式开工之前所进行的一切施工准备工作。其目的是为拟建工程正式开工创造必要的施工条件。它既可能是全场性的施工准备，又可能是单位工程施工条件的准备。

各施工阶段前的施工准备是在拟建工程开工以后、每个施工阶段正式开工之前所进行的一切施工准备工作。其目的是为施工阶段正式开工创造必要的施工条件。如温室工程施工，一般可分为基础工程、地面土建工程、安装工程等施工阶段，每个施工阶段的施工内容不同，所需要的技术条件、物质条件、组织要求和现场布置等也各不相同。因此，在每个施工阶段开工之前，都必须做好施工准备工作。

综上可以看出，不仅在拟建工程开工之前要作好施工准备，而且随着工程施工的进展，在各个施工阶段开工之前也要作好施工准备工作。施工准备工作既要有阶段性，又要有连续性。因此，施工准备工作必须有计划、有步骤、分期和分阶段地进行，贯穿于整个建造过程。

2. 施工准备工作的内容　施工准备工作的内容通常包括技术准备、物资准备、施工现场准备。

（1）技术准备　技术准备是施工准备工作的核心。由于任何技术的差错或隐患都有可能引起人身安全和质量事故，造成生命和经济的巨大损失，因此必须认真地做好技术准备工作。其内容主要有熟悉与审查施工图纸、原始资料调查分析、编制施工图预算和施工预算。

① 熟悉与审查施工图纸：为了能够按照施工图纸的要求顺利地进行施工，在施工之前，施工人员应充分了解和掌握施工图纸的设计意图、结构与构造特点和技术要求。在熟悉施工图纸的基础上，由建设、施工、设计、监理单位共同对施工图纸组织会审。一般先由设计人员对设计施工图纸的技术要求和有关问题先作介绍和交底，在此基础上，对施工图纸中和可能出现的错误或不明确的地方作出必要的修改或补充说明。

② 原始资料调查分析：为了做好施工准备工作，除了要掌握有关工程方面的资料外，还应该进行工程的实地勘测和调查，这对拟定一个先进合理、切合实际的施工组织设计是非常必要的。原始资料调查分析一般要求要进行土质、水文、气象气候等自然条件和施工现场状况、地方材料状况、地方能源和交通运输状况等技术经济条件调查分析。

③ 编制施工图预算和施工预算：施工图预算是按照施工图确定的工程量、建筑工程预算定额及其取费标准、施工方案，由施工单位主持编制的确定建设造价的经济文件；施工预算是根据施工图预算、施工图纸、施工定额等文件编制，直接受施工图预算的控制。这两者是施工单位进行成本核算、控制各项成本、限额领料、考核用工的依据。

（2）物资准备　材料、构（配）件、机具和设备是保证施工顺利进行的物质基础。这些物资的准备工作必须在工程开工之前进行，要根据各种物资的需要量计划，分别落实资源，组织运输和安排储备，以保证施工的连续性。

物资准备工作的内容主要是以施工进度计划的使用要求、材料储备定额和消耗定额为依据，进行建筑材料、构（配）件和制品、建筑安装机具和生产工艺设备的准备。物资准备工作的程序如图 8-8。

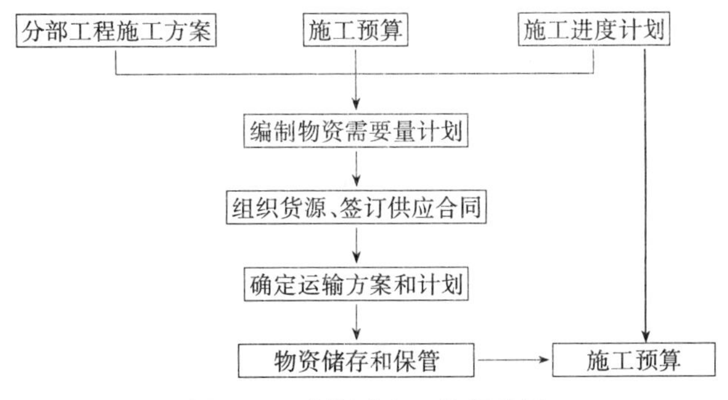

图 8-8　物资准备工作程序图

（3）施工现场准备　施工现场是施工人员进行施工的活动空间。施工现场的准备工作，主要是为工程的施工创造有利的施工条件和物资保证。其主要内容包括：①按照设计单位提供的建筑总平面图进行场区施工测量，建立场区工程测量控制网；②搞好“三通一平”（路通、水通、电通和平整场地）；③按照施工总平面图的布置，建造生产、办公和仓库等临时用房，以及消防设施；④组织施工机具的组装和保养，做好材料、设备的储存堆放；⑤进行建筑材料的试验以及新技术的测试和培训；⑥作好冬雨施工准备。

四、单位工程施工组织设计

单位工程通常来说是一个建筑物或构筑物，它一般不能独立发挥生产能力，但具备独立设计、独立施工的条件。单位工程施工设计一般有两种，一种是属于群体工程中的一部分，如农业园区中的一栋温室、水塔、配电房等；另一种是一个独立的单位工程，如一栋独立的温室。所以应根据不同单位工程的具体条件和要求，进行施工设计。

（一）单位工程施工设计的主要内容

单位工程施工设计的主要内容包括：①拟建工程的名称、性质、用途、作用，开竣工时间、投资金额，施工组织指导思想等建设概况；②拟建温室工程的建筑面积，跨度、长度、高度等设计特点，并附上平、立、剖面简图；③温室工程主体结构的类型、预制构件的类型及安装位置、基础类型等结构设计特点；④温室工程所处位置的地形地质和水文条件、冻土层厚度、气温风向等建造地点特征；⑤三通一平、现场临时设施、周边交通条件、建筑材料供应情况等施工条件；⑥温室施工过程中的关键问题等施工条件。

（二）施工方案设计

施工方案设计是单位工程施工组织设计的核心。内容一般包括确定施工程序和施工顺序、施工起点流向、主要分部分项工程的施工方法等。

1. 施工程序 施工程序是指施工中，不同阶段的不同工作内容按照其固有的先后次序循序渐进向前开展的客观规律。单位工程的施工程序一般为：接受任务阶段→开工前准备阶段→全面施工阶段→交工验收阶段。每个阶段都必须完成规定的工作内容，并为下阶段工作创造条件。

（1）接受任务阶段　这个阶段，施工单位应首先检查该项目工程是否有经上级批准的正式文件，投资是否到位。如两项条件均具备，则应与建设单位签订工程承包合同，明确双方责任，对需分包的工程还需要定分包单位。

（2）开工前准备阶段　单位工程开工前必须具备如下条件：施工图纸已经过会审；施工预算、施工组织设计已经批准；场地土石方平整、障碍物清除和场内外交通道路已经基本完成；施工用水、电、排水均可满足施工需要；各种基础设施基本能满足开工后生产和生活的需要；材料、成品、机械设备已经进入现场。

（3）全面施工阶段　确定这个阶段施工顺序的原则是：先地下、后地上；先主体结构、后围护结构；先结构、后装饰；先土建、后设备。

（4）竣工验收阶段　单位工程完工后，施工单位应首先进行内部预验收。施工过程中的隐蔽工程应先期进行验收，并做好验收记录。

在施工方案设计时，应按照所确定的施工程序，结合工程的具体情况，明确各施工阶段的主要工作内容和顺序。

2. 确定施工起点流向 确定施工起点流向，就是确定单位工程在平面上或竖向上施工开始的位置和进展的方向。一般根据工程的繁简程度和施工过程间的相互关系、工程现场条件和施工方案、分部分项工程的特点和相互关系等确定。下面以连栋温室的安装工程为例加以说明。

根据温室安装工程的特点，施工起点流向可自内向外，也可自外向内施工。

自内向外的施工起点流向，是指温室主体结构完成后，从内部开始向外进行。其优点是主体结构完成后容易保证安装工程设备不受下雨等天气情况的影响，而且自内向外工序之间交叉小，便于施工和设备的保护，垃圾清理也方便。其缺点是不能与主体结构搭接施工，工期较长，因此当工期不紧时，应选择这种施工起点流向。

自外向内的施工起点流向，是指温室主体结构施工到一半时，安装工程从外开始。优点是主体与安装工程交叉施工，工期短。缺点是工序交叉多，设备不易保护。因此如果采用此种施工起点流向，必须采取一定的技术组织措施，确保质量和安全。

3. 确定施工顺序　施工顺序是指分部分项工程施工的先后次序。温室工程一般包括土建工程、钢结构工程、外覆盖工程和配套设备工程几个分项工程。

（1）土建工程　温室土建工程主要包括土方工程、基础、地面与道路、基础外露部分装修以及其他构筑物。土建工程在整个温室项目工程量中所占比例较小，却是其他工作的基础。土建工程施工顺序一般为：测量放线→人工挖槽→基础工程→温室地面、水池水沟等其他土建工程。

（2）钢结构工程　钢结构前应逐一核对每一个柱底预埋件位置和标高的准确性，将偏差调整到允许范围内。施工顺序一般为：立柱安装→柱间支承、屋架安装→相应檩条安装。钢结构施工过程中需要注意几何稳定性。

（3）外覆盖材料工程　不同类型的温室采用不同的外覆盖材料，因而安装过程也不同。

塑料薄膜温室为：固定天沟两翼及山墙两端拱杆上卡槽→覆盖屋面塑料薄膜→安装卡簧固定塑料薄膜→固定压膜线。

玻璃温室为：窗户制作→屋面铝合金固定及对应的橡胶条固定→玻璃块安装→山墙与侧墙铝合金及相应橡胶条固定→玻璃块安装。

PC 板安装工程与玻璃温室类似，所不同的是 PC 板两个表面物理性能不同，在安装时要严格按照板材使用说明，以保证抗紫外线的一面朝外。

（4）开窗系统工程　安装顺序一般为：安装电机→安装齿轮齿条→安装驱动轴→安装联轴器→驱动系统调试。

（5）遮阳系统工程　安装顺序一般为：安装拉幕梁→安装托/压幕线→安装电机→安装驱动轴→安装驱动线→安装遮阳保温幕→系统调整。

（三）施工进度计划和资源需要量计划

施工进度是在拟定的施工方案基础上，确定单位工程各个施工过程的施工顺序、施工持续时间以及相互衔接穿插配合关系。同时，它是编制季、月计划的基础，是确定劳动力和物资资源需要量的依据。

编制施工进度计划的依据主要有：①经过审批的建筑总平面图、建筑结构施工图、设备布置图及有关文件；②规定的工期；③施工组织总设计对工程的要求；④主要分部工程的施工方案；⑤施工条件（包括人工、机械、材料等配备、场地条件等）。施工进度计划可用甘特图和网络图两种方法表示。

各分部工程的施工时间和施工顺序确定之后，可开始设计施工进度计划表。

编制进度计划时，必须考虑各分部分项工程的合理施工顺序，力求同一性质的分项工程连续进行，而非同一性质的分项工程相互搭接进行。

在拟定施工方案时，首先应对主要分部工程内的各施工过程的施工顺序及其分段流水问题作出考虑，而后再把各分部分项工程适当衔接起来，并在这个基础上，将其他有关施工过程合理穿插与搭接，便可以编制出单位工程施工进度表的初始方案。即先主导分部工程的施工进度，后安排其余分部工程各自的进度，然后再将各分部工程搭接，使其相互联系。例如，民用住宅工程主要施工过程有砌墙、绑扎圈梁钢筋、支模板、浇筑混凝土、吊装楼板，其中砌墙应为主导工程，应首先考虑安排施工进度，而其他分部分项工程与之有效搭接，至于拆模板、勾墙缝、室内装修等可以穿插进行。

施工进度表的初始方案编出之后，需进行若干次的平衡调整工作，比较合理的施工进度计划，直至达到符合要求。

调整施工进度表应注意以下几方面因素：①整体进度是否满足工期要求；②各施工过程之间的相互衔接穿插是否符合施工工艺和安全生产的要求；③各主要资源的需求关系是否与供给相协调；④劳动力的安排是否均衡。

一般施工进度表调整平衡的方法有：①将某些分部工程衔接插入时间适当提前或后延；②适当增加资源投入；③调整作业时间，必要时组织多班作业。

通过调整，可使劳动力、材料等需要量较为均衡，主要施工机械的利用较为合理。这样可以避免短期的人力、物力过于集中。

需要指出的是，编制施工进度计划的步骤不是孤立的，而是相互依赖、相互联系的。土木工程施工是一个复杂的生产过程，受到周围客观条件影响的因素很多（如作业空间受限时，均衡作业的效益就不能充分发挥），所以施工企业应着眼于本企业内部全部工程规范的均衡施工，以便充分利用本企业的生产能力，使主要资源得以均衡连续地大流水作业。

在执行施工进度计划时应注意，计划的平衡是相对的，不平衡是绝对的。故在工程进展过程中，应随时掌握施工动态，经常检查、调整计划。

根据施工进度计划，可以编制相应的资源供应计划，提供有关职能部门按计划要求组织运输、加工、订货、调配和供应等工作，以保证施工按计划、正常地进行。

1. 劳动力需要量计划 该计划主要用于调配劳动力，安排生活福利设施。劳动力的需要量根据单位工程施工进度计划中所列各施工过程每天所需人工数之和。各施工过程劳动力进场时间和用量的多少应根据计划和现场条件而定。

2. 主要材料需要量计划 该计划主要为组织备料、确定仓库面积、堆场面积、组织运输之用。材料需要量是将施工进度表中各施工过程的工程量，按材料名称、规格、使用时间、进场量等并考虑各种材料的贮备和消耗情况进行计算汇总，确定每天（或旬、月）所需的材料数量。

3. 施工机械需要量计划 该计划根据采用的施工方案和安排的施工进度来确定施工机械的类型、数量、进场时间。施工机械需要量是把单位工程施工进度中的每一个施工过程，每天所需的机械类型、数量和施工日期进行汇总。对于机械设备的进场时间，应该考虑设备安装和调试所需的时间。

单位工程施工组织设计应根据工程规模和复杂程度，按照具体内容的深度和广度要求依据下列条件进行编制：①建设单位的意图和要求、设计单位的要求；②施工组织总设计的要求；③资源配置情况；④建筑环境、场地条件及地质、气象资料；⑤国家有关法律、法规及规程、规范要求。

总之，单位工程施工设计应体现出施工的特点，简明扼要，便于选择施工方案，有利于组织资源供应和技术配备，使其真正起到指导施工的作用。

（四）单位工程施工平面图设计

1. 设计内容　施工平面图设计一般包括以下内容：①工地范围内已建和拟建的地上、地下的一切房屋、构筑物、管线设施及其他设施的位置和尺寸。②测量放线的标桩和水准点、地形等高线和土方取弃场地。③移动式起重机械的开行路线及固定式垂直运输装置的位置。④为施工服务的各项暂设工程的位置，包括：工地内各种运输的道路以及外围运输道路情况；各种加工用的工棚、材料堆场、仓库和加工设备等（如钢筋加工、混凝土搅拌、现场构件制作等）；大型堆料（如沙子、石子、水泥、砖等）场；装配式构件堆放场地；行政管理和生活用的房屋；水、暖、电管线线路；安全及防火设施。

2. 设计依据　单位工程施工平面图设计的主要依据包括以下方面：

（1）施工现场的自然条件资料和技术经济资料　自然条件资料包括气象、地形、地质、水文等，主要用于排水、易燃易爆有毒品的布置以及冬雨季施工安排；技术经济条件包括交通运输、水电源、当地材料供应、构配件的生产能力和供应能力、生产生活基地状况等，主要用于三通一平的布置。

（2）工程设计施工图　工程设计施工图包括：①建筑总平面图中一切地上、地下拟建和已建的建筑物和构筑物，这是确定临时房屋和其他设施位置的依据，也是修建工地内运输道路和解决排水问题的依据；②管道布置图中已有和拟建的管道位置，是施工准备工作的重要依据，如已有管线是否影响施工，是否需要利用或拆除，临时性建筑应避免建在拟建管道上面等；③拟建工程的其他施工图资料。

（3）施工方面的资料　施工方面的资料包括：①施工方案，可确定起重机械和其他施工机具位置及场地规划；②施工进度计划，可了解各施工过程情况，对分阶段布置施工现场有重要作用；③资源需求计划，可确定堆场和仓库面积及位置；④施工预算，可确定现场施工机械的数量以及加工场的规模；⑤建设单位提供的可利用设施，可减少重复建设。

3. 设计原则　根据工程规模和现场条件，单位工程施工平面图的布置方案是很不相同的，一般应遵循以下原则：①在满足施工的条件下，场地布置要紧凑，施工占用场地要尽量小，以不占或少占农田为原则；②最大限度地缩小场地内运输量，尽可能避免二次搬运，大宗材料和构件应就近堆放，在满足连续施工的条件下，各种材料应按计划分批进场，充分利用场地；③最大限度地减少暂设工程的费用，尽可能利用已有或拟建工程，如利用原有水、电管线、道路、原有房屋等，利用可拆装式活动房屋，利用当地市政设施等；④在保证施工顺利进行的情况下，要满足劳动保护、安全生产和防火要求，对于易燃、易爆、有毒设施，要注意布置在下风向，保持安全距离，对于电缆等架设要有一定高度，要注意布置消防设施。

五、施工组织总设计

施工组织总设计是以整个建设项目为对象，根据初步设计以及其他有关资料，结合现场施工条件进行编制，用以指导整个工程各项施工准备工作和施工活动的技术经济文件。施工组织总设计的内容包括工程概况和特点分析、施工部署和主要工程项目施工方案、施工总进度计划、施工资源需要量计划、施工总平面图和技术经济指标五个方面。其中工程概况和特点分析包括：①工程项目、工程性质、建设地点、建设规模、总工期、分期分批投入使用的项目和工期、总占地面积、建筑面积、主要工种工程量、设备安装、总投资、建筑安装工作量、工厂区和生活区工作量、生产流程和工艺特点、建筑结构类型、新技术、新材料的复杂程度和应用情况；②建设地区的自然条件和技术经济条件，如气象、水文、地质、地形、物质供应、人力资源、水电供应等；③业主对施工企业的要求。

（一）施工部署和主要项目施工方案

施工部署是对整个建设工程项目进行的统筹规划和全面安排，它主要解决工程施工中的重大战略问题。施工部署的内容和侧重点根据建设项目的性质、规模和客观条件不同而有所不同。一般包括确定工程开展程序、拟定主要项目施工方案、编制施工准备工作计划等内容。

1. 确定工程开展程序 根据建设项目总目标的要求，确定合理的工程建设项目开展程序，主要考虑以下几个方面。

（1）在保证工期的前提下，实行分期分批建设 这样，既可以使每一具体项目迅速建成，尽早投入使用，又可在全局上取得施工的连续性和均衡性，以减少暂设工程数量，降低工程成本，充分发挥项目建设投资的效果。

（2）各类项目的施工应统筹安排，保证重点，确保工程项目按期投产 一般情况下，应优先考虑的项目是：按生产工艺要求，需先期投入生产或起主导作用的工程项目；工程量大，施工难度大，需要工期长的项目；运输系统、动力系统，如厂内外道路、供电系统等；供施工使用的临时设施；生产上优先使用的宿舍等生活设施。

（3）应考虑季节对施工的影响 如大规模土方和深基础土方施工一般要避开雨季，寒冷地区应尽量使房屋在入冬前封闭，而在冬季转入室内作业和设备安装。

2. 拟定主要项目施工方案 施工组织总设计中要对一些主要工程项目和特殊的分项工程项目拟定独立的施工方案。这些项目通常是建设项目中工程量大、施工难度大、工期长、在整个建设项目中起关键作用的单位工程项目以及影响全局的特殊分项工程。其目的是进行技术和资源的准备工作，同时也有利于施工进程的顺利开展和现场的合理布置。其内容应包括：①施工方法，要求兼顾技术的先进性和经济的合理性；②工程量，对资源的合理安排；③施工工艺流程，要求兼顾各工种各施工段的合理搭接；④施工机械设备，能使主导机械满足工程需要，又能发挥其效能，使各大型机械在各工程上进行综合流水作业，减少装、拆、运的次数，对辅助配套机械的性能应与主导机械相适应。

3. 编制施工准备工作计划 施工准备工作是顺利完成项目建设任务的一个重要阶段，必须从思想上、组织上、技术上和物资供应等方面做好充分准备，并做好施工准备工作计划。其主要内容有：①安排好场内外运输，施工用主干道、水、电来源及其引入方案；②安排好场地平整方案和全场性的排水；③安排好生产、生活基地，在充分掌握该地区情况和施工单位情况的基础上，规划混凝土构件预制，钢、木结构制品及其他构配件的加工、仓库及职工生活设施等；④安排好各种材料的库房、堆场用地和材料货源供应及运输，安排好冬雨季施工的准备。

（二）施工总进度计划

施工总进度计划是施工现场各项施工活动在时间上的体现。编制的基本依据是施工部署中的施工方案和工程项目的开展程序。其作用在于确定各个工程及其主要工种、工程、准备工程和全工地性工程的施工期限及其开工和竣工的日期，从而确定建筑施工现场上劳动力、材料、机械的需要数量和调配情况，以及现场临时设施的数量、水电供应和交通需要。

1. 列出工程项目一览表并计算工程量　施工总进度计划主要起控制总工期的作用，因此在列工程项目一览表时，项目划分不宜过细。通常按分期分批投产顺序和工程开展顺序列出工程项目，并突出每个交工系统中的主要工程项目。一些附属项目及一些临时设施可以合并列出。

根据批准的总承建工程项目一览表，按工程开展程序和单位工程计算主要实物工程量。此时计算工程量的目的是：选择施工方案和主要的施工、运输机械；初步规划主要施工过程和流水施工；估算各项目的完成时间；计算劳动力及技术物资的需要量。因此，工程量只需粗略地计算即可。

计算工程量，可按初步设计图纸并根据各种定额手册进行计算。常用的定额、资料有以下几种：

（1）*万元、十万元投资工程量、劳动力及材料消耗扩大指标*　这种定额规定了某一种结构类型建筑每万元或十万元投资中劳动力消耗数量、主要材料消耗量。根据图纸中的结构类型即可估算出拟建工程分项需要的劳动力和主要材料消耗量。

（2）*概算指标和扩大结构定额*　这两种定额都是预计定额的进一步扩大（概算指标是以建筑物的 100 m^3 体积为单位；扩大结构定额是以 100 m^2 建筑面积为单位）。查定额时，分别按建筑物的结构类型、跨度、高度分类，查出这种建筑物按拟定单位所需的劳动力和各项主要材料消耗量，从而推出拟计算项目所需要的劳动力和材料的消耗量。

（3）*已建房屋、构筑物的资料*　在缺少定额手册的情况下，可采用已建类似工程实际材料、劳动力消耗量，按比例估算。但由于和拟建工程完全相同的已建工程是比较少见的，因此在利用已建工程的资料时，一般都应进行必要的调整。

除建设项目本身外，还必须计算主要的全工地性工程的工程量，例如供水管线长度、场地平整面积。这些数据可以从建筑总平面图上求得。

按上述方法计算出的工程量填入统一的工程量汇总表（表 8－3）。

表 8－3　工程量汇总表

工程分类	工程项目名称	结构类型	建筑面积	栋（跨）数	预算投资	主要实物工程量								
						场地平整	土方工程	钢筋混凝土工程	…	钢结构工程	外覆盖材料工程	…	遮阳网工程	…
			（1 000 m^2）	（个）	（万元）	（1 000 m^2）		（1 000 m^3）		（1 000 m^2）	（1 000 m^2）		（1 000 m^2）	
全工地性工程														
主体项目														
辅助项目														
临时建筑														
合计														

2. 确定各单位工程的施工期限 影响单位工程施工期限的因素很多，如施工技术、施工方法、建筑类型、结构特征、施工管理水平、机械化程度、劳动力和材料供应情况、现场地形、地质条件、气候条件等。由于施工条件的不同，各施工单位应根据具体条件对各影响因素进行综合考虑来确定工期的长短。此外，也可参考有关的工期定额来确定各单位工程的施工期限。

3. 确定各单位工程的竣工时间和相互搭接关系 在确定了施工期限、施工程序和各系统的控制期限后，就需要对每个单位工程的开工、竣工时间进行具体确定。通常通过对各单位工程的工期进行分析之后，应考虑下列因素确定开工、竣工时间以及相互搭接关系。

（1）*保证重点，兼顾一般* 在同一时期进行的项目不宜过多，以避免人力、物力的分散。

（2）*满足连续性、均衡性施工的要求* 尽量使劳动力和技术物资消耗量在施工全程上均衡，以避免出现使用高峰或低谷；组织好大流水作业，尽量保证各施工段能同时进行作业，达到施工的连续性，以避免施工段的闲置。为实现施工的连续性和均衡性，需留出一些后备项目，如宿舍、附属或辅助项目、临时设施等，作为调节项目，穿插在主要项目的流水中。

（3）*综合安排，一条龙施工* 做到土建施工、设备安装、试生产三者在时间上的综合安排，每个项目和整个建设项目的安排上合理化，争取一条龙施工，缩短建设周期，尽快发挥投资效益。

（4）*认真考虑施工总平面图的空间关系* 建设项目的各单位工程的分布，一般在满足规范的要求下，为了节省用地而布置比较紧凑，从而也导致了施工场地狭小，使场内运输、材料堆放、设备拼装、机械布置等产生困难。故应考虑施工总平面的空间关系，对相邻工程的开工时间和施工顺序进行调整，以免互相干扰。

（5）*认真考虑各种条件限制* 在考虑各单位工程开工、竣工时间和相互搭接关系时，还应考虑现场条件、施工力量、物资供应、机械化程度以及设计单位提供图纸等资料的时间、投资等情况，同时还应考虑季节、环境的影响。总之，全面考虑各种因素，对各单位工程的开工时间和施工顺序进行合理调整。

4. 施工总进度计划的安排 施工总进度计划可以用甘特图表达，也可以用网络图表达。施工总进度计划完成后，把各项工程的工作量加在一起，即可确定某时间建设项目总工作量的大小。工作量大的高峰期资源需求就多。可根据情况，调整一些单位工程的施工速度或开工、竣工时间，以避免高峰时的资源紧张，也保证整个工程建设时期工作量达到均衡。

（三）资源需要量计划

总进度计划编制好以后，就可以编制各种资源需要量计划。

1. 劳动力需要量计划 劳动力需要量计划是规划临时建筑和组织劳动力进场的依据。编制时根据各单位工程分工种工程量，查预算定额或有关资料即可求出各单位工程重要工种的劳动力需要量。将各单位工程所需的主要劳动力汇总，即可得出整个建筑工程项目劳动力需要量计划。填入指定的劳动力需要量表。

2. 各种物资需要量计划 根据工种工程量汇总表和总进度计划的要求，查概算指标即可得出各单位工程所需的物资需要量，从而编制出物资需要量计划。

3. 施工机具需要量计划 主要施工机械的需要量可根据施工进度计划、主要建筑物施工方案和工程量，套用机械产量定额获得；辅助机械可根据安装工程概算指标求得，从而编制出机械需要量计划。

(四) 施工总平面图设计的内容

1. 建设项目的建筑总平面图上一切地上、地下的已有和拟建建筑物、构筑物及其他设施的位置和尺寸

2. 一切为全工地施工服务的临时设施的布置位置 这类内容具体包括：①施工用地范围、施工用道路；②加工厂及有关施工机械的位置；③各种材料仓库、堆场及取土弃土位置；④办公、宿舍、文化福利设施等建筑的位置；⑤水源、电源、变压器、临时给水排水管线、通讯设施、供电线路及动力设施位置；⑥机械站、车库位置；⑦一切安全、消防设施位置。

3. 永久性测量放线标桩位置

(五) 施工总平面图设计的原则

施工总平面图设计的原则是平面紧凑合理，方便施工流程，运输方便通畅，降低临建费用，便于生产生活，保护生态环境，保证安全可靠。

① 平面紧凑合理是指少占农田、减少施工用地，充分调配各方面的布置位置，使其合理有序。

② 方便施工流程是指施工区域的划分应尽量减少各工种之间的相互干扰，充分调配人力、物力和场地，保持施工均衡、连续、有序。

③ 运输方便畅通是指合理组织运输，减少运输费用，保证水平运输、垂直运输畅通无阻，保证不间断施工。

④ 降低临建费用是指充分利用现有建筑，作为办公、生活福利等用房，尽量少建临时性设施。

⑤ 便于生产生活是尽量为生产工人提供方便的生产生活条件。

⑥ 保护生态环境是指施工现场及周围环境需要注意保护，如能保留的树木则应保护，对文物及有价值的物品应采取保护措施，对周围的水源不应造成污染，垃圾、废土、废料不随便乱堆乱放等，做到文明施工。

⑦ 保证安全可靠是指安全防火、安全施工。

(六) 施工总平面图设计所依据的资料

1. 设计资料 设计资料包括建筑总平面图、地形地貌图、区域规划图、建设项目范围内有关的一切已有的和拟建的各种地上、地下设施及位置图。

2. 建设地区资料 建设地区资料包括当地的自然条件和经济技术条件、当地的资源供应状况和运输条件等。

3. 建设项目的建设概况 建设项目的建设概况包括施工方案、施工进度计划，以便了解各施工阶段情况，合理规划施工现场。

4. 物资需求资料 物资需求资料包括建筑材料、构件、加工品、施工机械、运输工具等物资的需要量表，以规划现场内部的运输线路和材料堆场等位置。

5. 各构件加工厂、仓库、临时性建筑的位置和尺寸

(七) 施工总平面图设计具体内容

1. 内部运输道路布置 根据各加工厂、仓库及各施工对象的相对位置对货物周转运行图进行反复研究，区分主要道路和次要道路，进行道路的整体规划，以保证运输畅通，车辆行驶安全，造价低。在内部运输道路布置时应考虑：①尽量利用拟建的永久性道路，将它们提前修建，或先修路基，铺设简易路面，项目完成后再铺路面；②保证运输畅通，道路应设两个以上的进出口，避免与铁路交叉，一般厂内主干道应设成环形，其主干道应为双车道，宽度不小于 6 m，次要道路为单车道，宽度不小于 3 m；③合理规划拟建道路与地下管网的施工顺序，在修建拟建永久性道路时，应考虑路下的地下管网，以避免将来重复开挖，尽量做到一次性到位，节约投资。

2. 临时性房屋布置 临时性房屋一般有办公室、汽车库、职工休息室、开水房、浴室、食堂、商店、俱乐部等。布置时应考虑：①全工地性管理用房（办公室、门卫等）应设在工地入口处；②工人生活福利设施（商店、俱乐部、浴室等）应设在工人较集中的地方；③食堂可布置在工地内部或工地与生活区之间；④职工住房应布置在工地以外的生活区，一般距工地 500～1 000 m 为宜。

3. 临时水电管网的布置 临时性水电管网布置时，尽量利用可用的水源、电源。一般排水干管和输电线沿主干道布置；水池、水塔等储水设施应设在地势较高处；总变电站应设在高压电入口处；消防站应布置在工地出入口附近，消火栓沿道路布置；过冬的管网要采取保温措施。

综上所述，外部交通、仓库、加工厂、内部道路、临时房屋、水电管网等布置应系统考虑，多种方案进行比较，当确定之后采用标准图绘制在总平面图上。

（八）施工总平面图的科学管理

施工总平面图设计完成之后，就应认真贯彻其设计意图，发挥其应有作用，因此，现场对总平面图的科学管理是非常重要的，否则就难以保证施工的顺利进行。

1. 建立统一的施工总平面图管理制度 划分总平面图的使用管理范围，做到责任到人，严格控制材料、构件、机具等物资占用的位置、时间和面积，不准乱堆乱放。

2. 对水源、电源、交通等公共项目实行统一管理 不得随意挖路断道，不得擅自拆迁建筑物和水电线路，当工程需要断水、断电、断路时要申请，经批准后方可着手进行。

3. 对施工总平面布置实行动态管理 在布置中，由于特殊情况或突发情况需要变更原方案时，应根据现场实际情况，统一协调，修正其不合理的地方。

4. 做好现场的清理和维护工作 经常性检修各种临时性设施，明确负责部门和人员。

第三节　工程施工管理

一、工程技术管理

工程施工技术管理是施工单位对工程项目施工过程中各项技术活动进行科学的组织与管理的总称。它是工程管理的重要组成部分。其目的是明确对工程施工的技术责任，保证工程质量，提高技术水平，使施工方获得最佳经济效益。

工程技术管理的主要内容通常包含八个方面，可以用八个字来表示。

（1）审　开工前必须认真审阅施工图纸，填写《图纸自审记录》。

（2）编　开工前编写施工组织设计或施工方案、冬雨季施工技术措施。重要部位在施工前，应编写关键过程作业指导书，并报相关部门审批。

(3) 交　每道工序施工前，应进行技术交底、安全交底，使操作人员掌握工艺技术要领和质量标准。

(4) 试　材料、构件、半成品进场后按规定取样、送试件反馈质量检验情况。

(5) 复　放线、抄平、基准点等检查复核。

(6) 验　材料、设备、器具等进货检验；隐蔽工程检验；项目竣工检验。

(7) 检　施工过程质量、安全自检、互检、专检，落实各级管理岗位职责、安全责任。

(8) 记　作好施工日志和各种原始记录、整改记录和监理通知单。

下面就施工技术管理的主要内容作一介绍。

(一) 图纸审查技术

接到图纸后，项目经理部主任工程师应及时安排或组织技术部门有关人员及有经验的老工人进行自审，并提出各专业自审记录。

审查的内容主要包括以下方面：各专业施工图的张数、编号与图纸目录是否相符；施工图纸、施工图说明、设计总说明是否齐全，规定是否明确，三者有无矛盾；平面图所标注坐标、绝对标高与总图是否相符；图面上的尺寸、标高、预留孔及预埋件的位置以及构件平面、立面配筋与剖面有无错误；建筑施工图与结构施工图，结构施工图与设备基础、水、电、暖、卫、通等专业施工图的轴线、位置（坐标）、标高及交叉点是否矛盾；平面图、大样图之间有无矛盾；图纸上构配件的编号、规格型号及数量与构配件一览表是否相符；施工图中有哪些施工特别困难的部位，采用哪些特殊材料、构件与配件，货源如何组织；对设计采用的新技术、新结构、新材料、新工艺和新设备的可能性和应采用的必要措施进行商讨。

根据实际情况，图纸也可分阶段审查，如地下工程、主体工程、安装工程、水电暖等：当图纸问题较多、较大时，施工中间可重新审查，以解决施工中发现的设计问题。审查后的图纸需盖章生效，由业内技术人员移交给项目资料员，由资料员发送。

(二) 施工作业指导书的编制与管理

施工作业指导书以施工难度较大、技术复杂的分部分项工程或新技术项目为对象编制，是具体指导分部分项工程施工的技术文件。施工作业指导书以单位工程施工组织设计中确定的施工方案和施工方法为编制依据，按不同的分部分项工程编制技术先进、管理科学和经济合理的施工方案和方法，是对施工组织设计的进一步细化。

分部分项工程作业指导书由项目技术负责人主持编制，项目技术人员以及有关人员参加编制。分部分项工程作业指导书编制的内容包括施工方案和施工方法、施工进度计划、劳动力计划及劳动组织、机具设备计划（特别是主要施工机具）、主要材料需用量计划。

经批准后的施工作业指导书，由技术员交资料员登记发放。

(三) 施工技术交底

工程项目及其各个分项工程施工前，项目部将经过审批的、用于指导施工的文件即施工组织设计、专题施工方案等进行交底。技术交底由项目经理部组织，公司、项目部及分包单位的相关人员参加，对项目部及分包的施工人员进行交底或者逐级进行交底。通过交底使参加项目施工的有关人员熟悉工程特点，了解设计意图，明确技术、质量要求和施工技术关键，做到心中有底，科学合理地组织施工，以保证工程施工顺利进行。

技术交底的主要内容：①施工图的内容、工程特点、图纸会审纪要；②主要分部、分项工程的施工方法、顺序、质量标准、安全要求及措施；③图纸对分部、分项、单位工程的标高及结构设计意图等有关说明；④新技术、新材料、新工艺的操作要求；⑤季节施工措施及特殊施工中的操作方法与注意事项、要点等；⑥对原材料的规格、型号和质量要求；⑦各工程、工序穿插交接时可能发生的技术问题预测；⑧关键部位和特殊过程的控制要求。

（四）材料和半成品的检验

① 水泥、钢材、电焊条等重要材料供料商应按批量提供出厂质量证件，随材料一起到达工地；工地验收材料后，应按相应的批量进行见证取样复验，复验合格后方可使用。

② 对砖、砂、石、油毡、沥青、水、电、暖、卫等材料应按规范要求提供合格证或复验，或合格证和复验报告。

③ 门窗、混凝土构件等半成品进场时应出具合格证明，塑钢窗等半成品还需进行现场抽检。

④ 不合格材料不准使用，如供料确有困难而需降级使用或代用时，由项目部技术负责人审核，提出使用（代用）措施，报公司总工程师批准，并且要征得业主、监理单位、设计单位的认可，出具书面材料后再使用。

⑤ 混凝土、砂浆要先进行试配后再施工。施工浇筑过程中要按规范标准要求，留足试块，并按规范标准进行养护，按时试压。

二、工程质量管理

建设工程质量简称工程质量。工程质量是指工程满足业主需要的，符合国家法律、法规、技术规范标准、设计文件及合同规定的特性综合。

建设工程质量的特性主要表现在以下六个方面。

（1）适用性　适用性即功能，是指工程满足使用目的的各种性能，包括理化性能、结构性能、使用性能、外观性能等。

（2）耐久性　耐久性即寿命，是指工程在规定的条件下满足规定功能要求使用的年限，也就是工程竣工后的合理使用寿命周期。

（3）安全性　安全性是指工程建成后在使用过程中保证结构安全、保证人身和环境免受危害的程度。

（4）可靠性　可靠性是指工程在规定的时间和规定的条件下完成规定功能的能力。

（5）经济性　经济性是指工程从规划、勘察、设计、施工到整个产品使用寿命周期内的成本和消耗的费用。

（6）与环境的协调性　与环境的协调性是指工程与其周围生态环境协调，与所在地区经济环境协调以及与周围已建工程相协调，以适应可持续发展的要求。

（一）影响工程质量的因素

影响工程质量的因素很多，但归纳起来主要有五个方面，即人（man）、材料（material）、机械（machine）、方法（method）和环境（environment），简称为4M1E因素。

1. 人　人指人员素质，包括决策者、管理者、操作者人员的素质。

2. 材料　材料指工程材料，包括温室基础所用的钢筋、混凝土，骨架所用的薄壁钢材，各种覆盖材料等。

3. 机械　机械为机械设备，可分为两类：一类是组成工程实体及配套的工艺设备和各类机具；二类是施工过程中使用的各类机具设备，简称施工机具设备，它们是施工生产的手段。

4. 方法　方法指工艺方法。施工中应大力推进采用新技术、新工艺、新方法，不断提高工艺技术水平，这是保证工程质量稳定提高的重要因素。

5. 环境　环境指环境条件，是指对工程质量特性起重要作用的环境因素，包括工程技术环境、工程作业环境、工程管理环境、周边环境等。

（二）建设质量监督

在工业与民用建筑工程领域，监理制度已经逐渐完善，并得到人们的认可。在农业工程建设领域，温室监理制度亟待形成。参考《地基与基础工程施工及验收规范》（GBJ 202—83）、《钢结构工程施工及验收规范》（GB 50205—2001）和其他相关规范，参考国外温室行业温室设计和建设标准，结合温室材料和设备的安装要求，我国现行的主要规范有《温室建设图纸审核检验标准》（试行）、《温室地基基础设计、施工与验收技术规范》（NY/T 1145—2006）、《温室工程质量验收通则》（NY/T 1420—2007）、《温室钢结构安装验收规范》（试行）、《温室外围护 PC 板安装工程质量检验评定标准》（试行）、《温室用薄膜安装工程质量检验评定标准》（试行），以期温室在设计和安装过程中有法可依，保证温室建设质量。另外，《温室设备设计及安装工程检验评定标准》（试行）正在完善之中，包括内遮阳保温幕、外遮阳网的安装，水暖的设计与安装，温室防虫网的设计与安装等。

由于温室建设的特殊性，目前尚没有温室设备的专业安装标准和规范，各种设备的质量主要由合同规定，监理需要详细审核提供的温室材料及设备是否符合合同中规格、数量及性能要求，外购设备是否有合格证。

当乙方与温室制造方、设备提供方不是同一单位时，对于特殊材料和设备、温室材料及设备，提供方必须指导安装技术人员，监理有权对指导安装人员的能力提出质疑，若发现不合格，及时通报甲方。温室监理需要审核温室施工方的安装资质和安装能力。

温室建设按项目分项质量监督，主要有基础质量监理，钢结构安装监理，围护结构（包括塑料膜、PC 板或玻璃的安装，通风窗、湿帘、防虫网的安装）安装质量监理，各种设备安装及调试质量监理（包括室内供水管道安装、暖气管道安装、照明系统安装、开窗机构安装、外遮阳网和内遮阳保温幕拉幕机构安装、侧墙保温幕安装、风机安装、充气机构安装、卷膜机构安装、补光系统安装等合同中规定的内容），种植设备、苗床、种植床的安装质量监理。

三、工程进度管理

工程进度管理是指在项目的工程建设过程中实施经审核批准的工程进度计划，采用适当的方法定期跟踪、检查工程实际进度状况，与计划进度对照、比较找出两者之间的偏差，并对产生偏差的各种因素及影响工程目标的程度进行分析与评估，并组织、指导、协调、监督监理单位、承包商及相关单位及时采取有效措施调整工程进度计划。在工程进度计划执行中不断循环往复，直至按设定的工期目标（项目竣工），亦即按合同约定的工期如期完成，或在保证工程质量和不增加工程造价的条件下提前完成。

工程进度目标按期实现的前提是要有一个科学合理的进度计划。工程项目建设进度受诸多因素影响，这就要求工程项目管理人员事先对影响进度的各种因素进行全面调查研究，预测、评估这些因素对工程建设进度产生的影响，并编制可行的进度计划。然而在执行进度计划的过程中，不可避免地会出现影响进度按计划执行的其他因素，使工程项目进度难以按预定计划执行。这就需要工程管理者在执行进度计划过程中，运用动态控制原理，不断进行检查，将实际情况与进度计划进行对比，找出计划产生偏差的原因，特别是找出主要原因后，采取纠偏措施。措施的确定有两个前提，一是通过采取措施可以维持原进度计划，使之正常实施；另一是采取措施后仍不能按原进度计划执行，要在对原进度计划进行调整或修正后，再按新的进度计划执行。

工程进度控制管理是工程项目建设中与质量和投资并列的三大管理目标之一。一般情况下，加快进度、缩短工期需要增加投资（在合理科学施工组织的前提下，投资将不增加或少增加）。但提前竣工为开发商提前获取预期收益创造了可能性。工程进度的加快有可能影响工程的质量，而对质量标准的严格控制极有可能影响工程进度。如有严谨、周密的质量保证措施，虽严格控制而不致返工，又会保证建设进度，也保证了工程质量标准及投资费用的有效控制。

工程进度控制管理不应仅局限于考虑施工本身的因素，还应对其他相关环节和相关部门自身因素给予足够的重视。例如施工图设计、工程变更、营销策划、开发手续、协作单位等。只有通过对整个项目计划系统的综合有效控制，才能保证工期目标的实现。

四、工程资源管理

项目资源是指劳动力、材料、设备、资金、技术等形成生产力的各种要素。其中，科学技术是第一要素，科学技术被劳动者所掌握，便能形成先进的生产力水平。项目资源管理就是对各种生产要素的管理，因此，强化对施工项目资源的管理就显得尤为重要。

（一）项目资源管理的作用和地位

项目资源管理的目的就是节约活劳动和物化劳动。具体可以从以下四个方面来表达：

① 项目资源管理就是将资源进行适时、适量的优化配置。按比例配置资源并投入施工生产中去，以满足需要。

② 项目资源管理是进行资源的优化组合。即投入项目的各种资源在施工项目中搭配适当、协调，使之更有效地形成生产力。

③ 项目资源管理是在项目运行过程中，对资源进行动态管理。

④ 项目资源管理是在施工项目运行中，合理地节约使用资源。

项目资源管理对整个施工过程来说，都具有重要意义，一个优质工程的诞生，离不开施工项目资源管理。

施工项目从招标签约、施工准备、施工实施、竣工验收、用户服务等各阶段看，项目资源管理主要体现在施工实施阶段，但其他几个阶段也不同程度地都有涉及，如投标阶段进行方案策划、编制施工组织设计时，要考虑工程配置恰当劳动力、设备，此外，材料选择、资金筹措都离不开资源。

从经济学的观点讲，资源属于生产要素，是形成生产力的基本要素。除科学技术是生产力第一要素外，劳动力是生产力中最具活跃的因素。人掌握了生产技术，运用劳动手段，作用于劳动对象，从而形成生产力。资金也是一种重要的生产要素，它是财产和物资的货币表现，也就是说资金是一定倾向和物资的价值总和。

项目资源作为工程实施必不可少的前提条件，其费用一般占工程总费用的60%以上。所以，节约资源是节约工程成本的主要途径。项目资源管理的任务就是按照项目的实施计划将项目所需的资源按正确的时间、数量供应到正确的地点，并降低项目资源的成本消耗。因此，必须对资源进行计划管理。

在现代项目管理中，对项目资源管理计划有三个要求：一是必须纳入项目进度管理中，资源作为网络的限制条件，要考虑到资源的限制和资源的供应过程对工期的影响，通过假设可用资源的投入量，满足工期的要求，在大型项目施工中，成套生产设备的生产、供应、安装计划常常是整个项目计划的主体；二是必须纳入成本管理中，并作为降低成本的措施：三是在制订实施方案以及技术管理和质量控制中，必须包括资源管理的内容。

（二）项目资源管理的主要内容

资源作为工程项目实施的基本要素，通常包括物资、机械设备、劳动力、资金等。

1. 物资管理　物资管理是在施工过程中对各种材料的计划、订购、运输、发放和使用所进行的一系列组织与管理工作。它的特点是材料供应的多样性和多变性、材料消耗的不均衡性，受运输方式和运输环节的影响。

2. 机械设备管理　这是以机械设备施工代替繁重的体力劳动，最大限度地发挥机械设备在施工中的作用为主要内容的管理工作。它的特点是机械设备的管理体制必须以建筑企业组织体系相依托，实行集中管理为主、集中管理与分散管理相结合的办法，提高施工机械化水平，提高完好率、利用率和效率。

3. 劳动力管理　在施工中，利用行为科学，从劳动力个人的需要和行为的关系观点出发，充分激发职工的生产积极性。它的主要环节是任用和激励，通过有计划地对人力资源进行合理的调配，使人尽其才，才尽其用。

4. 资金管理　通过对资金的预测和对比及项目奖金计划等方法，不断地进行分析和对比、计划调整和考核，以达到降低成本的目的。

（三）项目资源管理的主要原则

在项目施工过程中，对资源的管理应该着重坚持以下四项原则：

1. 编制管理计划的原则　编制项目资源管理计划的目的是对资源投入量、投入时间和投入步骤做出一个合理的安排，以满足施工项目实施的需要，对施工过程中所涉及的资源，都必须按照施工准备计划、施工进度总计划和主要分项进度计划，根据工程的工作量编制出详尽的需用计划表。

2. 资源供应的原则　按照编制的各种资源计划，进行优化组合，并实施到项目施工中去，保证项目施工的需要。

3. 节约使用的原则　这是资源管理中最重要的一环，其根本意义在于节约活劳动及物化劳动，根据每种资源的特性，制定出科学的措施，进行动态配置和组合，不断地纠正偏差，以尽可能少的资源，满足项目的使用。

4. 使用核算的原则　进行资源投入、使用与产生的核算，是资源管理的一个重要环节，完成了这个程序，便可以使管理者心中有数。通过对资源使用效果的分析，一方面是对管理效果的总结，另一方面又为管理提供储备与反馈信息，以指导以后的管理工作。

综上所述，项目资源管理贯穿于施工阶段的全过程。可以说，项目资源管理体制是施工项目中一项十分重要的内容，只有抓住了这项工作，才能使项目目标顺利实现。因此，必须对项目资源进行认真的研究，有效地控制和强化其管理工作，以达到全面加强项目管理的根本目的。

五、工程现场管理

建筑施工现场是指经批准占用的、从事建筑施工活动的施工场地，既包括红线以内建筑用地和施工用地，又包括红线以外现场附近经批准占用的临时施工用地。

建筑施工现场管理就是运用科学的管理思想、管理组织、管理方法和管理手段，对建筑施工现场的各种生产要素，如人（操作者、管理者）、机（设备）、料（原材料）、法（工艺、检测）、环境、资金、能源、信息等，进行合理配置和优化组合，通过计划、组织、控制、协调、激励等管理职能，保证现场能按预定的目标实现优质、高效、低耗、按期、安全、文明生产的一种管理活动。

（一）建筑施工现场管理的任务

施工员是现场施工的直接指挥员，应学习有关施工现场管理的基本理论和方法，合理组织施工，达到优质、低耗、高效、安全和文明施工的目的。

建筑施工现场管理的任务，具体可以归纳为以下几点：①全面完成生产计划规定的任务（如产量、质量、工期、资金、成本、利润和安全等）；②按施工规律组织生产，优化生产要素的配置，实现高效率和高效益；③搞好劳动组织和班组建设，不断提高施工现场人员的素质；④加强定额管理，降低物料和能源的消耗，减少生产储备和资金占用，不断降低生产成本；⑤优化专业管理，建立完善管理体系，有效地控制施工现场的投入和产出；⑥加强施工现场的标准化管理，使人流、物流高效有序；⑦治理施工现场环境，改变“脏、乱、差”的状况，注意保护施工环境，做到施工不扰民。

（二）建筑施工现场管理的内容

1. 平面布置与管理 施工现场平面布置是按照施工部署、施工方案和施工进度的要求，对施工用临时房屋建筑，临时加工预制场、材料仓库、堆场，临时水、电、动力管线和交通运输道路等做出周密规划和布置的工作。

施工现场平面管理就是在施工过程中对施工场地的布置进行合理的调节，也是对施工总平面图全面落实的管理活动。

2. 材料管理 全部材料和零部件的供应已列入施工规划，现场管理的主要内容是确定供料和用料目标，确定供料、用料方式及措施，组织材料及制品的采购、加工和储备，作好施工现场的进料安排，组织材料进场、保管及合理使用，完工后及时退料及办理结算等。

3. 合同管理 现场合同管理是指施工全过程中的合同管理工作，它包括两个方面：一是承包商与业主之间的合同管理工作；二是承包商与分包商之间的合同管理工作。现场合同管理人员应及时填写并保存有关方面签证的文件。

4. 质量管理 现场质量管理是施工现场管理的重要内容，主要包括以下两个方面的工作：一是按照工程设计要求和国家有关技术规定，如施工质量验收规范、技术操作规程等，对整个施工过程的各个工序环节进行有组织的工程质量检验工作，不合格的建筑材料不能进入施工现场，不合格的分部（项）工程不能转入下道工序施工；二是采用全面质量管理的方法进行施工质量分析，找出各种施工质量缺陷。

六、工程信息管理

工程管理需要大量的信息支持，建立完善的工程项目管理信息系统是进行有效管理的基础，是工程项目管理者（业主、监理方、承包商等）对项目进行有效的投资控制、进度控制、质量控制和合同管理的有力工具。

信息作为科学的范畴，其概念是相当深刻和十分丰富的，不同的人有不同的理解和不同的定义，而且随着时代的发展和科学的进步，其内涵与外延都在不断地变化和发展着，综合各种对信息的解释和说明，其定义为：信息是客观事物以数据形式传送交换的知识，它反映事物的客观状态和规律。

这里的数据是广义上的数据，包括文字、语言、数值、图表、图像、电话以及多媒体技术等表达形式。信息用数据表现，数据是信息的载体，但并非任何数据都是信息，这是因为数据本身是一个符号，只有当它经过处理、解释，对外界产生影响或用于指导客观实践时才能成为信息。

信息与消息是有区别的。消息是关于人和事物情况的报道，它往往缺乏真实性与准确性，不能反映事物的客观状态和规律。因此，在工程项目管理中作出判断、进行决策的依据是有关项目的信息，而非消息。

（一）信息的基本特征

1. 可识别性　信息可以通过人的感觉器官直接识别，也可以通过各种辅助仪器间接识别。经过识别后的信息可以用文字、数字、图表、图像、代码等表示出来。信息如果不能被识别，那就毫无意义。

2. 可处理性　对信息可以进行加工、压缩、精炼、概括、综合，以适用于不同的目的。信息可以通过报纸、杂志、书、信件、报告、电视、广播等各种手段进行传递，使信息为更多的人所共有。同时，信息可以通过计算机存储起来，根据需要随时进行加工和处理。信息的可处理特征是人们利用信息的基本条件。

3. 事实性　信息的来源必须是事实。毫无根据的信息不仅不会给决策者提供正确的决策依据，反而会使决策者作出错误的决定。

4. 滞后性　从时间上考虑，信息总是落后于事实的，总是先有事实后有信息，而且信息是有寿命的，它可以随事实的变化不断扩大，也会以很快的速度衰减和失效。信息的滞后性对决策的影响很大，在实际工作中对信息滞后性应有充分的认识，否则可能产生错误的决策。

（二）信息的要求

信息作为工程项目管理者进行判断、决策的主要依据之一，具有重要的意义，应符合下列要求：

1. 真实性要求　信息反映事物或现象的本质及其内在联系，真实和准确是信息的基本特征。因此，只有正确的项目信息才能产生正确的决策。

2. 完整性要求　任何方面的信息或数据都是对整个工程项目有机整体的一部分或一定程度的认识，彼此之间构成一个有机的整体，相互矛盾是不允许的。

3. 时效性要求　任何信息只在一定时间内起作用，随着工程项目的进展，新出现的信息将部分或全部地取代原有的信息。故作为决策依据的有用信息，必须是在其时效范围内。

4. 等级性要求　不同层次、不同级别的工程项目管理者需要不同等级的信息。

（三）信息的种类

项目中的信息很多，一个稍大的项目结束后，作为信息载体的资料就汗牛充栋，许多项目管理人员整天就是与纸张打交道，如作计划、协调、下达指令、了解情况、分配任务等。

项目中的信息大致有如下几种：

1. 项目基本情况信息 它主要存在于项目手册、各种合同、设计文件、计划文件中。

2. 实际工程信息 如实际工期、成本、质量信息等，它主要存在于各种报告中，如日报、月报、重大事件报告、设备劳动力材料使用报告及质量报告中。这里还包括问题的分析、计划和实际的对比以及趋势预测的信息。

3. 各种指令、决策方面的信息

4. 其他信息 如外部进入项目的市场情况、气候等信息。

(四) 信息管理

信息管理是指对信息的收集、整理、处理、存储、传递与运用等一系列工作的总称，其实质是根据信息的特点有计划地组织信息沟通，以保证能及时、准确地获得所需要的信息、达到正确决策的目的。为此，就要把握信息管理的各个环节，包括信息的来源、信息的分类、建立信息管理系统、正确应用信息管理手段、掌握信息流程的不同环节。对于业主、监理方和承包商来说，虽然信息种类、信息管理的细节等有所区别，但信息管理的原则、信息管理的环节等基本一致。

第四节　施工组织与管理案例

本节以北京市小汤山现代农业科技示范园区温室工程为例，介绍施工组织和管理的编制方法。

一、编制依据

① 温室工程设计施工图纸及总平面图。

② 对现场和周边环境的调查。

③ 现行国家和北京市各种相关的施工操作规程、施工规范和施工质量验收标准：《地基与基础工程施工及验收规范》(GBJ 202—83)；《钢结构工程施工及验收规范》(GB 50205—2001)和其他钢结构相关规范；《温室地基基础设计、施工与验收技术规范》(NY/T 1145—2006)；《温室工程质量验收通则》(NY/T 1420—2007)；《温室钢结构安装验收规范》(试行)；《砌体工程施工及验收规范》(GB 50203—98)；《混凝土结构工程施工及验收规范》(GB 50204—92)；《采暖与卫生工程施工及验收规范》(GBJ 242—82)；《建筑安装工程质量检验评定统一标准》(GBJ 300—304)。

④ 工程规模、工程特点、各节点部位的技术要求、施工要点、类似工程的施工经验及公司的技术力量和机械装备。

⑤ 公司对本工程确立的施工质量、工期、安全生产、文明施工的管理目标。

二、工程概况

1. 工程地点及地貌 温室工程位于北京市小汤山现代农业科技示范园区内，交通十分便利，“三通一平”已经完成，场地比较开阔，如图 8-9。

2. 建筑形式及基本尺寸 工程为 Venlo 型三屋脊连栋温室，由北京××温室工程设计公司设计。温室跨度为 10.8 m，开间为 4.0 m，檐高 4.0 m，脊高 5.0 m，总面积为 20 516.8 m^2；主体结构采用热浸镀锌钢制骨架，使用寿命 20 年以上；屋面及墙体覆盖材料采用聚碳酸酯中空板。

图 8-9　温室内部和外部

3. 温室主要设计参数

（1）基本风压　0.35 kN/m^2。

（2）基本雪压　0.20 kN/m^2。

（3）作物吊重　10 kg/m^2。

（4）最大排水量　140 mm/h。

（5）电源参数　220 V/380 V，50 Hz。

4. 温室结构及设备配置

（1）基础　内部为钢筋混凝土独立基础，埋深 80 cm；四周为砖砌条形基础，埋深 80 cm，高出室外地坪 0.5 m。

（2）温室主体结构用材

① 立柱：双面热镀锌矩形钢管 100 mm×50 mm×4 mm。

② 桁架：双面热镀锌矩形钢管 50 mm×50 mm×4 mm。

③ 天沟：2.5 mm 厚冷弯热镀锌钢板，坡度为 0.25%。

（3）露滴收集系统　温室覆盖材料表面结露是温室运行中不可避免的一种现象，如不加以处理，将不同程度地影响温室的使用，尤其会直接影响室内作物的品质与产量。防结露已成为目前衡量温室性能的标准之一。

本设计室内全部天沟下设几字形结构露滴收集槽，可将覆盖材料内表面形成的露滴通过汇集槽流入收集槽，被引导至指定地点。露滴收集槽采用 1 mm 厚镀锌板加工而成，此设计具有截面宽、强度高、外形美观、使用寿命长、不易变形、能全部收集屋面结露水等优点，较传统的铝合金集露槽在性能上有较大提高，用户反映较好。

（4）覆盖材料　温室覆盖材料全部采用 8 mm 厚国产聚碳酸酯中空板，同时采用专用铝合金卡具及专用橡胶条固定密封，使温室具有较好的气密性。

（5）自然通风与湿帘风机降温系统　温室设置了天窗、侧窗进行自然通风，用于春秋季节的换气。湿帘风机降温系统由南山墙风机、北山墙湿帘组成，主要用于盛夏季节、室外气温在 30 ℃以上高温时期的降温。采取湿帘风机降温，即使在室外高达 35 ℃以上的高温季节，也可以将室内温度控制在 32 ℃以下，若辅之以适当的遮阳，室内温度基本可以控制在 28 ℃左右，一般果蔬、花卉作物都能满足正常生长要求。

（6）*热水采暖系统*　该系统主要用于寒冷季节或早春、晚秋夜间温室采暖。系统采用专用的热浸镀锌圆翼形散热器，热水管路采用同程式布置，周边按热负荷匹配散热管。热源采用当地地热资源。

（7）*微灌施肥系统*　该系统由施肥器、过滤器、电磁阀、管路接头、控制器和出水设备组成。可以实现手动和电动两种控制方式的切换。

三、施工条件

① 本工程施工地点交通十分方便，“三通一平”已经完成，场地比较开阔，路况较好，施工用机械设备、施工材料等均可顺利进出施工现场。

② 据现场踏勘，施工场地比较空阔，有利于施工临时设施的搭设、施工材料的堆放、场地布置和工作展开，另外，建设单位可提供施工时搭设的临时活动用房数间，为前期进场工作的顺利和争取时间创造了有利条件，为整个工程施工进度、创标化、文明工地提供了优越环境条件。

③ 工程施工临时道路已通，施工临时用水、电在施工单位进场前已由建设单位接至施工现场，供水管径 DN50，供电容量为 100 kVA，现场已基本平整，现场围护措施（砖砌围墙）已做好，即“三通一平一围”工作已完成。

④ 该项目征地、用地、建房等相关手续均办理，项目建设资金按计划已逐步到位，工程施工图纸设计（土建、安装）已由设计单位完成，工程前期施工条件已经具备。

⑤ 施工单位已将本工程项目施工所需的劳动力、机械设备及主要材料等均在场外落实。

四、施工组织管理及质量目标

1. 合同目标　确保在合同工期内全面完成合同条款内的各项工作。

2. 质量目标　本工程严格按照项目法组织施工，成立过硬的项目经理部，全面履行施工合同及对甲方的承诺，保证工程质量达“优良”。

3. 安全目标　本工程在整个施工工期内确保“三无”目标——无人身伤亡，无火灾，无重大设备事故。主要安全措施有：①进入制作现场时必须戴安全帽，穿工作服、工作鞋；②氧气、乙炔必须放在规定的位置，不得随意移动；③由于露天操作，下雨天焊工不得进行电焊作业；④搞好现场的照明设施；⑤组装钢结构时，必须做好安全支承，防止倾倒。

4. 工期目标　本工程正式开工至竣工，计划工期 70 个正常工作日（雪雨天、停电、停水及节假日除外）。本着信守合同的原则，按温室钢结构工程为主导工序控制工期，周密安排月计划和周计划，与甲方和监理密切配合，在保证质量的前提下按时竣工。

5. 现场管理目标　施工现场按北京市安全文明工地标准进行布置和管理。

五、钢结构安装主要施工方法及技术措施

（一）吊装现场准备

在钢结构安装前，必须对安装现场进行测量、勘探，主要掌握以下情况。

① 现场道路及安装场地是否具备车辆进出条件。清理施工道路和开行路线，确定现场钢构件堆放位置和施工机械进出场路线。施工现场做好“三通一平”，现场推平压实，吊车行走道路上铺150 mm厚矿渣或碎石。

② 现场环境是否具备构件堆放条件。

③ 复核安装定位使用的轴线控制点和测量标高的基准点。在钢结构正式安装前，需对基础预埋螺栓的埋置深度、螺栓群中各螺栓的相对位置、预埋螺栓群在跨度及柱距方向的尺寸及相对位置等做好复核工作。支承面、地脚螺栓的允许偏差控制在表8-4所列的范围内。

表8-4 支承面、地脚螺栓（锚栓）的允许偏差（mm）

项目		允许偏差	项目		允许偏差
支承面	标高	±3	地脚螺栓	螺栓中心偏移	5
	水平度	1/1 000		螺栓露出长度	+20
				螺纹长度	+20

④ 对预埋螺栓尺寸位置复核无误后，可用水准仪在螺栓上打上安装标高线，并将调平螺母旋入，调至上表面与设计安装标高线平，以便结构安装。

（二）现场供电准备

现场施工用电能充分满足安装需要。根据施工需要，设置1个电源点，电源输出功率为120 kVA；安装时根据需要配备流动配电箱，自电源点接出。

（三）技术准备

① 收到图纸后立即组织有关人员熟悉工程设计内容并认真做好图纸会审工作，做好图纸会审记录，参加设计技术交底，做好交底记录。

② 编制切实可行的施工组织设计，及时上报公司和监理部门审批，并做好分项工程的技术交底工作。

③ 各专业分别编制预防质量通病的技术措施。

④ 编制施工预算，并根据预算和进度计划编制材料供应计划，落实供货渠道。

⑤ 提前做好原材料的试验工作。

⑥ 做好整个工程的测量放线方案，进行测量仪器的检验，红线桩坐标的复测与核对，轴线控制桩的埋设与保护。

⑦ 明确与土建及其他专业施工的协作条件。

⑧ 吊装车辆及工具设备的准备：根据本工程现场情况，采用跨外分段吊装，选用QY30型汽车吊进行构件吊装。

⑨ 构件出厂准备：a. 针对本工程的实际情况，在出厂前需对钢柱进行检查，其质量必须符合《钢结构施工及验收规范》（GB 205—2001）的规定。对构件的变形、缺陷应进行矫正或修补。b. 构件出厂前还应对构件的变形、缺陷作质量检验，超过允许偏差时，应进行矫正或修补。c. 清点安装所需的连接板、螺栓、螺母等零星件的数量。d. 准备其他辅助材料，如焊条、各种规格的垫铁等。e. 开具进场的所有构件、材料等的清单，并提供出厂合格证及有关质保资料。

（四）劳动力及物资的配备

物资及劳动力的配备分别见表8-5和表8-6。

① 劳务队伍按暂设工程和基础等工程的需要分批进场。

② 施工管理人员迅速到位，开展各项准备工作。

③ 做好各种材料、主要构配件及机具进场计划。使其满足连续施工的需要。对进入现场的机具认真做好检修与保养，使其处于待命操作状态。

④ 做好上岗前的技术培训工作，对施工人员进行安全三级教育。

⑤ 场区内施工道路按要求做好混凝土路面与场外道路衔接。

表 8-5 施工机具设备计划一览表

序号	名称	型号	单位	数量	序号	名称	型号	单位	数量
1	汽车吊	5T	辆	1	15	C620 车床		台	3
2	强制式混凝土搅拌机	350L	台	1	16	C630 车床		台	3
3	自卸汽车	2.5t	辆	2	17	切割机		台	3
4	打夯机	HW-60	台	6	18	平板车	5t	台	1
5	搅灰机		台	3	19	经纬仪		台	1
6	振动棒	ϕ30	根	3	20	水准仪	S3	台	1
7	弯钢机	WJ40-1	台	1	21	操作仪		台	1
8	钢筋调直机	ϕ4-14	台	1	22	台式电钻		把	2
9	断钢机	GJ 5-40	台	1	23	氧割工具		套	3
10	电焊机	BX3-500-2	台	10	24	电锤		把	2
11	无齿锯	ϕ50	台	3	25	手提式电钻		把	3
12	木工圆锯		台	2	26	手提式砂轮机		台	6
13	手动葫芦	1.5t	个	10	27	水平尺		把	6
14	电动葫芦	2t	个	10	28				

表 8-6 人员配备表

职能	人数	职能	人数	职能	人数
起重工	2	架子工	6	混凝土工	4
木工模板工	15	瓦工抹灰工	20	锅炉安装工	5
钢筋工	5	油工	10	焊工	8
下料工	7	管道工	6	铆工	6
电工	2	PVC 工	30		

(五) 温室主体及设备安装

1. 基础工程 人工挖基槽前要求现场地面标高准确，土体稳定，挖槽时要做好基槽排水，防止雨水淹泡地基。基槽开挖完毕后要用打夯机将槽底打实，基槽垫层施工结束后组织放线。对条形基础施工步骤如下：砌筑基础墙体→绑扎钢筋→支模→浇筑钢筋混凝土圈梁→固定预埋件。

地基与基础工程施工过程中，材料规格、强度应符合设计要求；施工轴线定位点和水准基点复核后应妥善保护。

2. 钢结构工程 钢结构施工组织设计需根据设计文件和施工图的要求编制安装程序，

必须保证结构形成稳定的空间体系并不导致结构永久变形。刚架柱脚的锚栓应采用可靠方法定位。除测量直角边长外，还应测量对角线长度。在混凝土灌注前后、钢结构安装前均应校对锚栓位置，以确保基础的平面尺寸和标高符合设计要求。钢结构施工前应逐一核对每一个连接预埋件的位置和标高的准确性，将偏差调整到允许范围内。

钢结构施工步骤如下：安装立柱→柱间支承→桁架→天沟。构件之间连接保持一定的调节余量，拼装时先用钢穿杆对准孔位，在连接处逐个从中心向四周穿入高强螺栓。初拧和终拧按紧固顺序由螺栓群中心向外拧，螺栓的紧固必须在24h内完成。螺栓松紧程度以不影响构件强度为准。刚架在施工中以及人员离开现场的夜间均应采用支承和缆绳充分固定。

3. 覆盖材料工程　覆盖材料安装以前要精确各部尺寸，在工厂预先封装好，保持中空板的密封性，材料运到现场后，按照安装位置将材料编号、堆放。

PC板施工顺序如下：屋面铝合金型材固定→侧墙铝合金型材固定→PC中空板安装→橡胶条固定。PC板安装时要保持板材的密封性。

4. 内、外遮阳系统工程　内、外遮阳系统工程施工过程：安装托幕线→安装电机→安装驱动轴→安装遮阳网→遮阳网封边铝条安装→系统调试。

5. 降温系统工程　湿帘-风机系统要根据温室降温要求合理配置风机型号和湿帘尺寸。固定在相对的侧墙刚架上。

湿帘-风机系统工程施工过程：湿帘安装→风机安装→供水管路连接、水泵安装→电线线路安装→系统调试。

6. 采暖系统工程　采暖系统管道长度要根据温室热负荷合理配置。

采暖系统工程施工过程：供水管路连接→采暖管道的安装→系统调试。

六、质量保证措施

① 现场选拔业务水平高、责任心强、施工经验丰富的人员组成项目班子。

② 选用长期与我单位合作、成建制的施工队伍，并有创优质工程经验，同时能根据工程形象进度在北京市内随时调动所需劳动力。

③ 认真贯彻企业质量保证体系，坚持程序化、标准化、规范化施工。

④ 严格执行各级检查验收制度，其具体运作过程为每分项工程（或工序）完成后，要进行自检。

⑤ 未经报验或验收不合格的分项工程（或工序），严禁进行下一道工序的施工，违者将对当事人按工地有关奖惩规定给以必要的处分，决不允许工程遗留质量隐患。

⑥ 凡经报验监理不合格的分项工程，作业队长亲自指导有关班组进行返修，直到合格后，重新报验。

⑦ 现场各部施工管理人员，包括项目经理、工程师、技术负责人、质检员等认真熟悉全部设计图纸及设计要求、变更洽商，并协助建设单位做好设计技术交底和图纸会审工作。各部管理人员尤其是主管技术的人员，根据自己分管的业务范围，熟练掌握相关的施工技术规范、规程和工艺标准及各项规定。

⑧ 工程技术质检部对有关施工管理人员及各施工队长、各班组长进行施工组织设计的技术交底，务必使各级管理人员了解并掌握施工方案、技术要求，各项技术措施工程质量标准、工期进度安排等事项。

⑨ 对关键部位及影响质量的重要因素，组织专业人员进行技术攻关，施工时要按特殊工序进行特殊监控。

⑩ 严格控制工程施工中各种原材料、外购产品等器材的质量，各种器材进场后按北京市建委和市监督总站有关规定进行复试和复检工作，凡经复试和复检不合格的材料或产品，严禁用于工程的施工和安装，并应及时清退出现场，以免错用。

⑪ 严格按现场规定的质量检验制度办事，不得以任何理由或借口对某分项工程免检。

⑫ 认真做好现场的施工试验工作，重点抓住焊缝检验，供水管道调试，混凝试块的制作、试压及见证取样。

⑬ 认真做好施工技术资料的收集、整理工作，资料编制要及时、准确、真实、齐全，与工程进展同步进行，不得后补。

⑭ 现场的各测量仪器和计量设备按规定周期进行校验。实际操作时计量要准确，计量员要经常检查设备的使用情况并及时做好记录，计量员持证上岗。

⑮ 要避免剔凿主体结构，组织土建、水暖、钢结构专业的人员切实对图，发现图上有矛盾或有洞口和埋件遗漏的地方要与设计提前办理洽商。

⑯ 落实成品保护措施，安排专人检查监督执行，保证成品的完整性。

七、安全及文明施工措施

1. 严守安全生产和文明施工的有关规定和要求 进入施工现场的所有人员必须戴好安全帽，凡从事 2 m 以上、无法采取可靠防护设施、高处作业的人员须系好安全带，从事电气焊、剔凿等作业的人员要使用面罩或护目镜，特种人员持证上岗，并佩戴相应的劳动保护用品。

2. 临时用电安全 临时用电按规范要求做施工组织设计（方案），建立必要业内档案资料，对现场的线路及设施定期检查，并将检查记录存档备查。

临时配电线路按规范架设整齐。架空线采用绝缘导线，不采用塑胶软线，不能成束架空敷设或沿地面明显敷设，施工机具、车辆及人员应与线路保持安全距离，如达不到规范规定的最小距离时，须采用可靠防护措施。配电箱均搭设防护棚，设置围挡。

施工现场内设配电系统实行分级配电，各类配电箱、开关箱的安装和内部设置均应符合有关规定，箱内电器完好可靠，其选型、定位符合规定，开关电器标明用途。配电箱、开关箱外观完整、牢固、防雨、防尘，箱体外涂安全色标，统一编号，箱内无杂物，停止使用的配电箱切断电源，箱门上锁。

独立的配电系统按标准采用三相五线制的接地接零保护系统，非独立系统根据现场实际情况，采取相应的接零或接地保护方式。各种设备和电力施工机械的金属外壳、金属支架和底座按规定采取可靠的接零接地保护。在采用接地和接零保护方式的同时，设两级漏电保护装置，实行分级保护，形成完整的保护系统，漏电保护装置的选择符合规定。

手持电动工具的使用符合国家标准的有关规定。工具的电源线、插头和插座完好，电源线不任意接长和调换，工具的外接线完好无损，维修和保管设专人负责。

施工现场所用的 220 V 电源照明，按规定布线和装设灯具，并在电源一侧加装漏电保护器，灯体与手柄坚固绝缘良好，电源线使用橡胶套电缆线，不准使用塑胶线。挖孔桩施工及装修阶段使用安全电压。

电焊机单独设开关，电焊机外壳做接零接地保护，一次线长度小于 5 m，二次线长小于 30 m，两侧接线应压接牢固脚手架及结构钢筋作为回路地线，焊接线无破损，绝缘良好，电焊机设置地点防潮、防雨、防砸。

3. 机械安全　对现场所有的机械进行安装，使用和检测，自检并记录，并每月不小于两次的定期检查。

搅拌机搭防砸、防雨、防尘操作棚，固定牢固，启动装置、离合器、制动器、保险链、防护罩齐全完好，使用安全可靠。搅拌机停止使用且料斗升起时，挂好上料斗保险链，维修、保养清理时切断电源，均设专人监护。

蛙式打夯机两人操作，操作人员戴绝缘手套、穿绝缘胶鞋，操作手柄采取绝缘措施，夯机停用要切断电源，严禁在夯机运转时清除积土。

八、施工现场管理

设置统一式样的施工标牌。现场内作好排水措施，现场道路要平整坚实、畅通。

建筑物内外的零放碎料和垃圾清运及时，施工区域和生活区域划分明确，并要求划分责任区，设标志牌分片包干到人，施工现场的各种标语牌，统一加工制作，字体要书写正确规范，工整美观并经常保持整洁完好。

1. 施工现场的料具　施工现场各种料具按施工平面布置图指定位置存放，并分规格码放整齐、稳固，高度不超过 1.5 m，沙、石和其他散料应成堆，界限清楚，不得混杂，标识明确。

施工现场材料的保管应依据材料性能采取必要的防雨、防潮、防晒、防冻、防火、防爆、防损坏等措施，贵重物品、易燃、易爆和有毒物品要及时放库，专库专管，加设明显标识，并建立严格的领退料手续。

各项施工操作要做到活完、料净、场地清，现场内按平面图的位置设立垃圾站，并及时集中分拣、回收、利用、清运，施工现场节约用水用电，消灭长流水、长明灯现象。

施工现场严格实行限额领料，领退料手续齐全，进出场材料要有严格的检验制度和必要的登记手续。

2. 施工现场的环境卫生　施工现场要经常保持整洁卫生，运输车辆不带泥沙出现场，并做到沿途不遗撒。办公室和工人宿舍要保持整洁有序，生活区周围要保持卫生，无污物和污水，生活垃圾集中堆放，及时清运。

3. 施工现场的环境保护　施工垃圾经分拣后及时外运；施工现场在大风季节，设专人洒水，以防现场尘土飞扬。

4. 施工现场的消防保卫措施　建立健全消防保卫管理体系，设专人负责，统一管理，切实做到“安全第一，预防为主”。根据施工现场的实际情况，编制有效的消防预案，对义务消防人员组织定期的教育和培训，使他们熟练掌握防火、灭火知识和消防器材的使用方法。

料场、库房的设置要符合治安消防要求，经常检查料具管理制度的具体落实情况。

电工、焊工从事电气设备安装和电、气焊切割作业要有操作证和用火证。动火前，要清除附近易燃物，配备看火人员和灭火用具，用火证当日有效，动火地点变换应重新办理用火证手续。施工现场严禁吸烟。

九、施工进度

本工程总工期为70 d。在保证工程质量的前提下，合理统筹地安排施工过程中的各项工作，均衡优化人力、物力、机械资源。为此，特制订施工进度计划，见表8-7。

表8-7　工程进度表

活动代号	工作内容（d）	工期（d）							
		5	15	20	30	40	50	60	70
1	施工准备（5）								
2	基础工程（12）								
3	钢结构工程（30）								
4	配电控制系统（5）								
5	外遮阳工程（12）								
6	风机湿帘（10）								
8	内遮阳工程（12）								
9	采暖工程（15）								
10	工程验收、资料整理、清理场地（8）								

本工程在人力、物力、财力技术上充分保证，各职能部门积极配合，全力服务。

工程进度管理采用甘特图，对于工程及各项资源投入实行动态管理，确保工程按计划进行。

应用均衡流水施工工艺划分流水段，采取“平面流水、多工种交叉”法，科学组织，狠抓阶段计划的落实。

根据工程形象进度，按计划供应材料到现场，确保施工需要。

施工期间，采用两班工作制，确保本工程按时交付使用。

根据设计要求及工程特点，编制经优化的各分项工程施工方案，积极采用先进的施工工艺，科学地按施工进度合理调配劳动力。

严格规章制度作业，确保工程质量，杜绝质量事故发生。

十、施工平面布置

根据设计，本工程生产、生活给水共用一路DN 100焊接钢管管道，是沿园内周边埋地敷设，管道连接采用焊接。

临时用电由配电室分路，将线路引至施工现场、临时房屋和散件加工场地等用电点。

消火栓和消防器材按安全生产的规定，距离在场区分散布置，临时管延伸至施工和生活各主要用水点。

复习思考题

1. 什么是施工组织设计？施工组织设计的编制依据及内容是什么？
2. 温室工程施工管理主要分为哪几类？
3. 如何根据不同类型的温室建造来选择适宜的施工组织方式？
4. 网络图与甘特图相比主要的优势有哪些？
5. 施工准备工作的主要内容是什么？
6. 单位工程施工设计的主要内容是什么？
7. 施工组织总设计的主要内容是什么？
8. 温室项目质量监督主要包含哪几个方面？
9. 温室施工现场管理的主要内容是什么？

附表1　砌体抗压强度设计值 f（N/mm²）

附表1-1　烧结普通砖和烧结多孔砖砌体的抗压强度设计值

砖强度等级	砂浆强度等级					砂浆强度
	M15	M10	M7.5	M5	M2.5	0
MU30	3.94	3.27	2.93	2.59	2.26	1.15
MU25	3.60	2.98	2.68	2.37	2.06	1.05
MU20	3.22	2.67	2.39	2.12	1.84	0.94
MU15	2.79	2.31	2.07	1.83	1.60	0.82
MU10	—	1.89	1.69	1.50	1.30	0.67

附表1-2　蒸压灰砂砖和蒸压粉煤灰砌体的抗压强度设计值

砖强度等级	砂浆强度等级				砂浆强度
	M15	M10	M7.5	M5	0
MU25	3.60	2.98	2.68	2.37	1.05
MU20	3.22	2.67	2.39	2.12	0.94
MU15	2.79	2.31	2.07	1.83	0.82
MU10	—	1.89	1.69	1.50	0.67

附表1-3　单排孔混凝土和轻骨料混凝土砌块砌体的抗压强度设计值

砌块强度等级	砂浆强度等级				砂浆强度
	Mb15	Mb10	Mb7.5	Mb5	0
MU20	5.68	4.95	4.44	3.94	2.33
MU15	4.61	4.02	3.61	3.20	1.89
MU10	—	2.79	2.50	2.22	1.31
MU7.5	—	—	1.93	1.71	1.01
MU5	—	—	—	1.19	0.70

附表1-4　轻骨料混凝土砌块砌体的抗压强度设计值

砌块强度等级	砂浆强度等级			砂浆强度
	Mb10	Mb7.5	Mb5	0
MU10	3.08	2.76	2.45	1.44
MU7.5	—	2.13	1.88	1.12
MU5	—	—	1.31	0.78

附表 1-5 毛料石砌体的抗压强度设计值

毛料石强度等级	砂浆强度等级			砂浆强度
	M7.5	M5	M2.5	0
MU100	5.42	4.80	4.18	2.13
MU80	4.85	4.29	3.73	1.91
MU60	4.20	3.71	3.23	1.65
MU50	3.83	3.39	2.95	1.51
MU40	3.43	3.04	2.64	1.35
MU30	2.97	2.63	2.29	1.17
MU20	2.42	2.15	1.87	0.95

附表 2　影响系数 φ

附表 2－1　影响系数 φ（砂浆强度等级≥M5）

β	e/h 或 e/h_T												
	0	0.025	0.05	0.075	0.1	0.125	0.15	0.175	0.2	0.225	0.25	0.275	0.3
≤3	1	0.99	0.97	0.94	0.89	0.84	0.79	0.73	0.68	0.62	0.57	0.52	0.48
4	0.98	0.95	0.90	0.85	0.80	0.74	0.69	0.64	0.58	0.53	0.49	0.45	0.41
6	0.95	0.91	0.86	0.81	0.75	0.69	0.64	0.59	0.54	0.49	0.45	0.42	0.38
8	0.91	0.86	0.81	0.76	0.70	0.64	0.59	0.54	0.50	0.46	0.42	0.39	0.36
10	0.87	0.82	0.76	0.71	0.65	0.60	0.55	0.50	0.46	0.42	0.39	0.36	0.33
12	0.82	0.77	0.71	0.66	0.60	0.55	0.51	0.47	0.43	0.39	0.36	0.33	0.31
14	0.77	0.72	0.66	0.61	0.56	0.51	0.47	0.43	0.40	0.36	0.34	0.31	0.29
16	0.72	0.67	0.61	0.56	0.52	0.47	0.44	0.40	0.37	0.34	0.31	0.29	0.27
18	0.67	0.62	0.57	0.52	0.48	0.44	0.40	0.37	0.34	0.31	0.29	0.27	0.25
20	0.62	0.57	0.53	0.48	0.44	0.40	0.37	0.34	0.32	0.29	0.27	0.25	0.23
22	0.58	0.53	0.49	0.45	0.41	0.38	0.35	0.32	0.30	0.27	0.25	0.24	0.22
24	0.54	0.49	0.45	0.41	0.38	0.35	0.32	0.30	0.28	0.26	0.24	0.22	0.21
26	0.50	0.46	0.42	0.38	0.35	0.33	0.30	0.28	0.26	0.24	0.22	0.21	0.19
28	0.46	0.42	0.39	0.36	0.33	0.30	0.28	0.26	0.24	0.22	0.21	0.19	0.18
30	0.42	0.39	0.36	0.33	0.31	0.28	0.26	0.24	0.22	0.21	0.20	0.18	0.17

附表 2－2　影响系数 φ（砂浆强度等级 M2.5）

β	e/h 或 e/h_T												
	0	0.025	0.05	0.075	0.1	0.125	0.15	0.175	0.2	0.225	0.25	0.275	0.3
≤3	1	0.99	0.97	0.94	0.89	0.84	0.79	0.73	0.68	0.62	0.57	0.52	0.48
4	0.97	0.94	0.89	0.84	0.78	0.73	0.67	0.62	0.57	0.52	0.48	0.44	0.40
6	0.93	0.89	0.84	0.78	0.73	0.67	0.62	0.57	0.52	0.48	0.44	0.40	0.37
8	0.89	0.84	0.78	0.72	0.67	0.62	0.57	0.52	0.48	0.44	0.40	0.37	0.34
10	0.83	0.78	0.72	0.67	0.61	0.56	0.52	0.47	0.43	0.40	0.37	0.34	0.31
12	0.78	0.72	0.67	0.61	0.56	0.52	0.47	0.43	0.40	0.37	0.34	0.31	0.29
14	0.72	0.66	0.61	0.56	0.51	0.47	0.43	0.40	0.36	0.34	0.31	0.29	0.27
16	0.66	0.61	0.56	0.51	0.47	0.43	0.40	0.36	0.34	0.31	0.29	0.26	0.25
18	0.61	0.56	0.51	0.47	0.43	0.40	0.36	0.33	0.31	0.29	0.26	0.24	0.23
20	0.56	0.51	0.47	0.43	0.39	0.36	0.33	0.31	0.28	0.26	0.24	0.23	0.21
22	0.51	0.47	0.43	0.39	0.36	0.33	0.31	0.28	0.26	0.24	0.23	0.21	0.20
24	0.46	0.43	0.39	0.36	0.33	0.31	0.28	0.26	0.24	0.23	0.21	0.20	0.18
26	0.42	0.39	0.36	0.33	0.31	0.28	0.26	0.24	0.22	0.21	0.20	0.18	0.17
28	0.39	0.36	0.33	0.30	0.28	0.26	0.24	0.22	0.21	0.20	0.18	0.17	0.16
30	0.36	0.33	0.30	0.28	0.26	0.24	0.22	0.21	0.20	0.18	0.17	0.16	0.15

附表 2-3　影响系数 φ（砂浆强度 0）

β	e/h 或 e/h_T												
	0	0.025	0.05	0.075	0.1	0.125	0.15	0.175	0.2	0.225	0.25	0.275	0.3
≤3	1	0.99	0.97	0.94	0.89	0.84	0.79	0.73	0.68	0.62	0.57	0.52	0.48
4	0.87	0.82	0.77	0.71	0.66	0.60	0.55	0.51	0.46	0.43	0.39	0.36	0.33
6	0.76	0.70	0.65	0.59	0.54	0.50	0.46	0.42	0.39	0.36	0.33	0.30	0.28
8	0.63	0.58	0.54	0.49	0.45	0.41	0.38	0.35	0.32	0.30	0.28	0.25	0.24
10	0.53	0.48	0.44	0.41	0.37	0.34	0.32	0.29	0.27	0.25	0.23	0.22	0.20
12	0.44	0.40	0.37	0.34	0.31	0.29	0.27	0.25	0.23	0.21	0.20	0.19	0.17
14	0.36	0.33	0.31	0.28	0.26	0.24	0.23	0.21	0.20	0.18	0.17	0.16	0.15
16	0.30	0.28	0.26	0.24	0.22	0.21	0.19	0.18	0.17	0.16	0.15	0.14	0.13
18	0.26	0.24	0.22	0.21	0.19	0.18	0.17	0.16	0.15	0.14	0.13	0.12	0.12
20	0.22	0.20	0.19	0.18	0.17	0.16	0.15	0.14	0.13	0.12	0.12	0.11	0.10
22	0.19	0.18	0.16	0.15	0.14	0.14	0.13	0.12	0.12	0.11	0.10	0.10	0.09
24	0.16	0.15	0.14	0.13	0.13	0.12	0.11	0.11	0.10	0.10	0.09	0.09	0.08
26	0.14	0.13	0.13	0.12	0.11	0.11	0.10	0.10	0.09	0.09	0.08	0.08	0.07
28	0.12	0.12	0.11	0.11	0.10	0.10	0.09	0.09	0.08	0.08	0.08	0.07	0.07
30	0.11	0.10	0.10	0.09	0.09	0.09	0.08	0.08	0.07	0.07	0.07	0.07	0.06

主要参考文献

陈水福，金建明 .2002. 结构力学概念、方法及典型题例 [M]. 杭州：浙江大学出版社 .

陈绍蕃 .2005. 钢结构设计原理 [M].3 版 . 北京：科学出版社 .

程勤阳 .2006. 温室结构设计的基本方法（一）[J]. 温室园艺，9：11－12.

程勤阳 .2006. 温室结构设计的基本方法（二）[J]. 温室园艺，10：16－18.

程勤阳 .2006. 温室结构设计的基本方法（三）[J]. 温室园艺，11：15－18.

重庆建筑大学，同济大学，哈尔滨建筑大学 .1997. 建筑施工 [M]. 北京：中国建筑工业出版社 .

冯广和 .2004. 国内外现代温室的发展 [J]. 新疆农机化，3：50－51.

冯广渊 .1989. 建筑施工技术 [M]. 北京：冶金工业出版社 .

郭爱民，潭益民，汪小伟 .2001. 我国设施园艺的现状及发展趋势 [J]. 西南园艺，4：62－63.

蒋卫杰，屈冬玉 .2000. 我国设施园艺发展趋势和可持续发展建议 [J] . 中国农学通报，6：61－63.

蓝宗建，朱万福 .2005. 混凝土结构与砌体结构 [M]. 南京：东南大学出版社 .

林立 .2009. 建筑工程项目管理 [M]. 北京：中国建材工业出版社 .

蔺建凯 .2007. 农业工程技术 [J]. 温室园艺，7：23－24.

龙驭球，包世华 .2000. 结构力学教程 [M]. 北京：高等教育出版社 .

马承伟 .2008. 农业设施设计与建造 [M]. 北京：中国农业出版社 .

美国温室制造业协会 .1998. 温室设计标准 [M]. 周长吉，程勤阳，译 . 北京：中国农业出版社 .

苗香雯，马承伟 .2006. 农业建筑环境与能源工程导论 [M]. 北京：中国农业出版社 .

史慧峰，王晓东，邹平，等 .2009. 西北抗寒冷生产型日光温室结构参数的优化设计 [J]. 农机化研究，5：122－125.

滕智明，朱金铨 .2003. 混凝土结构及砌体结构 [M].2 版 . 北京：中国建筑工业出版社 .

汪梦甫 .2000. 结构力学学习指导 [M]. 武汉：武汉工业大学出版社 .

王铁良，孟少春 .2003. 单坡温室设计与建造 [M]. 沈阳：辽宁科学技术出版社 .

王永宏，张得俭，刘满元 .2003. 日光节能温室结构参数的选择与设计 [J]. 机械研究与应用，16：101－103.

王有志，张滇军 .2009. 现代工程项目管理 [M]. 北京：中国水利水电出版社 .

王宇欣，王宏丽 .2006. 现代农业建筑学 [M]. 北京：化学工业出版社 .

武敬岩，刘荣厚 .2008. 日光温室结构参数的优化设计 [J]. 农机化研究，2：80－83.

夏志斌，姚谏 .2006. 钢结构——原理与设计 [M]. 北京：中国建筑工业出版社 .

谢炳科 .2004. 建筑工程测量 [M]. 北京：中国电力出版社 .

徐占发，马怀忠，王茹 .2004. 混凝土与砌体结构 [M]. 北京：中国建材工业出版社 .

阳日，莫宣志 .2004. 结构力学 [M]. 重庆：重庆大学出版社 .

叶锦秋，孙惠镐 .2004. 混凝土结构与砌体结构 [M]. 北京：中国建材工业出版社 .

张长友．2004. 建筑施工技术 [M]. 北京：中国电力出版社．
张天柱．2010. 温室工程规划设计与建设 [M]. 北京：中国轻工业出版社．
张系斌．2006. 结构力学简明教程 [M]. 北京：北京大学出版社．
周长吉．2007. 温室工程设计手册 [M]. 北京：中国农业出版社．
周长吉．2003. 中国温室工程技术 [M]. 北京：中国农业出版社．
周长吉．2003. 现代温室工程 [M]. 北京：化学工业出版社．
周长吉．2009. 现代温室工程 [M].2 版．北京：化学工业出版社．
周长吉．2004. “西北型”日光温室优化结构的研究 [J]. 温室园艺，2：23－24.
周建国．2004. 建筑施工组织 [M]. 北京：中国电力出版社．
邹志荣．2002. 现代园艺设施 [M]. 北京：中央广播电视大学出版社．
邹志荣．2002. 园艺设施学 [M]. 北京：中国农业出版社．

图书在版编目（CIP）数据

温室建筑与结构 / 邹志荣，周长吉主编．—北京：中国农业出版社，2012.4（2024.7 重印）
普通高等教育农业部“十二五”规划教材 全国高等农林院校“十二五”规划教材
ISBN 978-7-109-16513-7

Ⅰ.①温… Ⅱ.①邹…②周… Ⅲ.①温室-农业建筑-建筑结构-高等学校-教材 Ⅳ.①TU261

中国版本图书馆 CIP 数据核字（2012）第 007233 号

中国农业出版社出版
（北京市朝阳区农展馆北路 2 号）
（邮政编码 100125）
责任编辑 戴碧霞
文字编辑 李兴旺

北京中兴印刷有限公司印刷 新华书店北京发行所发行
2012 年 4 月第 1 版 2024 年 7 月北京第 2 次印刷

开本：787mm×1092mm 1/16 印张：15.75
字数：366 千字
定价：38.00 元